全国高等院校土建类应用型规划教材
住房和城乡建设领域关键岗位技术人员培训教材

# 建筑材料

主　　编：梅剑平　李双喜
副 主 编：谢　兵　张媛媛
组编单位：住房和城乡建设部干部学院
　　　　　北京土木建筑学会

中国林业出版社

图书在版编目（CIP）数据

建筑材料／《住房和城乡建设领域关键岗位技术人员培训教材》编写委员会编．— 北京：中国林业出版社，2017.7

住房和城乡建设领域关键岗位技术人员培训教材

ISBN 978-7-5038-9178-6

Ⅰ.①建… Ⅱ.①住… Ⅲ.①建筑材料－技术培训－教材 Ⅳ.①TU5

中国版本图书馆 CIP 数据核字（2017）第 171895 号

本书编写委员会

主　编：梅剑平　李双喜
副主编：谢　兵　张媛媛
组编单位：住房和城乡建设部干部学院、北京土木建筑学会

国家林业和草原局生态文明教材及林业高校教材建设项目
策　　划：杨长峰　纪　亮
责任编辑：陈　惠　王思源　吴　卉　樊　菲

出版：中国林业出版社
　　　（100009 北京西城区德内大街刘海胡同 7 号）
网站：http://lycb.forestry.gov.cn/
印刷：固安县京平诚乾印刷有限公司
发行：中国林业出版社发行中心
电话：(010)83143610
版次：2017 年 7 月第 1 版
印次：2018 年 12 月第 1 次
开本：1/16
印张：19.5
字数：300 千字
定价：78.00 元

# 编写指导委员会

组编单位：住房和城乡建设部干部学院　北京土木建筑学会
名誉主任：单德启　骆中钊
主　　任：刘文君
副 主 任：刘增强
委　　员：许　科　陈英杰　项国平　吴　静　李双喜　谢　兵
　　　　　李建华　解振坤　张媛媛　阿布都热依木江·库尔班
　　　　　陈斯亮　梅剑平　朱　琳　陈英杰　王天琪　刘启泓
　　　　　柳献忠　饶　鑫　董　君　杨江妮　陈　哲　林　丽
　　　　　周振辉　孟远远　胡英盛　缪同强　张丹莉　陈　年
参编院校：清华大学建筑学院
　　　　　大连理工大学建筑学院
　　　　　山东工艺美术学院建筑与景观设计学院
　　　　　大连艺术学院
　　　　　南京林业大学
　　　　　西南林业大学
　　　　　新疆农业大学
　　　　　合肥工业大学
　　　　　长安大学建筑学院
　　　　　北京农学院
　　　　　西安思源学院建筑工程设计研究院
　　　　　江苏农林职业技术学院
　　　　　江西环境工程职业学院
　　　　　九州职业技术学院
　　　　　上海市城市科技学校
　　　　　南京高等职业技术学校
　　　　　四川建筑职业技术学院
　　　　　内蒙古职业技术学院
　　　　　山西建筑职业技术学院
　　　　　重庆建筑职业技术学院
策　　划：北京和易空间文化有限公司

# 前　言

"全国高等院校土建类应用型规划教材"是依据我国现行的规程规范，结合院校学生实际能力和就业特点，根据教学大纲及培养技术应用型人才的总目标来编写。本教材充分总结教学与实践经验，对基本理论的讲授以应用为目的，教学内容以必需、够用为度，突出实训、实例教学，紧跟时代和行业发展步伐，力求体现高职高专、应用型本科教育注重职业能力培养的特点。同时，本套书是结合最新颁布实施的《建筑工程施工质量验收统一标准》（GB50300—2013）对于建筑工程分部分项划分要求，以及国家、行业现行有效的专业技术标准规定，针对各专业应知识、应会和必须掌握的技术知识内容，按照"技术先进、经济适用、结合实际、系统全面、内容简洁、易学易懂"的原则，组织编制而成。

考虑到工程建设技术人员的分散性、流动性以及施工任务繁忙、学习时间少等实际情况，为适应新形势下工程建设领域的技术发展和教育培训的工作特点，一批长期从事建筑专业教育培训的教授、学者和有着丰富的一线施工经验的专业技术人员、专家，根据建筑施工企业最新的技术发展，结合国家及地方对于建筑施工企业和教学需要编制了这套可读性强，技术内容最新，知识系统、全面，适合不同层次、不同岗位技术人员学习，并与其工作需要相结合的教材。

本教材根据国家、行业及地方最新的标准、规范要求，结合了建筑工程技术人员和高校教学的实际，紧扣建筑施工新技术、新材料、新工艺、新产品、新标准的发展步伐，对涉及建筑施工的专业知识，进行了科学、合理的划分，由浅入深，重点突出。

本教材图文并茂，深入浅出，简繁得当，可作为应用型本科院校、高职高专院校土建类建筑工程、工程造价、建设监理、建筑设计技术等专业教材；也可做为面向建筑与市政工程施工现场关键岗位专业技术人员职业技能培训的教材。

# 目　　录

第一章　概述 ······················································· 1
　　第一节　建筑材料的定义及地位和作用 ················· 1
　　第二节　建筑材料的分类 ··································· 2
　　第三节　建筑材料的发展 ··································· 3
　　第四节　建筑材料技术标准 ································ 4
第二章　建筑材料的基本性能 ··································· 7
　　第一节　材料的物理性能 ··································· 7
　　第二节　材料的力学性能 ··································· 16
　　第三节　材料的耐久性 ······································ 20
第三章　无机胶凝材料 ··········································· 21
　　第一节　水泥 ·················································· 21
　　第二节　石灰 ·················································· 35
　　第三节　石膏 ·················································· 40
　　第四节　水玻璃及镁质胶凝材料 ························· 42
第四章　建筑用骨料及建筑用水 ······························· 45
　　第一节　建筑用细骨料 ····································· 45
　　第二节　建筑用粗骨料 ····································· 50
　　第三节　骨料的验收、运输和堆放 ······················ 54
　　第四节　建筑用水 ············································ 55
第五章　混凝土 ···················································· 57
　　第一节　混凝土概述 ········································· 57
　　第二节　混凝土的主要性能 ······························· 59
　　第三节　混凝土外加剂 ····································· 74
　　第四节　普通混凝土配合比 ······························· 86

|       第五节   其他混凝土 ………………………………………………… 96
| **第六章   建筑砂浆** …………………………………………………… 106
|       第一节   砌筑砂浆 ………………………………………………… 106
|       第二节   抹面砂浆 ………………………………………………… 112
|       第三节   干混砂浆 ………………………………………………… 115
|       第四节   新型砂浆与特种砂浆 …………………………………… 116
| **第七章   建筑钢材** …………………………………………………… 118
|       第一节   建筑钢材的概述与分类 ………………………………… 118
|       第二节   建筑钢材的性能 ………………………………………… 120
|       第三节   常用建筑钢材 …………………………………………… 128
|       第四节   建筑钢材的运输、储存 ………………………………… 149
| **第八章   墙体材料** …………………………………………………… 150
|       第一节   砌墙砖 …………………………………………………… 150
|       第二节   砌块 ……………………………………………………… 162
|       第三节   板材 ……………………………………………………… 172
|       第四节   墙体材料的运输与储存 ………………………………… 181
| **第九章   防水材料** …………………………………………………… 182
|       第一节   沥青 ……………………………………………………… 182
|       第二节   防水卷材 ………………………………………………… 189
|       第三节   防水涂料 ………………………………………………… 204
|       第四节   其他防水制品 …………………………………………… 211
| **第十章   建筑装饰材料** ……………………………………………… 216
|       第一节   建筑装饰石材 …………………………………………… 216
|       第二节   建筑涂料 ………………………………………………… 225
|       第三节   建筑陶瓷 ………………………………………………… 244
|       第四节   建筑装饰玻璃 …………………………………………… 252
|       第五节   金属装饰材料 …………………………………………… 260
|       第六节   建筑塑料 ………………………………………………… 275

## 第十一章　绝热、吸声材料 ………………………………… 288
第一节　绝热材料概述 ………………………………… 288
第二节　有机绝热材料 ………………………………… 289
第三节　无机绝热材料 ………………………………… 293
第四节　吸声材料 …………………………………… 298

# 第一章 概　　述

## 第一节　建筑材料的定义及地位和作用

### 一、建筑材料的定义

建筑材料可分为狭义建筑材料和广义建筑材料。狭义建筑材料是指构成建筑工程实体的材料,如水泥、混凝土、钢材、墙体与屋面材料、装饰材料、防水材料等。广义建筑材料除包括构成建筑工程实体的材料之外,另外还包括两部分:一是施工过程中所需要的辅助材料,如脚手架、模板等;二是各种建筑器材,如给水、排水设备,采暖通风设备,空调、电气、消防设备等。

### 二、建筑材料的地位和作用

建筑业是国民经济的支柱产业,而建筑材料是建筑业的物质基础。建筑功能的发挥,建筑艺术的体现,只有采用品种多样、色彩丰富、质量良好的建筑材料才能实现。因此,建筑材料在建筑工程中占有极其重要的地位。

建筑材料的质量直接影响建筑物的安全性和耐久性。建筑物是建筑材料按照一定的设计意图、采取相应的施工技术建成的。建筑材料是建筑物的重要组成部分,直接影响建筑结构的安全性和耐久性。因此,正确、合理地选择和使用建筑材料,是保证工程质量的重要手段之一。

在建筑工程中,建筑材料费用一般要占建筑总造价的 60% 左右,有的高达 75%。

建筑物的各种使用功能,必须由相应的建筑材料来实现。例如,现代高层建筑和大跨度结构需要轻质高强材料;地下结构、屋面工程、隧道工程等需要抗渗性好的防水材料;建筑节能结构需要高效的绝热材料;严寒地区需要抗冻性好的材料;绚丽多彩的建筑外观需要品种多样的装饰材料等。

建筑材料的发展是促进建筑形式创新的重要因素。例如,水泥、钢筋和混凝土的出现,使建筑结构从传统的砖石结构向钢筋混凝土结构转变;无毒建筑塑料的研制和使用,可代替镀锌钢管用于建筑给水工程;用轻质大板、空心砌块取代传统烧结黏土砖,不仅减轻墙体自重,而且改善了墙体的绝热性能。

材料、建筑、结构、施工四者是密切相关的。从根本上说,材料是基础,材料决定了建筑的形式和施工的方法。新材料的出现,可以促使建筑形式的变化、结构设计方法的改进和施工技术的革新。

## 第二节　建筑材料的分类

建筑材料种类繁多,为了研究、使用和论述方便,常从不同角度对它进行分类。

### 1. 按使用历史分类

传统建筑材料——使用历史较长的,如砖、瓦、砂、石及作为三大材的水泥、钢材和木材等;

新型建筑材料——针对传统建筑材料而言,使用历史较短,尤其是新开发的建筑材料。

然而,传统和新型的概念也是相对的,随着时间的推移,原先被认为是新型建筑材料的,若干年后可能就不一定再被认为是新型建筑材料;而传统建筑材料也可能随着新技术的发展,出现新的产品,又成了新型建筑材料。

### 2. 按化学成分分类

建筑材料按化学成分可分为无机材料、有机材料和复合材料3大类。

表 1-1　建筑材料按化学成分分类表

| 分　类 | | 建 材 名 称 |
|---|---|---|
| 无机材料 | 金属材料 | 黑色金属:钢筋、各种建筑钢材等 |
| | | 有色金属:铝、铜及其合金等 |
| | 非金属材料 | 天然石材:砂、石及其石材制品等 |
| | | 胶凝材料:石膏、石灰、水玻璃、水泥等 |
| | | 混凝土及硅酸盐制品:混凝土、砂浆及硅酸盐制品等 |
| | | 烧结与熔融制品:烧结砖、陶瓷、玻璃等 |
| 有机材料 | 植物材料 | 木材、植物纤维及其制品 |
| | 沥青材料 | 石油沥青、改性沥青及其制品 |
| | 高分子材料 | 塑料、涂料等 |
| 复合材料 | 金属—无机非金属复合材料 | 钢筋混凝土、纤维混凝土等 |
| | 无机非金属—有机复合材料 | 沥青混凝土、聚合物混凝土、玻璃纤维增强塑料等 |
| | 金属—有机复合材料 | 轻质金属夹芯板、PVC钢板 |

## 3. 按使用功能分类

结构性材料——主要指用于构造建筑结构部分的承重材料，例如水泥、集料（包括砂、石、轻集料等）、混凝土外加剂、混凝土、砂浆、砖和砌块等墙体材料、钢筋及各种建筑钢材、公路和市政工程中大量使用的沥青混凝土等，在建筑物中主要利用结构性材料的力学性能。

功能性材料——主要是在建筑物中发挥其力学性能以外特长的材料，例如防水材料、建筑涂料、绝热材料、防火材料、建筑玻璃、防腐涂料、金属或塑料管道材料等，它们赋予建筑物以必要的防水功能、装饰效果、保温隔热功能、防火功能、维护和采光功能、防腐蚀功能及给水、排水等功能。正是凭借了这些材料的一项或多项功能，才使建筑物具有或改善了使用功能，产生了一定的装饰美观效果，也使人们能够生活在一个安全、耐久、舒适、美观的环境中的愿望得以实现。当然，有些功能性材料除了其自身特有的功能外，也还有一定的力学性能，而且，人们也正在不断创造更多更好的多功能材料，比如既具有结构性材料的强度、又具有其他功能复合特性的材料。

## 第三节 建筑材料的发展

### 1. 加强轻质高强的材料研究

大力研究轻质高强的材料，提高建筑材料的比强度（材料的强度与密度之比），以减小承重结构的截面尺寸，降低构件自重，从而减轻建筑物的自重，降低运输费用和施工人员的劳动强度。

### 2. 由单一材料向复合材料及制品发展

复合材料可以克服单一材料的弱点，而发挥其综合的复合性能。通过复合手段，材料的各种性能，都可以按照需要进行设计。复合化已成为材料科学发展的趋势。目前正在开发的组合建筑制品主要有型材、线材和层压材料3大类。利用层压技术把传统材料组合起来形成的建筑制品，具有建筑学、力学、热学、声学和防火等方面的新功能，它为建筑业的发展开辟了新天地。组合建筑制品必须既能改善技术性能，又能提高现场劳动生产率，其发展取决于新的工业装配技术的开发，特别是胶结材料的研制。

### 3. 提高建筑物的使用功能

发展高效能的无机保温、绝热材料，吸声材料，改善建筑物维护结构的质量，提高建筑物的使用功能。例如，配筋的加气混凝土板材，可作为墙体材料，广泛用于工业与民用建筑的屋面板和隔墙板，同时具有良好的保温效果。随着材料科学的发展，将涌现出越来越多的同时具有多种功能的高效能的建筑材料。

**4. 发展适应机械化施工的材料和制品**

积极创造条件，努力发展适合机械化施工的材料和制品，并力求使制品尺寸标准化、大型化，便于实现设计标准化、结构装配化、预制工厂化和施工机械化。这方面，我们与国外差距较大。目前，我国的钢筋混凝土预制构件厂能够形成规模化、标准化的产品主要是各种规格的楼板，轻质墙板也只是处于推广应用阶段。如果我们也能同建筑材料工业发达的国家一样，对楼梯、雨篷等构件都能做到预制工厂化，那么势必会大力推动我国建筑业的发展，因为历史已经证明，一种新材料及其制品的出现，会促使结构设计理论及施工方法的革新，使一些本来无法实现的构想变为现实。

**5. 加大综合利用天然材料和工业废料**

充分利用天然材料和工业废料，大搞综合利用，生产建筑材料，化害为利，变废为宝，改善能源利用状况，为人类造福。随着材料科学的不断发展，越来越多的工业废料将应用到建筑材料的生产中，从而有效地保护环境，并降低建材成本。

**6. 适合不断提高的人们生活水平的需要**

为了满足人们生活水平不断提高的要求，需要研究更多花色品种的装饰材料，美化人们的生活环境。随着人们物质生活水平的提高，装修居室，改善生活条件，成为人们的普遍需求。目前，具有装饰功能的材料有很多，如天然石材、石膏制品、玻璃、铝合金、陶瓷、木材、涂料等，装饰材料的发展趋势是开发出更多的新型建筑材料，扩大装饰材料的适用范围。例如，石膏装饰材料的耐水性、抗冻性较差，故不宜用于室外装修，因此，我们应探索在石膏制品中适当掺入一些混合材料或外加剂，提高石膏制品的适用性，使它同样也可以用于室外装修。

## 第四节　建筑材料技术标准

建筑材料技术标准（规范）是针对原材料、产品以及工程质量、规格、检验方法、评定方法、应用技术等作出的技术规定。因此它是在从事产品生产、工程建设、科学研究以及商品流通领域中所需共同遵循的技术法规。

建筑材料技术标准包括很多内容，如原料、材料及产品的质量、规格、等级、性质要求以及检验方法；材料及产品的应用技术规范（或规程）；材料生产及设计的技术规定；产品质量的检验标准等。

根据技术标准的发布单位与适用范围，可分为国家标准、行业标准、地方标准及企业标准4级。

**1. 国家标准**

国家标准是指对全国经济技术发展有重大意义，需要在全国范围内统一的技术要求所制定的标准，是四级标准体系中的主体。国家标准在全国范围内适用，其他各级标准不得与之相抵触。国家标准通常由国家标准主管部门委托有关单位起草，由有关部委提出报批，经国家质量监督检验检疫总局会同有关部委审批，并由国家质量监督检验检疫总局发布。

**2. 行业标准**

行业标准是指对没有国家标准而又需要在全国某个行业范围内根据统一的技术要求所制定的标准。行业标准是对国家标准的补充，是专业性、技术性较强的标准。行业标准的制定不得与国家标准相抵触，国家标准公布实施后，相应的行业标准即行废止。这级标准是由中央部委标准机构指定有关研究院所、大专院校、工厂、企业等单位提出或联合提出，报请中央部委主管部门审批后发布，最后报国家质量监督检验检疫总局备案。

**3. 地方标准**

地方标准是指对没有国家标准和行业标准而又需要在省、自治区、直辖市范围内统一工业产品的安全、卫生要求所制定的标准，地方标准在本行政区域内适用，不得与国家标准和行业标准相抵触。国家标准、行业标准公布实施后，相应的地方标准即行废止。

**4. 企业标准**

企业标准是指企业所制定的产品标准和在企业内需要协调、统一的技术要求和管理、工作要求所制定的标准。企业标准是企业组织生产，经营活动的依据。

各级技术标准，在必要时可分为试行与正式标准两类，又分为强制性标准和推荐性标准。建筑材料技术标准按其特性可分为基础标准、方法标准、原材料标准、能源标准、环保标准、包装标准、产品标准等。

每个技术标准都有自己的代号、编号和名称。见表1-2。

随着我国对外开放和加入世贸组织，常涉及一些与建筑材料关系密切的国际或外国标准，主要有：国际标准，代号为ISO；美国材料试验学会标准，代号为ASTM；日本工业标准，代号为JIS；德国工业标准，代号为DIN；英国标准，代号为BS；法国标准，代号为NF等。

表1-2 四级标准代号

| | 标准种类 | 代号 | 表示方法 |
|---|---|---|---|
| 1 | 国家标准 | GB<br>GB/T | 国家强制性标准<br>国家推荐性标准 |
| 2 | 行业标准 | JC<br>JGJ<br>YB<br>JT<br>SD | 建材行业标准<br>建设部行业标准<br>冶金行业标准<br>交通标准<br>水电标准 |
| 3 | 地方标准 | DB<br>DB/T | 地方强制性标准<br>地方推荐性标准 |
| 4 | 企业标准 | QB | 适用于本企业 |

表示方法：由标准名称、部门代号、标准编号、颁布年份等组成，例如：GB/T 14684—2011《建筑用砂》；JGJ 55—2011《普通混凝土配合比设计规程》等

# 第二章 建筑材料的基本性能

## 第一节 材料的物理性能

### 一、密度、表观密度和堆积密度

**1. 密度**

材料的密度是指材料在绝对密实状态下,单位体积的质量,按式(2-1)计算:

$$\rho = \frac{m}{V} \tag{2-1}$$

式中:$\rho$——材料的密度($g/cm^3$);

$m$——材料的质量(g);

$V$——材料在绝对密实状态下的体积,即材料体积内固体物质的实体积($cm^3$)。

材料在绝对密实状态下的体积,是指不包含材料内部孔隙的实体积。除了钢材、玻璃等少数材料外,绝大多数材料内部都有一些孔隙。在测定有孔隙材料(如砖、石等)的密度时,应把材料磨成细粉,烘干至恒重,用李氏瓶测定其绝对密实体积,用式(2-1)计算得到密度值。材料磨得越细,测得的密实体积数值就越精确,计算得到的密度值也就越精确。

密度是材料的基本物理性质之一,与材料的其他性质关系密切。

**2. 表观密度**

材料的表观密度是指材料在自然状态下,单位体积的质量,按式(2-2)计算:

$$\rho_0 = \frac{m}{V_0} \tag{2-2}$$

式中:$\rho_0$——材料的表观密度($kg/m^3$ 或 $g/cm^3$);

$m$——在自然状态下材料的质量(kg 或 g);

$V_0$——在自然状态下材料的体积($m^3$ 或 $cm^3$)。

材料在自然状态下的体积,是指包括材料实体积和孔隙体积在内的体积。对于外形规则的材料,如烧结砖、砌块等,其体积可用量具测量、计算求得,所以量积法测得的密度称为体积密度。形状不规则的材料体积可将其表面用蜡封以后用排水法测得。工程中常用的散粒状材料,如砂、石,其颗粒内部孔隙极少,用排水法测出的颗粒体积(材料的密实体积与封闭孔隙积之和,不包括开口孔隙体积)与其密实体积基本相同,因此,砂、石的表观密度可近似地当作其密度,故称视密度,用 $\rho'$ 表示。

当材料孔隙内含有水分时,其质量和体积均有所变化,因此测定材料表观密度时,必须注明其含水状态。通常所说的表观密度是指干表观密度。

### 3. 堆积密度

粉状及颗粒状材料在自然堆积状态下,单位体积的质量称为堆积密度(亦称松散体积密度),即:

$$\rho'_0 = \frac{m}{V'_0} \tag{2-3}$$

式中:$\rho'_0$——材料的堆积密度($kg/m^3$);

$m$——材料的质量(kg);

$V'_0$——材料的自然堆积体积($m^3$)。

散粒材料自然堆积状态下的外观体积包括材料实体积、孔隙体积和颗粒间的空隙体积。堆积密度是指材料在气干状态下的堆积密度,其他含水情况应注明。材料的堆积密度反映散粒结构材料堆积的紧密程度及材料可能的堆放空间。

常用建筑材料的密度、视密度、表观密度和堆积密度如表 2-1 所示。

表 2-1　常用建筑材料的密度、视密度、表观密度和堆积密度数值

| 材料名称 | 密度 ($g \cdot cm^{-2}$) | 视密度 ($g \cdot cm^{-3}$) | 表现密度 ($kg \cdot m^{-3}$) | 规程密度 ($kg \cdot m^{-3}$) |
|---|---|---|---|---|
| 钢材 | 7.85 | — | 7850 | — |
| 花岗岩 | 2.6~2.9 | — | 2500~2850 | — |
| 石灰岩 | 2.4~2.6 | — | 2000~2600 | — |
| 普通玻璃 | 2.5~2.6 | — | 2500~2600 | — |
| 烧结普通砖 | 2.5~2.7 | — | 1500~1800 | — |
| 建筑陶瓷 | 2.5~2.7 | — | 1800~2500 | — |
| 普通混凝土 | 2.6~2.8 | — | 2300~2500 | — |
| 普通砂 | 2.6~2.8 | 2.55~2.75 | — | 1450~1700 |
| 碎石或卵石 | 2.6~2.9 | 2.55~2.85 | — | 1400~1700 |
| 木材 | 1.55 | — | 400~800 | — |
| 泡沫塑料 | 1.0~2.6 | — | 20~50 | — |

## 二、材料的孔隙率与空隙率

### 1. 孔隙率与密实度

孔隙率是指材料体积内孔隙体积占总体积的比例。其计算式为：

$$P = \frac{V_0 - V}{V_0} \times 100\% = \left(1 - \frac{V}{V_0}\right) \times 100\% = \left(1 - \frac{\rho_0}{\rho}\right) \times 100\% \tag{2-4}$$

密实度是指材料体积内固体物质的体积占总体积的比例。其计算式为：

$$D = \frac{V}{V_0} \times 100\% = \frac{\frac{m}{\rho}}{\frac{m}{\rho_0}} \times 100\% = \frac{\rho_0}{\rho} \times 100\% \tag{2-5}$$

孔隙率与密实度的关系，可用下式表示：$P + D = 1$。

孔隙率由开口孔隙率和封闭孔隙率两部分组成。

密实度和孔隙率是从两个不同侧面反映材料的密实程度，通常用孔隙率来表示，材料的孔隙率高，则表示材料的密实程度小。

建筑材料的许多性质如强度、吸水性、抗渗性、抗冻性、导热性及吸声性都与材料的孔隙率有关。这些性质除取决于孔隙率的大小外，还与孔隙的构造特征密切相关。孔隙的构造特征主要指孔的形状（连通孔与封闭孔）、孔径的大小及分布是否均匀等。连通孔不仅彼此贯通且与外界相通，而封闭孔则彼此不连通且与外界相隔绝。孔隙按孔径大小分为细孔和粗孔。一般来说，孔隙越大，其危害越大，在孔隙率相同的情况下，孔隙尺寸减小，材料的各项性能都明显提高。

提高材料的密实度，改变材料孔隙特征可以改善材料的性能。如提高混凝土的密实度可以达到提高混凝土强度的目的；加入引气剂增加一定数量的微小封闭孔，可改善混凝土的抗渗性能及抗冻性能。

### 2. 空隙率与填充率

空隙率是指散粒材料在其堆积体积中，颗粒之间空隙体积占总体积的比例。其计算式为：

$$P' = \frac{V'_0 - V_0}{V'_0} \times 100\% = \left(1 - \frac{\rho'_0}{\rho_0}\right) \times 100\% \tag{2-6}$$

填充率是指散粒材料在其堆积体积中，颗粒体积占总体积的比例。其计算式为：

$$D' = \frac{V_0}{V'_0} \times 100\% = \frac{\rho'_0}{\rho_0} \times 100\% \tag{2-7}$$

空隙率与填充率的关系，可用下式表示：$P' + D' = 1$。

空隙率和填充率是从不同侧面反映散粒材料的颗粒互相填充的疏密程度。

空隙率可以作为控制混凝土骨料级配及计算砂率的依据。

### 三、材料与水有关的性质

#### 1. 亲水性和憎水性

材料在与水接触时，根据材料表面被水润湿的情况，分为亲水性材料和憎水性材料。润湿是水在材料表面被吸附的过程。当材料在空气中与水接触时，在材料、水、空气三者交点处，沿水表面的切线与水和固体接触面所成的夹角 $\theta$ 称为润湿角，如图 2-1 所示。当润湿角 $\theta \leqslant 90°$ 时，材料分子与水分子之间的相互作用力大于水分子之间的作用力，材料表面就会被水润湿，这种材料称为亲水性材料（图 2-1a）。反之，当润湿角 $\theta > 90°$ 时，材料分子与水分子之间的相互作用力小于水分子之间的作用力，则认为材料不能被水润湿，这种材料称为憎水性材料（图 2-1b）。多数建筑材料，如石材、砖、混凝土、木材、金属材料等都属于亲水性材料；沥青、石蜡、塑料等属于憎水性材料，这类材料能阻止水分渗入材料内部，降低材料的吸水性。因此，憎水性材料经常作为防水、防潮材料或用作亲水性材料表面的憎水处理，如屋面采用防水卷材防水。

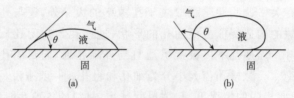

图 2-1 材料的润湿角
(a)亲水性材料 (b)憎水性材料

#### 2. 吸水性和吸湿性

（1）吸水性

材料的吸水性是指材料在水中吸收水分的性质。吸水性的大小用吸水率表示，吸水率有质量吸水率和体积吸水率两种表示方法。

质量吸水率是指材料在吸水饱和状态下，所吸收水分的质量占材料干燥质量的百分率。其计算式为：

$$W_{质} = \frac{m_{饱} - m_{干}}{m_{干}} \times 100\% \tag{2-8}$$

式中：$W_{质}$——材料的质量吸水率(%)；

$m_{饱}$——材料吸水饱和后的质量(g)；

$m_{干}$——材料在干燥状态下的质量(g)。

体积吸水率是指材料在吸水饱和状态下，所吸收水分的体积占干燥材料自然体积的百分率。其计算式为：

$$W_{体} = \frac{m_{饱} - m_{干}}{V_{0干}} \cdot \frac{1}{\rho_w} \times 100\% \tag{2-9}$$

式中：$W_{体}$——材料的体积吸水率(%)；

$\rho_w$——水的密度(g/cm³)；

$V_{0干}$——干燥材料在自然状态下的体积(cm³)。

材料吸水率不仅与材料的亲水性、憎水性有关，而且与材料的孔隙率和孔隙构造特征有密切的关系。一般来说，密实材料或具有封闭孔隙的材料是不吸水的；具有粗大孔隙的材料因其水分不易存留，吸水率不高；而孔隙率较大且具有细小开口连通孔隙的材料，吸水率较大。

(2) 吸湿性

材料在潮湿空气中吸收空气中水分的性质，称为吸湿性。吸湿性一般是可逆的，也就是说材料既可吸收空气中的水分，又可向空气中释放水分。

吸湿性大小用含水率表示，含水率是指材料中所含水的质量占材料干燥质量的百分率。其计算式为：

$$W_{含} = \frac{m_{含} - m_{干}}{m_{干}} \times 100\% \tag{2-10}$$

式中：$W_{含}$——材料的含水率(%)；

$m_{含}$——材料含水时的质量(g)；

$m_{干}$——材料干燥至恒质量时的质量(g)。

材料含水率的大小，除了与本身的性质，如孔隙率大小及孔隙构造特征有关，还与周围空气的温度、湿度有关，当空气湿度大且温度较低时，材料的含水率就大，反之则小。当材料的湿度与空气湿度相平衡时，其含水率称为平衡含水率。影响材料吸湿性的原因很多，除了上述环境温度与湿度影响外，材料的亲水性、孔隙率与孔隙特征等都对吸湿性有影响。亲水性材料比憎水性材料有更强的吸湿性。

材料吸水或吸湿后，不仅表观密度增大、强度降低，保温、隔热性能降低，且更易受冰冻破坏，因此，材料的含水状态对材料性质有很大的影响。

3. 耐水性

材料长期在水作用下不被破坏，其强度也不显著降低的性质，称为耐水性。

水对材料的破坏是多方面的，如对材料的力学性质、光学性质、装饰性等都会产生破坏作用。材料的耐水性用软化系数来表示，计算式为：

$$K_{软} = \frac{f_{饱}}{f_{干}} \tag{2-11}$$

式中：$K_{软}$——软化系数；

$f_饱$——材料在饱和水状态下的强度(MPa);

$f_干$——材料在干燥状态下的强度(MPa)。

软化系数的大小,表明材料浸水后强度降低的程度。软化系数越小,说明材料吸水饱和后强度降低得越多,材料耐水性差。材料的软化系数波动范围在 0~1 之间。工程中通常将软化系数>0.85 的材料看作是耐水材料。长期处于水中或潮湿环境的重要结构,所用材料必须保证软化系数>0.85,用于受潮较轻或次要结构的材料,其值也不宜<0.75。

**4. 抗冻性**

抗冻性是指材料在吸水饱和状态下,经过多次冻融循环作用而不被破坏,强度也不显著降低的性质。一次冻融循环是指材料吸水饱和后,先在-15℃的温度下(水在微小的毛细管中低于-15℃才能冻结)冻结后,然后再在 20℃的水中融化。

材料经过多次冻融循环作用后,表面将出现裂纹、剥落等现象,造成质量损失及强度降低。这是由于材料孔隙内水结冰时,其体积增大 9%,在孔隙内产生很大的冰胀应力使孔壁受到相应的拉应力,当拉应力超过材料的抗拉强度时,孔壁将出现局部裂纹或裂缝。随着冻融循环次数的增多,裂纹或裂缝不断扩展,最终使材料受冻破坏。

材料的抗冻性与其强度、孔隙率大小及特征、吸水饱和程度及抵抗冰胀应力的能力等因素有关。材料强度越高,其抗冻性越好;材料具有细小的开口孔隙,孔隙率大且处于饱水状态下,材料容易受冻破坏。若材料孔隙中虽然含水,但未达到饱和,则即使受冻也不致产生破坏;另外,若材料具有粗大的开口孔隙,因水分不易存留,很难达到吸水饱和程度,所以抗冻性也较强。一般来说,密实的材料、具有闭口孔隙且强度较高的材料,具有较强的抗冻能力。

**5. 抗渗性**

抗渗性是指材料抵抗压力水或其他液体渗透的性质。材料的抗渗性常用渗透系数或抗渗等级来表示。渗透系数按式(2-12)计算:

$$K = \frac{Qd}{AtH} \tag{2-12}$$

式中:$K$——材料的渗透系数(cm/h);

$Q$——渗水量($cm^3$);

$d$——试件厚度(cm);

$A$——渗水面积($cm^2$);

$t$——渗水时间(h);

$H$——静水压力水头(cm)。

渗透系数反映了材料在单位时间内,在单位水头作用下通过单位面积及厚度的渗透水量。渗透系数越大,材料的抗渗性越差。

材料的抗渗性与材料的孔隙率和孔隙特征关系密切,材料越密实、闭口孔越多、孔径越小,越难渗水;具有较大孔隙率,并且孔连通、孔径较大的材料抗渗性较差。

对于地下建筑、屋面、外墙及水工构筑物等,因常受到水的作用,所以要求材料具有一定的抗渗性。对于专门用于防水的材料,则要求具有较高的抗渗性。

### 四、材料与热有关的性质

#### 1. 导热性

当材料两侧存在温度差时,热量将由温度高的一侧通过材料传递到温度低的一侧,材料这种传导热量的能力称为导热性,导热性大小用导热系数来表示,导热系数按式(2-13)计算:

$$\lambda = \frac{Qd}{(T_1 - T_2)At} \tag{2-13}$$

式中:$\lambda$——材料的导热系数[W/(m·k)];

$Q$——传导的热量(J);

$d$——材料的厚度(m);

$A$——材料传热面积($m^2$);

$t$——传热时间(s);

$T_1 - T_2$——材料两侧温度差(k)。

导热系数 $\lambda$ 的物理意义为:表示单位厚度的材料,当两侧温差为1K时,在单位时间内通过单位面积的热量。导热系数是评定建筑材料保温隔热性能的重要指标,导热系数愈小,材料的保温隔热性能愈好。工程中通常把 $\lambda < 0.23 W/(m·k)$ 的材料称为绝热材料。

影响材料导热系数的主要因素如下:

(1)材料的化学组成与结构

通常金属材料、无机材料、晶体材料的导热系数大于非金属材料、有机材料、非晶体材料。

(2)材料的孔隙率、孔隙构造特征

材料的孔隙率愈大,导热系数愈小。这是由于材料的导热系数大小取决于固体物质的导热系数和孔隙中空气的导热系数,而空气的导热系数又几乎是材料导热系数中最低的[在0℃时静态空气的导热系数为0.23W/(m·k)]。因此孔隙率对材料的导热系数起着非常重要的作用。大多数保温材料均为多孔材料。

材料孔隙率一定时,随着开口孔和大孔的增多,材料的导热系数会增大。原因是此时孔隙中的空气容易发生流动,而增加对流的传热方式。

(3)材料的含水率、温度

材料受气候、施工等环境因素的影响,容易受潮,这将会增大材料的导热系数。其原因是材料受潮后,材料中原有的空气变成水分,而水的导热系数 $\lambda_水=0.58W/(m \cdot k)$,比静态空气的导热系数大20倍;当受潮材料再受冻后,水又变成冰,冰的导热系数 $\lambda_冰=2.20W/(m \cdot k)$,又是水的4倍,导热系数进一步增大。由此可知,保温材料在其贮存、运输、施工等过程中应特别注意防潮、防冻。

2. 热容量

材料在受热时吸收热量,冷却时放出热量的性质,称为材料的热容量。

质量一定的材料,温度发生变化时,材料吸收或放出的热量与质量成正比,与温差成正比,用公式表示即为:

$$Q=mc(t_2-t_1) \qquad (2\text{-}14)$$

式中:$Q$——材料吸收或放出的热量(J);

$c$——材料的比热[J/(g·K)];

$m$——材料质量(g);

$t_2-t_1$——材料受热或冷却前后的温差(K)。

比热 $c$ 表示1g材料温度升高或降低1K时所吸收或放出的热量,反映了材料吸热和放热能力的大小。比热与材料质量的乘积为材料的热容量,由公式可看出,热量一定的情况下,热容量值愈大,温差愈小。

材料的比热对于保持建筑物内部温度稳定有很大意义,比热大的材料,能在热流变动或采暖、空调设备工作不均衡时,缓和室内的温度波动。常用建筑材料的热工性质指标见表2-2。

表2-2 常用建筑材料的热工性质指标

| 材料 | 导热系数 [W·(m·K)]$^{-1}$ | 比热容 [J·(g·K)]$^{-1}$ | 材料 | 导热系数 [W·(m·K)]$^{-1}$ | 比热容 [J·(g·K)]$^{-1}$ |
| --- | --- | --- | --- | --- | --- |
| 铜 | 370 | 0.38 | 泡沫塑料 | 0.03 | 1.70 |
| 钢 | 58 | 0.46 | 水 | 0.58 | 4.20 |
| 花岗岩 | 2.90 | 0.80 | 冰 | 2.20 | 2.05 |
| 普通混凝土 | 1.80 | 0.88 | 密闭空气 | 0.023 | 1.00 |
| 普通黏土砖 | 0.57 | 0.84 | 石膏板 | 0.30 | 1.10 |
| 松木顺纹 | 0.35 | 2.50 | 绝热纤维板 | 0.05 | 1.46 |
| 松木横纹 | 0.17 | | | | |

3. 耐燃性和耐火性

(1)耐燃性

材料对火焰和高温的抵抗能力称为材料的耐燃性。耐燃性是影响建筑物防火、建筑结构耐火等级的一项因素。根据材料的耐燃性,建筑材料可分为以下3类。

1)非燃烧材料

非燃烧材料是指在空气中受到火烧或高温高热作用不起火、不碳化、不微燃的材料,如钢铁、砖、石等。用非燃烧材料制作的构件称为非燃烧体。钢铁、铝、玻璃等材料受到火烧或高热作用会发生变形、熔融,所以虽然是非燃烧材料,但不是耐火的材料。

2)难燃材料

难燃材料是指在空气中受到火烧或高温高热作用时难起火、难微燃、难碳化;当火源移走后,已有的燃烧或微燃立即停止的材料,如经过防火处理的木材和刨花板。

3)可燃材料

可燃材料是指在空气中受到火烧或高温高热作用时立即起火或微燃,且火源移走后仍继续燃烧的材料,如木材。用这种材料制作的构件称为燃烧体,使用时应作防燃处理。

(2)耐火性

材料抵抗长期高温的性质称为耐火性。如用于窑炉、壁炉、烟囱等高温部分的耐火材料,按耐火度可分为

1)耐火材料——在1580℃以上不熔化,如耐火砖;
2)难熔材料——在1350℃~1580℃不熔化,如耐火混凝土等;
3)易熔材料——在1350℃以上熔化,如普通砖瓦。

## 五、材料的声学性质

### 1. 吸声性

当声波传播到材料的表面时,一部分声波被反射,另一部分穿透材料,其余部分则传递给材料。对于含有大量连通孔隙的材料,传递给材料的声能在材料的孔隙中,引起空气分子与孔壁的摩擦和黏滞阻力,使相当一部分声能转化为热能被材料吸收或消耗。声能穿透材料和材料消耗的性质称为材料的吸声性,评定材料的吸声性能好坏的主要指标称为吸声系数 $\alpha$。用公式表示即为:

$$\alpha = \frac{E_a + E_\tau}{E_0} = \frac{E}{E_0} \quad (2-15)$$

式中:$\alpha$——材料的吸声系数;

$E_a$——穿透材料的声能;

$E_\tau$——材料消耗的声能;

$E_0$——入射到材料表面的全部声能;

$E$——被吸收的声能。

吸声系数 $\alpha$ 值越大,表示材料吸声效果越好。

影响材料的吸声效果的因素有:材料的表观密度和声速、材料的孔隙构造、材料的厚度等。

### 2. 隔声性

隔声与吸声是两个不同的概念。隔声是指材料阻止声波的传播,是控制环境中噪声的重要措施。

声波在空气中传播遇到密实的围护结构(如墙体)时,声波将激发墙体产生振动,并使声音透过墙体传至另一空间中。空气对墙体的激发服从"质量定律",即墙体的单位面积质量越大,隔声效果越好。因此,砖及混凝土等材料的结构,隔声效果都很好。

结构的隔声性能用隔声量表示,隔声量是指入射与透过材料声能相差的分贝(dB)数。隔声量越大,隔声性能越好。

## 六、材料的光学性质

### 1. 光泽度

材料表面反射光线能力的强弱程度称为光泽度。它与材料的颜色及表面光滑程度有关,一般来说,颜色越浅、表面越光滑,其光泽度越大。光泽度越大,表示材料表面反射光线能力越强。光泽度用光电光泽计测得。

### 2. 透光率

光透过透明材料时,透过材料的光能与入射光能之比称为透光率(透光系数)。玻璃的透光率与其组成及厚度有关。厚度越厚,透光率越小。普通窗用玻璃的透光率约为 0.75~0.90。

# 第二节 材料的力学性能

## 一、强度

### 1. 材料的强度

材料强度是指材料抵抗外力破坏的能力。当材料受到外力作用时,内部相应地产生应力,外力增大,应力也随之增大,直到应力超过材料内部质点间作用力时,材料就发生破坏,此时的极限应力值即为材料强度,也称极限强度。根据外力作用方式不同,材料强度有抗压、抗拉、抗剪、抗折(抗弯)强度等(图 2-2)。

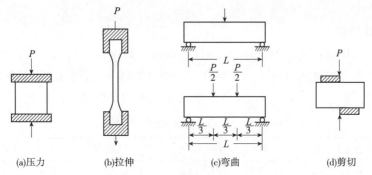

图 2-2　材料所受外力示意图

材料的抗压、抗拉、抗剪强度的计算式为:

$$f = \frac{P_{max}}{A} \qquad (2\text{-}16)$$

式中:$f$——材料的抗拉、抗压或抗剪强度(MPa);

$P_{max}$——材料破坏时最大荷载(N);

$A$——试件的受力面积($mm^2$)。

材料的抗弯强度与试件受力情况、截面形状及支承条件有关。如图 2-2(c),当矩形截面的条形试件放在两支点上,中间作用一集中荷载时,其抗弯强度计算式为:

$$f_{弯} = \frac{3P_{max}L}{2bh^2} \qquad (2\text{-}17)$$

式中:$f_{弯}$——抗弯强度(MPa);

$L$——试件两支点间距离(mm);

$b, h$——试件截面的宽度与高度(mm)。

材料的强度与其组成及构造有关。不同的材料由于组成和构造不同,其强度不同;同一种材料,即使其组成相同,但构造不同,材料的强度也有很大差异。材料的孔隙率越大,则强度越小。材料的强度还与试验条件有关,如试件的形状、尺寸和表面状态、试件的含水率、加载速度、试验温度、试验设备的精确度以及试验操作人员的技术水平等。为了使试验结果比较准确,而且具有可对比性,国家规定了各种材料强度的标准试验方法。在测定材料强度时必须严格按照规定的标准方法进行。

### 2. 强度等级

为了掌握材料的力学性质,合理选择和正确使用材料,常将建筑材料按其强度值划分为若干个等级,即强度等级。脆性材料(石材、混凝土、砖等)主要以抗压强度来划分等级;塑性材料(钢材、沥青等)主要以抗拉强度来划分。强度值与强度等级不能混淆,强度值是表示材料力学性质的指标,强度等级是根据强度值划分的级别。

### 3. 比强度

对于不同强度的材料进行比较时,可采用比强度这个指标。比强度等于材料的强度与其表观密度之比。比强度是评价材料轻质高强的指标,其值越大,材料轻质高强的性能越好。表 2-3 是几种主要材料的比强度值。

表 2-3　几种常用材料的比强度值

| 材料(受力状态) | 表观密度(kg·m$^{-3}$) | 强度(MPa) | 比强度 |
| --- | --- | --- | --- |
| 普通混凝土(抗压) | 2400 | 40 | 0.017 |
| 低碳钢 | 7850 | 420 | 0.054 |
| 松木(顺纹抗拉) | 500 | 100 | 0.200 |
| 烧结普通砖(抗压) | 1700 | 10 | 0.006 |
| 玻璃钢(抗弯) | 2000 | 450 | 0.225 |
| 铝合金 | 2800 | 450 | 0.160 |
| 石灰岩(抗压) | 2500 | 140 | 0.056 |

## 二、弹性与塑性

### 1. 弹性

材料在外力作用下产生变形,当外力取消后能够完全恢复原来形状、尺寸的性质称为弹性。这种能够完全恢复的变形称为弹性变形(或瞬时变形)。材料在弹性范围内变形符合胡克定律,并用弹性模量 $E$ 来反映材料抵抗变形的能力。用下式计算:

$$E=\frac{\sigma}{\varepsilon} \tag{2-18}$$

式中:$E$——材料的弹性模量(MPa);

　　　$\sigma$——材料的应力(MPa);

　　　$\varepsilon$——材料的应变。

$E$ 值越大,材料受外力作用时越不易产生变形。

### 2. 塑性

材料在外力作用下产生变形,若除去外力后仍保持变形后的形状和尺寸,并且不产生裂缝的性质称为塑性。相应的变形称为塑性变形(或残余变形)。

完全的弹性材料是没有的,有的材料受力不大时产生弹性变形,受力超过一定限度后即产生塑性变形,如钢材。有的材料,如混凝土,在受力时弹性变形和塑性变形同时产生,如果取消外力后,弹性变形可以恢复,而塑性变形不能恢复,通常将这种材料称为弹塑性材料。

### 三、脆性与韧性

#### 1. 脆性

材料在外力达到一定程度时,突然发生破坏,无明显的塑性变形,这种性质称为脆性。大部分无机非金属材料均属于脆性材料,如天然石材、烧结普通砖、陶瓷、普通混凝土、砂浆等。脆性材料的特点是塑性变形很小,抵抗冲击、振动荷载的能力差,抗压强度高,抗拉强度低。所以仅用于承受静压力作用的结构或构件,如柱子、墩座等。

#### 2. 韧性

材料在冲击或动力荷载作用下,能吸收较大能量,同时也能产生一定的变形而不破坏的性质称为韧性。材料的韧性是用冲击试验检验的,因而又称为冲击韧性。低碳钢、低合金钢、木材、钢筋混凝土等都属于韧性材料。韧性材料的特点是塑性大,抗拉、抗压强度都较高。在工程中,对于要求承受冲击和振动荷载作用的结构,如吊车梁、桥梁、路面及有抗震要求的结构均要求所用材料具有较高的冲击韧性。

### 四、硬度与耐磨性

#### 1. 硬度

硬度指材料表面的坚硬程度,是抵抗其他物体刻划、压入其表面的能力。硬度的测定方法有刻划法、回弹法、压入法,不同材料其硬度的测定方法不同。回弹法用于测定混凝土表面硬度,并间接推算混凝土的强度,也用于测定砖、砂浆等的表面硬度。刻划法用于测定天然矿物的硬度,即按滑石、石膏、方解石、萤石、磷灰石、正长石、石英、黄玉、刚玉、金刚石的硬度递增顺序分为10级,通过它们对材料的划痕来确定所测材料的硬度,称为莫氏硬度。材料的硬度越大,则其耐磨性越好,加工越困难。

#### 2. 耐磨性

材料受外界物质的摩擦作用而减小质量和体积的现象称为磨损;材料受到摩擦、剪切及撞击的综合作用而减小质量和体积的现象称为磨耗,材料的耐磨性用磨损率表示。磨损率是一定尺寸的试件,在一定压力作用下,在磨料上磨一定次数后,试件每单位面积上的质量损失。结构致密、硬度较大和强度高的材料抗磨损和抗磨耗的能力较强。

## 第三节　材料的耐久性

材料的耐久性是指材料在长期使用过程中,受到各种内在的或外来的因素的作用,能经久不变质、不被破坏,保持原有性能,不影响使用的性质。

材料在建筑物使用期间,除受到各种荷载作用之外,还受到自身和周围环境中各种因素的破坏作用,这些破坏因素一般可分为物理作用、化学作用和生物作用。

物理作用主要有干湿变化、温度变化和冻融循环等,这些作用使材料发生体积膨胀、收缩或导致内部裂缝的扩展,长期的反复多次的作用使材料逐渐破坏。

化学作用主要是指有害气体以及酸、碱、盐等液体或其他有害物质对材料的侵蚀作用,使材料的成分发生质的变化,从而引起材料的破坏。

生物作用主要是指昆虫、菌类等的作用,导致材料发生虫蛀、腐朽等破坏。

材料的耐久性是材料抵抗上述多种作用的一种综合性质,它包括抗冻性、抗腐蚀性、抗渗性、抗风化性、耐热性、耐酸性等各方面的内容。不同的材料在耐久性方面的特点不同。一般情况下,矿物质材料如石材、砖、混凝土、砂浆等主要考虑抗风化性和抗冻性;钢材等金属材料主要考虑抗腐蚀性;木材、竹材等植物纤维质材料常因腐朽、虫蛀等生物作用而遭受破坏;沥青以及塑料等高分子材料容易老化。另外,不同工程环境对材料的耐久性也有不同的要求。当材料处于水中或水位变化区,主要会受到环境水的化学侵蚀、冻融循环作用以及对材料的渗透作用。

为提高材料的耐久性,应根据材料的特点和使用情况采取相应措施,通常可以从以下几方面考虑:

①设法减轻大气或其他介质对材料的破坏作用,如降低温度、排除侵蚀性物质等。

②提高材料本身的密实度,改变材料的孔隙构造特征。

③适当改变成分,进行憎水处理及防腐处理。

④在材料表面设置保护层,如抹灰、做饰面、刷涂料等。

提高材料的耐久性,对保证建筑物的正常使用、减少使用期间的维修费用、延长建筑物的使用寿命,起着非常重要的作用。

# 第三章　无机胶凝材料

土木工程中用来将散粒材料或块状材料粘结为一个整体的材料,统称为胶凝材料。

胶凝材料按其化学组成可分为两大类:有机胶凝材料和无机胶凝材料。有机胶凝材料以天然的(或合成的)有机高分子化合物为基本成分,土木工程中常用的有机胶凝材料有沥青、树脂、橡胶等;无机胶凝材料则以无机化合物为基本成分。根据无机胶凝材料凝结硬化条件的不同分为气硬性胶凝材料和水硬性胶凝材料。气硬性胶凝材料只能在空气中凝结硬化,也只能在空气中保持或继续发展其强度,常用的气硬性胶凝材料有石灰、石膏、水玻璃和镁质胶凝材料等;水硬性胶凝材料不仅能在空气中而且能更好地在水中凝结硬化,保持并继续发展其强度,常用的水硬性胶凝材料为各种水泥。气硬性胶凝材料的耐水性很差,只适用于地上或干燥环境。水硬性胶凝材料的耐水性很好,可适用于各种大气环境、潮湿环境或水中的工程。

## 第一节　水　泥

### 一、水泥的概述及分类

水泥是由石灰质原料、黏土质原料与少数校正原料(如石英砂岩、钢渣等)破碎后按比例配合、磨细并调配成为成分合适的生料,经高温煅烧(1450℃)至部分熔融制成熟料,再加入适量的调凝剂(石膏)、混合材料(如粉煤灰、粒化高炉矿渣等)、活性或非活性混合材料,共同磨细而成的一种粉状无机水硬性胶凝材料。它加水拌和成塑性浆体,能胶结砂石等材料,既能在空气中硬化,又能在水中硬化,并保持、发展其强度。

水泥品种日益增多,可按水硬性物质、用途及性能、主要技术特点方式分为若干类。

**1. 按主要水硬性物质名称分**

主要分为硅酸盐水泥(国外通称的波特兰水泥)、铝酸盐水泥、硫铝酸盐水泥、铁铝酸盐水泥、氟铝酸盐水泥、磷酸盐水泥和以火山灰或潜在水硬性材料及其他活性材料为主要组分的水泥。

2. **按用途及性能分**

(1)通用水泥:一般土木建筑工程通常采用的水泥。通用水泥主要是指《通用硅酸盐水泥》(GB 175—2007)规定的6大类水泥,即硅酸盐水泥、普通硅酸盐水泥、矿渣硅酸盐水泥、火山灰质硅酸盐水泥、粉煤灰硅酸盐水泥和复合硅酸盐水泥。

(2)专用水泥:专门用途的水泥。如油井水泥、砌筑水泥、道路水泥。

(3)特性水泥:某种性能比较突出的水泥。如白色硅酸盐水泥、快硬硅酸盐水泥、低热矿渣硅酸盐水泥、膨胀水泥、高铝水泥、抗硫酸盐水泥等。

3. **按主要技术特性分**

(1)快硬性(水硬性):分为快硬和特快硬两类。

(2)水化热:分为中热和低热两类。

(3)抗硫酸盐性:分中抗硫酸盐腐蚀和高抗硫酸盐腐蚀两类。

(4)膨胀性:分为膨胀和自应力两类。

(5)耐高温性:铝酸盐水泥的耐高温性以水泥中氧化铝含量分级。

## 二、通用硅酸盐水泥

1. **通用硅酸盐水泥的组分与材料**

(1)组分

依据《通用硅酸盐水泥》(GB 175—2007)规定的通用硅酸盐水泥按混凝土和材料的品种、掺量分为硅酸盐水泥、普通硅酸盐水泥、矿渣硅酸盐水泥、火山灰质硅酸盐水泥、粉煤灰硅酸盐水泥和复合硅酸盐水泥。各品种的组分和代号符合表3-1的规定。

表3-1 通用硅酸盐水泥的组分

| 品种 | 代号 | 组分(%) | | | | |
|---|---|---|---|---|---|---|
| | | 熟料+石膏 | 粒化高炉矿渣 | 火山灰质混合材料 | 粉煤灰 | 石灰石 |
| 硅酸盐水泥 | P·Ⅰ | 100 | — | — | — | — |
| | P·Ⅱ | ≥95 | ≤5 | — | — | — |
| | | ≥95 | — | — | — | ≤5 |
| 普通硅酸盐水泥 | P·O | ≥80且<95 | | >5且≤20 | | — |
| 矿渣硅酸盐水泥 | P·S·A | ≥50且<80 | >20且≤50 | | | |
| | P·S·B | ≥30且<50 | >50且≤70 | | | |

(续)

| 品 种 | 代 号 | 组分(%) | | | | |
|---|---|---|---|---|---|---|
| | | 熟料＋石膏 | 粒化高炉矿渣 | 火山灰质混合材料 | 粉煤灰 | 石灰石 |
| 火山灰质硅酸盐水泥 | P·P | ≥60且<80 | — | >20且≤40 | — | — |
| 粉煤灰硅酸盐水泥 | P·F | ≥60且<80 | — | — | >20且≤40 | — |
| 复合硅酸盐水泥 | P·C | ≥50且<80 | >20且≤50 | | | |

(2)材料

1)硅酸盐水泥熟料

硅酸盐水泥熟料是由主要含 $CaO$、$SiO_2$、$Al_2O_3$、$Fe_2O_3$ 的原料按适当比例磨成细粉烧全部分熔融所得到的以硅酸钙为主要矿物成分的水硬性胶凝物质。其中硅酸钙矿物含量(质量分数)≤66%,氧化钙和氧化硅质量比≥2.0。

2)石膏

①天然石膏:应符合《天然石膏》(GB/T 5483—2008)中规定的 G 类或 M 类二级(含)以上的石膏或混合石膏。

②工业副产石膏:以硫酸钙为主要成分的工业副产物。采用前应经过试验证明对水泥性能无害。

3)活性混合材料

应符合《用于水泥中的粒化高炉矿渣》(GB/T 203—2008)、《用于水泥和混凝土中的粒化高炉矿渣粉》(GB/T 18046—2008)、《用于水泥和混凝土中的粉煤灰》(GB/T 1596—2005)、《用于水泥中的火山灰质混合材料》(GB/T 2847—2005)标准要求的粒化高炉矿渣、粒化高炉矿渣粉、粉煤灰、火山灰质混合材料。

4)非活性混合材料

活性指标分别低于《用于水泥中的粒化高炉矿渣》(GB/T 203—2008)、《用于水泥和混凝土中的粒化高炉矿渣粉》(GB/T 18046—2008)、《用于水泥和混凝土中的粉煤灰》(GB/T 1596—2005)、《用于水泥中的火山灰质混合材料》(GB/T 2847—2005)标准要求的粒化高炉矿渣、粒化高炉矿渣粉、粉煤灰、火山灰质混合材料;石灰石和砂岩,其中石灰石中的三氧化二铝含量(质量分数)应≤5%。

5)窑灰

窑灰应符合《掺入水泥中的回转窑窑灰》(JC/T 742—2009)的规定。

6)助磨剂

水泥粉磨时允许加入助磨剂,其加入量应不大于水泥质量的0.5%,助磨剂应符合《水泥助磨剂》(JC/T 667—2004)的规定。

2. 通用硅酸盐水泥的技术要求

(1)化学指标

通用硅酸盐水泥化学指标应符合表3-2的规定。

表3-2  通用水泥化学指标(%)

| 品 种 | 代 号 | 不溶物(质量分数) | 烧失量(质量分数) | 三氧化硫(质量分数) | 氧化镁(质量分数) | 氯离子(质量分数) |
|---|---|---|---|---|---|---|
| 硅酸盐水泥 | P·Ⅰ | ≤0.75 | ≤3.0 | | | |
| | P·Ⅱ | ≤1.50 | ≤3.5 | ≤3.5 | ≤5.0 | |
| 普通硅酸盐水泥 | P·O | — | ≤5.0 | | | |
| 矿渣硅酸盐水泥 | P·S·A | — | — | ≤4.0 | ≤6.0 | ≤0.06 |
| | P·S·B | — | — | | | |
| 火山灰质硅酸盐水泥 | P·P | — | — | | | |
| 粉煤灰硅酸盐水泥 | P·F | — | — | ≤3.5 | ≤6.0 | |
| 复合硅酸盐水泥 | P·C | — | — | | | |

注:1. 如果水泥压蒸试验合格,则水泥中氧化镁的含量(质量分数)允许放宽至6.0%;
  2. 如果水泥中氧化镁的含量(质量分数)>6.0%时,需进行水泥压蒸安定性试验并达到合格;
  3. 当有更低要求时,该指标由买卖双方确定。

(2)碱含量(选择性指标)

水泥中碱含量按 $Na_2O+0.658K_2O$ 计算值表示。若使用活性集料,用户要求提供低碱水泥时,水泥中的碱含量应≤0.60%或由买卖双方协商确定。

(3)物理指标

1)凝结时间

硅酸盐水泥初凝时间≥45min,终凝时间≤390min。

普通硅酸盐水泥、矿渣硅酸盐水泥、火山灰质硅酸盐水泥、粉煤灰硅酸盐水泥和复合硅酸盐水泥初凝时间≥45min,终凝时间≤600min。

2)安全性

沸煮法合格。

3)强度

不同品种、不同强度等级的通用硅酸盐水泥,其不同龄期的强度应符合表3-3的规定。

表3-3 通用硅酸盐水泥的强度等级(MPa)

| 品 种 | 强度等级 | 抗压强度 | | 抗折强度 | |
|---|---|---|---|---|---|
| | | 3d | 28d | 3d | 28d |
| 硅酸盐水泥 | 42.5 | ≥17.0 | ≥42.5 | ≥3.5 | ≥6.5 |
| | 42.5R | ≥22.0 | | ≥4.0 | |
| | 52.5 | ≥23.0 | ≥52.5 | ≥4.0 | ≥7.0 |
| | 52.5R | ≥27.0 | | ≥5.0 | |
| | 62.5 | ≥28.0 | ≥62.5 | ≥5.0 | ≥8.0 |
| | 62.5R | ≥32.0 | | ≥5.5 | |
| 普通硅酸盐水泥 | 42.5 | ≥17.0 | ≥42.5 | ≥3.5 | ≥6.5 |
| | 42.5R | ≥22.0 | | ≥4.0 | |
| | 52.5 | ≥23.0 | ≥52.5 | ≥4.0 | ≥7.0 |
| | 52.5R | ≥27.0 | | ≥5.0 | |
| 矿渣硅酸盐水泥<br>火山灰硅酸盐水泥<br>粉煤灰硅酸盐水泥<br>复合硅酸盐水泥 | 32.5 | ≥10.0 | ≥32.5 | ≥2.5 | ≥5.5 |
| | 32.5R | ≥15.0 | | ≥3.5 | |
| | 42.5 | ≥15.0 | ≥42.5 | ≥3.5 | ≥6.5 |
| | 42.5R | ≥19.0 | | ≥4.0 | |
| | 52.5 | ≥21.0 | ≥52.5 | ≥4.0 | ≥7.0 |
| | 52.5R | ≥23.0 | | ≥4.5 | |

(4)细度(选择性指标)

硅酸盐水泥和普通硅酸盐水泥的细度以比表面积表示,其比表面积 ≥300m²/kg;矿渣硅酸盐水泥、火山灰质硅酸盐水泥、粉煤灰硅酸盐水泥和复合硅酸盐水泥的细度以筛余表示,其 $80\mu m$ 方孔筛筛余≤10% 或 $45\mu m$ 方孔筛筛余≤30%。

3. 通用硅酸盐水泥的性能及选用

通用硅酸盐水泥主要特性及选用见表3-4。

表 3-4 通用硅酸盐水泥主要特性及选用

| 名称 | 硅酸盐水泥 | 普通水泥 | 矿渣水泥 | 火山灰水泥 | 粉煤灰水泥 | 复合水泥 |
|---|---|---|---|---|---|---|
| 主要特性 | 1. 快硬早强<br>2. 水化热高<br>3. 耐冻性较好<br>4. 耐热性差<br>5. 耐腐蚀性差 | 1. 早强<br>2. 水化热较高<br>3. 耐冻性较好<br>4. 耐热性较差<br>5. 耐蚀性较差 | 1. 早期强度较低，后期强度增长较快<br>2. 水化热较低<br>3. 耐热性较好<br>4. 对硫酸盐类侵蚀抗力和抗水性较好<br>5. 抗冻性较差<br>6. 干缩性较大 | 1. 早期强度较低，后期强度增长较快<br>2. 水化热较低<br>3. 耐热性较差<br>4. 对硫酸盐类侵蚀抗力和抗水性较好<br>5. 抗冻性较差<br>6. 干缩性较好<br>7. 抗渗性较好 | 1. 早期强度低，后期强度增长快<br>2. 水化热较低<br>3. 耐热性较差<br>4. 对硫酸盐类侵蚀抗力和抗水性较好<br>5. 抗冻性较小<br>6. 干缩性较小<br>7. 抗碳化能力较差 | 基本与矿渣水泥、火山灰水泥、粉煤灰水泥特性接近 |
| 适用范围 | 1. 适用快硬早强工程<br>2. 配制高强度等级混凝土<br>3. 配制高强度及预应力混凝土结构，包括受冻融作用的结构及早期强度要求较高的工程 | 1. 制造地上、地下及水中的混凝土、钢筋混凝土及预应力混凝土结构<br>2. 配制建筑砂浆 | 1. 大体积混凝土<br>2. 配制低热混凝土<br>3. 蒸汽养护的构件<br>4. 一般地上、地下的钢筋混凝土及水中的结构<br>5. 配制建筑砂浆 | 1. 大体积混凝土<br>2. 有抗渗要求的工程<br>3. 蒸汽养护的构件<br>4. 一般混凝土和钢筋混凝土结构<br>5. 配制建筑砂浆 | 1. 地上、地下、水中和大体积混凝土工程<br>2. 蒸汽养护的构件<br>3. 一般混凝土和钢筋混凝土工程<br>4. 配制建筑砂浆 | 1. 大体积混凝土<br>2. 高温或水中混凝土<br>3. 受侵蚀介质作用的混凝土 |
| 不适用处 | 1. 大体积混凝土工程<br>2. 受化学侵蚀水及压力水作用的结构物 | 1. 大体积混凝土工程<br>2. 受化学侵蚀水及压力水作用的结构物 | 1. 早期强度要求高的混凝土工程<br>2. 严寒地区并在水位升降范围内的混凝土工程<br>3. 干燥环境的混凝土工程<br>4. 有耐磨性要求的工程 | 1. 早期强度要求高的混凝土工程<br>2. 严寒地区并在水位升降范围内的混凝土工程<br>3. 干燥环境的混凝土工程<br>4. 有耐磨性要求的工程 | 1. 早期强度要求高的混凝土工程<br>2. 严寒地区并在水位升降范围内的混凝土工程<br>3. 有抗碳化要求的工程 | 1. 早期强度要求高的混凝土工程<br>2. 严寒地区并在水位升降范围内的混凝土工程<br>3. 严寒地区的混凝土工程 |

## 三、其他品种水泥

再土木工程中除了使用上述通用硅酸盐水泥外,还常采用特殊水泥和专用水泥以便满足某些工程的特殊需要。

**1. 铝酸盐水泥**

(1)定义与分类

1)定义

凡以铝酸钙为主的铝酸盐水泥熟料,磨细制成的水硬性胶凝材料称为铝酸盐水泥,代号 CA。根据需要也可在磨制 $Al_2O_3$ 含量>68%的水泥时掺加适量的 $\alpha-Al_2O_3$ 粉。

2)分类

铝酸盐水泥按 $Al_2O_3$ 含量百分数分为 4 类:

CA—50　　50%≤$Al_2O_3$<60%

CA—60　　60%≤$Al_2O_3$<68%

CA—70　　68%≤$Al_2O_3$<77%

CA—80　　77%≤$Al_2O_3$

(2)铝酸盐水泥的技术要求

1)化学成分

铝酸盐水泥的化学成分按水泥质量百分比计应符合表 3-5 要求

表 3-5　铝酸盐水泥化学成分(%)

| 类型 | $Al_2O_3$ | $SiO_2$ | $Fe_2O_3$ | $R_2O$ ($Na_2O+0.658K_2O$) | $S^a$ (全硫) | $Cl^a$ |
|---|---|---|---|---|---|---|
| CA—50 | ≥50,<60 | ≤8.0 | ≤2.5 | ≤0.4 | ≤0.1 | ≤0.1 |
| CA—60 | ≥60,<68 | ≤5.0 | ≤2.0 | | | |
| CA—70 | ≥68,<77 | ≤1.0 | ≤0.7 | | | |
| CA—80 | ≥77 | ≤0.5 | ≤0.5 | | | |

2)物理性能

①细度

比表面积≥300$m^3$/kg 或 0.045mm 筛余≤20%,由供需双方商订,在无约定的情况下发生争议时以比表面积为准。

②凝结时间(胶砂)应符合表 3-6 要求。

表 3-6  铝酸盐水泥凝结时间

| 水泥类型 | 初凝时间(min) | 终凝时间(h) |
|---|---|---|
| CA—50，CA—70，CA—80 | ≥30 | ≤6 |
| CA—60 | ≥60 | ≤18 |

③强度

各类型水泥各龄期强度值不得低于表 3-7 数值。

表 3-7  各类型的铝酸盐水泥的各龄期强度值

| 水泥类型 | 抗压强度(MPa) | | | | 抗折强度(MPa) | | | |
|---|---|---|---|---|---|---|---|---|
|  | 6h | 1d | 3d | 28d | 6h | 1d | 3d | 28d |
| CA—50 | 20[a] | 40 | 50 | — | 3.0[a] | 5.5 | 6.5 | — |
| CA—60 | — | 20 | 45 | 85 | — | 2.5 | 5.0 | 10.0 |
| CA—70 | — | 30 | 40 | — | — | 5.0 | 6.0 | — |
| CA—80 | — | 25 | 30 | — | — | 4.0 | 5.0 | — |

注：当用户需要时，生产厂就提供结果。

(3)铝酸盐水泥的性质

1)凝结硬化快，早期强度高。1d 的强度可达 3d 强度的 80%以上，适用于紧急抢修工程、军事工程、临时性工程和早期强度有要求的工程。

2)水化热大，并且集中在早期，1d 内可放出水化热 70%~80%，使温度上升很高。因此，铝酸盐水泥不宜用于大体积混凝土工程，但适用于寒冷的冬季施工工程。

3)抗硫酸盐性能强。因其水化后不含氢氧化钙，故适用于耐酸及硫酸盐腐蚀的工程。

4)耐热性好。铝酸盐水泥在高温下与骨料发生固相反应，形成稳定结构。因此，可用于拌制 1200~1400℃耐热砂浆或耐热混凝土，例如窑炉衬砖。

5)耐碱性差。铝酸盐水泥的水化产物水化铝酸钙不耐碱，遇碱后强度下降。因此，铝酸盐水泥不能用于与碱接触的工程，也不能与硅酸盐水泥或石灰等能析出的材料接触，否则会发生闪凝，且生成高碱性水化铝酸钙，使混凝土开裂破坏，强度下降。

6)用于钢筋混凝土时，钢筋保护层的厚度不得<60mm，未经试验，不得加入任何外加剂。

7)铝酸盐水泥 CA-50 使用适宜温度为 15℃,不超过 25℃。一般不用于长期承载的工程。

## 2. 砌筑水泥

凡由一种或一种以上的水泥混合材料,加入适量硅酸盐水泥熟料和石膏,经磨细制成的和易性较好的水硬性胶凝材料,称为砌筑水泥,代号 M。

水泥中混合材料掺加量按质量百分比计应>50%,允许掺入适量的石灰石或窑灰。

国家标准《砌筑水泥》(GB/T 3183—2003)规定砌筑水泥的技术要求如下:

(1)细度,80μm 方孔筛筛余量不得>10%。

(2)凝结时间,初凝时间不得早于 60min,终凝时间不得迟于 12h。

(3)安定性,水泥中 $SO_3$ 含量不得>4.0%,沸煮法检验安定性必须合格。

(4)砌筑水泥有 12.5 和 22.5 两个强度等级,各强度等级水泥各龄期强度值不得低于表 3-8 中的数值。

表 3-8 砌筑水泥各龄期强度值

| 强度等级 | 抗压强度(MPa) | | 抗折强度(MPa) | |
| --- | --- | --- | --- | --- |
| | 7d | 28d | 7d | 28d |
| 12.5 | 7.0 | 12.5 | 1.5 | 3.0 |
| 22.5 | 10.0 | 22.5 | 2.0 | 4.0 |

砌筑水泥强度较低,能满足砌筑砂浆强度要求,可利用大量的工业废渣作为混合材料,降低水泥成本。砌筑水泥主要用于砌筑和抹面砂浆、垫层混凝土等,不应用于结构混凝土。

## 3. 道路硅酸盐水泥

由道路硅酸盐水泥熟料、0~10%活性混合材料和适量石膏磨细制成的水硬性胶凝材料,称为道路硅酸盐水泥(简称道路水泥),代号 P·R。

道路硅酸盐水泥熟料的矿物组成为 $C_3S$、$C_2S$、$C_3A$ 和 $C_4AF$,以硅酸钙为主要成分,还有较多量的铁铝酸钙,其铝酸三钙的含量应不超过 5.0%,铁铝酸四钙的含量应不低于 16.0%。

《道路硅酸盐水泥》(GB 13693—2005)规定的技术要求如下:

(1)细度,比表面积为 300~450m²/kg。

(2)凝结时间,初凝时间应不早于 1.5h,终凝时间不得迟于 10h。

(3)安定性,氧化镁含量应≤5.0%,三氧化硫含量应≤3.5%,沸煮法检验必须合格。

(4)干缩率与耐磨性,28d干缩率应≤0.10%,28d磨耗量应≤3.00kg/m²。

(5)道路硅酸盐水泥划分有32.5、42.5、52.5 3个强度等级,各强度等级水泥各龄期强度值不得低于表3-9中的数值。

表3-9 道路硅酸盐水泥各龄期强度值

| 强度等级 | 抗压强度(MPa) | | 抗折强度(MPa) | |
| --- | --- | --- | --- | --- |
| | 3d | 28d | 3d | 28d |
| 32.5 | 16.0 | 32.5 | 3.5 | 6.5 |
| 42.5 | 21.0 | 42.5 | 4.0 | 7.0 |
| 52.5 | 26.0 | 52.5 | 5.0 | 7.5 |

道路硅酸盐水泥早期强度高,特别是抗折强度高、干缩率小、耐磨性好、抗冲击性好,主要用于道路路面、飞机场跑道、广场、车站以及对耐磨性、抗干缩性要求较高的混凝土工程。

**4. 白色水泥与彩色硅酸盐水泥**

白色硅酸盐水泥和彩色硅酸盐水泥,简称为白水泥和彩色水泥,主要用于建筑装饰工程,可配制成彩色灰浆或制造各种彩色和白色混凝土,如水磨石、斩假石等。白水泥和彩色水泥与其他天然的和人造的装饰材料相比,具有价格较低廉、耐久性好等优点。

(1)白水泥

依据《白色硅酸盐水泥》(GB/T 2015—2005)凡以适当成分的生料烧至部分熔融,得到以硅酸钙为主要成分,且氧化铁含量少的熟料称为白色硅酸盐水泥熟料。在白色硅酸盐水泥熟料中加入适量石膏,磨细制成的水硬性胶凝材料,称为白色硅酸盐水泥(简称白水泥)。白色硅酸盐水泥的主要特点是色白,以白度表示,白度是以水泥与标准白板的反射率的比值表示的。

(2)彩色水泥

彩色水泥的现行标准为《彩色硅酸盐水泥》(JC/T870—2012)。彩色水泥按生产方法可分为两种。一种是用白水泥熟料、石膏和颜料共同粉磨而成。所用颜料要求对光和大气的耐久性好,不溶于水且分散性要好,既能耐碱也不会显著降低其强度,且不含有可溶盐类。常用的颜料有:氧化铁(红、黄、褐、黑色),二氧化锰(黑、褐色),氧化铬(绿色)等。另一种是在白水泥的生料中加入少量金属氧化物作为着色剂,直接煅烧成水泥熟料,然后再加石膏磨细而成。

### 5. 中低热水泥

国家标准《中热硅酸盐水泥,低热矿渣硅酸盐水泥》(GB 200—2003)规定,中热硅酸盐水泥(简称中热水泥)是以适当成分的硅酸盐水泥熟料,加入适量石膏,磨细制成的具有中等水化热的水硬性胶凝材料,代号 P·MH。

低热硅酸盐水泥(简称低热水泥)是以适当成分的硅酸盐水泥熟料,加入适量石膏,磨细制成的具有低水化热的水硬性胶凝材料,代号 P·LH。

低热矿渣硅酸盐水泥(简称低热矿渣水泥)是以适当成分的硅酸盐水泥熟料,加入粒化高炉矿渣、适量石膏,磨细制成的具有低水化热的水硬性胶凝材料,代号 P·SLH。

中热硅酸盐水泥、低热硅酸盐水泥、低热矿渣硅酸盐水泥的主要特点是水化热低,适用于要求水化热较低的大体积混凝土,如大坝、大体积建筑物等,可以克服因水化热引起的温差应力而导致的混凝土破坏。

### 6. 膨胀水泥

在水化和硬化过程中产生体积膨胀的水泥属膨胀类水泥。一般水泥在空气中硬化时,体积会发生收缩,收缩会使水泥石结构产生微裂缝,降低水泥石结构的密实性,影响结构的抗渗、抗冻、抗腐蚀等。膨胀水泥在硬化过程中体积不会发生收缩,还略有膨胀,可以解决由于收缩带来的不利后果。

常见的膨胀水泥品种及其主要用途如下:

(1)硅酸盐膨胀水泥。主要用于制造防水砂浆和防水混凝土,适用于加固结构、浇筑机器底座或固结地脚螺栓,并可用于接缝及修补工程,但禁止在有硫酸盐侵蚀的水中工程中使用。

(2)低热微膨胀水泥。主要用于较低水化热和要求补偿收缩的混凝土、大体积混凝土,也适用于要求抗渗和抗硫酸盐侵蚀的工程。

(3)硫铝酸盐膨胀水泥。主要用于浇筑构件节点及应用于抗渗和补偿收缩的混凝土工程中。

(4)自应力水泥。主要用于自应力钢筋混凝土压力管及其配件。膨胀水泥最主要的特点是在硬化过程中体积略有膨胀,以低热微膨胀水泥为例,《低热微膨胀水泥》(GB 2938—2008)规定,其线膨胀率应符合以下要求:"1d 不得小于 0.05%,7d 不得小于 0.10%,28d 不得小于 0.60%。"

### 7. 抗硫酸盐水泥

抗硫酸盐硅酸盐水泥简称抗硫酸盐水泥,具有较高的抗硫酸盐侵蚀的特性。按其抗硫酸盐侵蚀程度分为中抗硫酸盐硅酸盐水泥和高抗硫酸盐硅酸盐水泥两类。其定义、用途及技术要求见表 3-10、表 3-11。

表 3-10　抗硫酸盐硅酸盐水泥的定义、用途和技术要求

| 项　目 | 内容或指标 |
|---|---|
| 定义 | 中抗硫酸盐硅酸盐水泥：<br>以特定矿物组成的硅酸盐水泥熟料，加入适量石膏，磨细制成的具有抵抗中等浓度硫酸根离子侵蚀的水硬性胶凝材料，称为中抗硫酸盐硅酸盐水泥，简称中抗硫酸盐水泥，代号 P·MSR<br>高抗硫酸盐硅酸盐水泥：<br>以特定矿物组成的硅酸水泥熟料，加入适量石膏，磨细制成的具有抵抗较高浓度硫酸根离子侵蚀的水硬性胶凝材料，称为高抗硫酸盐硅酸盐水泥，简称高抗硫酸盐水泥，代号 P·HSR |
| 硅酸三钙<br>铝酸三钙<br>含量 | 水泥名称　　　　　　硅酸三钙($C_3Si$),(%)　　　铝酸三钙($C_3Al$),(%)<br>中抗硫水泥　　　　　≤55.0　　　　　　　　　　≤5.0<br>高抗硫水泥　　　　　≤50.0　　　　　　　　　　≤3.0 |
| 烧失量 | 水泥中烧失量不得超过 3.0% |
| 氧化镁 | 水泥中氧化镁含量不得超过 5.0%，如果水泥经过压蒸安定性试验合格，则水泥中氧化镁含量允许放宽到 6.0% |
| 碱含量 | 水泥中碱含量 $w(Na_2O)+0.658w(K_2O)$ 计算值来表示,若使用活性集料,用户要求提供低碱水泥时,水泥中的碱含量不得＞0.60%,或由供需双方商定 |
| 三氧化硫 | 水泥中三氧化硫的含量不得＞2.5% |
| 不溶物 | 水泥中的不溶物不得＞1.50% |
| 比表面积 | 水泥比表面各不得＜280$m^2$/kg |
| 凝结时间 | 初凝不得早于 45min,终凝不得迟于 10h |
| 安定性 | 用沸煮法检验,必须合格 |
| 强度 | 水泥强度等级按规定龄期的抗压强度和抗折强度来划分,两类水泥均分为 32.5、42.5 两个强度等级,各等级水泥的各龄期强度不得低于 3-7 数值 |

注：表中百分数(%)均为质量比(m/m)。

表 3-11　抗硫酸盐硅酸盐各等级中抗硫、高抗硫水泥的各龄期强度值

| 水泥强度等级 | 抗压强度(MPa) | | 抗折强度(MPa) | |
| --- | --- | --- | --- | --- |
| | 3d | 28d | 3d | 28d |
| 32.5 | 10.0 | 32.5 | 2.5 | 6.0 |
| 42.5 | 15.0 | 42.5 | 3.0 | 6.5 |

注：抗硫酸盐水泥适用于一般受硫酸盐侵蚀的海港、水利、地下、隧涵、引水、道路和桥梁基础等工程。

## 四、水泥的验收、储存及运输

**1. 水泥验收检验的基本内容**

(1) 核对包装及标志是否相符

水泥的包装及标志，必须符合标准规定。通用水泥一般为袋装，也可以散装。袋装水泥规定每袋净重 50kg，且不得少于标志质量的 98%；随机抽取 20 袋，水泥总质量不得少于 1000kg。水泥包装袋应符合标准规定，袋上应清楚标明：产品名称，代号，净含量，强度等级，生产许可证编号，生产者名称和地址，出厂编号，执行标准号，包装年、月、日。掺火山灰质混合材料的普通水泥或矿渣水泥，还应标上"掺火山灰"字样。复合水泥，应标明主要混合材料名称。包装袋两侧，应印有水泥名称和强度等级，硅酸盐水泥和普通水泥的印刷采用红色，矿渣水泥采用绿色，火山灰水泥、粉煤灰水泥及复合水泥采用黑色。散装供应的水泥，应提交与袋装标志相同内容的卡片。

通过对水泥包装和标志的核对，不仅可以发现包装的完好程度，盘点和检验数量是否给足，还能核对所购水泥与到货的产品是否完全一致，及时发现和纠正可能出现的产品混杂现象。

(2) 校对出厂检验的试验报告

水泥出厂前，由水泥厂按批号进行出厂检验，填写试验报告。试验报告应包括标准规定的各项技术要求及试验结果、助磨剂、工业副产品石膏、混合材料名称和掺加量、属旋窑或立窑生产。当用户需要时，水泥厂应在水泥发出日起 7d 内，寄发除 28d 强度以外的各项试验结果。28d 强度数值，应在水泥发出日起 32d 内补报。

施工部门购进的水泥，必须取得同一编号水泥的出厂检验报告，并认真校核。要校对试验报告的编号与实收水泥的编号是否一致，试验项目是否遗漏，试验测值是否达标。

水泥出厂检验的试验报告，不仅是验收水泥的技术保证依据，也是施工单位长期保留的技术资料，直至工程验收时作为用料的技术凭证。

(3)交货验收检验

水泥交货时的质量验收依据,标准中规定了两种:一种是以抽取实物试样的检验结果为依据,另一种是以水泥厂同编号水泥的检验报告为依据。采用哪种,由买卖双方商定,并在合同协议中注明。

以抽取实物试样的检验结果为依据时,买卖双方应在发货前或交货地共同取样和签封。按取样方法标准抽取20kg水泥试样,缩分为两等份,一份由卖方保存,另一份由买方按规定的项目和方法进行检验。在40d以内,对产品质量有异议时,将卖方封存的一份进行仲裁检验。

以水泥厂同编号水泥的检验报告为依据时,在发货前或交货时,由买方抽取该编号试样,双方共同签封保存;或委托卖方抽取该编号试样,签封后保存。三个月内,买方对水泥质量有疑问时,双方将签封试样进行仲裁检验。

仲裁检验,应送省级或省级以上国家认可的水泥质量监督检验机构。

**2. 水泥质量检验**

水泥进入现场后应进行复检。

(1)检验内容和检验批确定

水泥应按批进行质量检验。检验批可按如下规定确定:

1)同一水泥厂生产的同品种、同强度等级、同一出厂编号的水泥为一批。但散装水泥一批的总量不得超过500t,袋装水泥一批的总量不得超过200t。

2)当采用同一厂家生产的质量长期稳定的、生产间隔时间不超过10d的散装水泥可以500t作为一批检验批。

3)取样时应随机从不少于3个车罐中各采取等量水泥,经混拌均匀后,再从中称取不少于12kg水泥作为检验样。

水泥进场时应对其品种、级别、包装或散装仓号、出厂日期进行检查,并对其强度、安定性及其他必要的性能指标进行复验,其质量指标必须符合现行国家标准《通用硅酸盐水泥》(GB 175—2007)的规定。

当在使用中对水泥质量有怀疑或水泥出厂超过3个月(快硬硅酸盐水泥超过一个月)时,应进行复验,并按复验结果使用。

钢筋混凝土结构、预应力混凝土结构中,严禁使用含氯化物的水泥。

(2)复验项目

水泥的复验项目主要有:细度或比表面积、凝结时间、安定性、标准稠度用水量、抗折强度和抗压强度。

(3)不合格品及废品处理

1)不合格品水泥

凡细度、终凝时间、不溶物和烧失量中有一项不符合《通用硅酸盐水泥》

(GB 175—2007)规定或混合材料掺加量超过最大限量和强度低于相应强度等级的指标时为不合格品。水泥包装标志中水泥品种、强度等级、生产单位名称和出厂编号不全的也属于不合格品。不合格品水泥应降级或按复验结果使用。

2)废品水泥

当氧化镁、三氧化硫、初凝时间、安定性中任一项不符合国家标准规定时,该批水泥为废品。废品水泥严禁用于建设工程。

3. 水泥的运输及存储

水泥的运输和储存,主要是防止受潮,不同品种、强度等级和出厂日期的水泥应分别储运,不得混杂,避免错用并应考虑先存先用,不可储存过久。

水泥是水硬性胶凝材料,在储运过程中不可避免地要吸收空气中的水分而受潮结块,丧失胶凝活性,使强度大为降低。水泥强度等级越高,细度越细,吸湿受潮性严重,活性损失越快。在正常储存条件下,经 3 个月后,水泥强度约降低 10%～25%;储存 6 个月降低 25%～40%。

为此,储存水泥的库房必须干燥,库房地面应高出室外地面 30cm。若地面有良好的防潮层并以水泥砂浆抹面,可直接储存水泥;否则应用木料垫离地面 20cm。袋装水泥堆垛不宜过高,一般为 10 袋,如储存时间短,包装袋质量好可堆至 15 袋。袋装水泥垛一般应离开墙壁和窗户 30cm 以上。水泥垛应设立标示牌,注明生产工厂、品种、强度等级、出厂日期等。应尽量缩短水泥的储存期,通用水泥不宜超过 3 个月,铝酸盐水泥不宜超过 2 个月,快硬水泥不宜超过 1 个月,否则应重新测定强度,按实测强度使用。

露天临时储存袋装水泥,应选择地势高、排水良好的场地,并应认真上盖下垫,以防止水泥受潮。

散装水泥应按品种、强度等级及出厂日期分库存放,储存应密封良好、严格防潮。

# 第二节 石 灰

石灰是人类在建筑工程中最早使用的胶凝材料之一。由于其原料来源广泛,生产工艺简单,成本低廉,所以至今仍被广泛用于建筑工程中。石灰是将以含碳酸钙($CaCO_3$)为主要成分的石灰岩、白云石等天然材料经过适当温度(800～1000℃)煅烧,尽可能分解和排放二氧化碳($CO_2$)从而得到的主要含氧化钙(CaO)的胶凝材料。

建筑石灰可以用于建筑室内粉刷,拌制灰土或三合土,配置水泥石灰混凝土砂浆、石灰砂浆,加固含水的软土地基,生成硅酸盐制品等。

## 一、石灰的品种、特性、用途

石灰的品种、组成、特性和用途见表3-12。

表3-12 石灰的品种、组成、特性和用途

| 品 种 | 块灰(生石灰) | 磨细生石灰<br>(生石灰粉) | 熟石灰<br>(消石灰) | 石灰膏 | 石灰乳<br>(石灰水) |
|---|---|---|---|---|---|
| 组成 | 以含$CaCO_3$为主的石灰石经过(800~1000℃)高温煅烧而成,其主要成分为CaO | 由火候适宜的块灰经磨细而成粉末状的物料 | 将生石灰(块灰)淋以适当的水(约为石灰重量的60%~80%),经淋制熟化而成熟化作用所得的粉末状材料[$Ca(OH)_2$] | 将块灰加入足量的水,经过淋制熟化而成的厚膏状物质[$Ca(OH)_2$] | 将石灰膏用水冲淡所成的浆液状物质 |
| 特性和细度要求 | 块灰中的灰分含量越少,质量越高,通常所说的三七灰,即指三成灰粉七成块灰 | 与熟石灰相比,具有快干、高强等特点,便于施工;成品需经4900孔/$cm^2$的筛子过筛 | 需经3~6mm的筛子过筛 | 淋浆时应用孔径为6mm的网格过滤;应在沉淀池内储存两周后使用;保水性能好 | — |
| 用途 | 用于配制磨细生石灰、熟石灰、石灰膏等 | 用作硅酸盐建筑制品的原料,并可制作碳化石灰板、砖等制品 | 用于拌制灰土(石灰、黏土)和三合土(石灰、粉还可配制熟石灰、石灰膏等 | 用于配制石灰砌筑砂浆和抹灰砂浆 | 用于简易房屋的室内粉刷 |

## 二、建筑石灰的分类及技术要求

### 1. 分类

按生石灰的加工情况分为建筑生石灰和建筑生石灰粉。生石灰由石灰石(包括钙质石灰石、镁质石灰石)焙烧而成,呈块状、粒状或粉状,化学成分主要为氧化钙(CaO),可和水发生放热反应生成消石灰。

按生石灰的化学成分分为钙质石灰和镁质石灰两类。钙质石灰主要由氧化

钙或氢氧化钙组成,而不添加任何水硬性的活火山灰质的材料。镁质石灰主要由氧化钙和氧化镁($MgO>5\%$)或氢氧化钙和氢氧化镁组成,而不添加任何水硬性的或火山灰质的材料。根据化学成分的含量每类分成各个等级,见表3-13、表3-14。

表3-13 建筑生石灰的分类

| 类 别 | 名 称 | 代 号 |
|---|---|---|
| 钙质石灰 | 钙质石灰90 | CL90 |
| | 钙质石灰85 | CL85 |
| | 钙质石灰75 | CL75 |
| 镁质石灰 | 镁质石灰85 | ML85 |
| | 镁质石灰80 | ML80 |

表3-14 建筑消石灰的分类

| 类 别 | 名 称 | 代 号 |
|---|---|---|
| 钙质消石灰 | 钙质消石灰90 | HCL90 |
| | 钙质消石灰85 | HCL85 |
| | 钙质消石灰75 | HCL75 |
| 镁质消石灰 | 镁质消石灰85 | HML85 |
| | 镁质消石灰80 | HML80 |

## 2. 技术要求

(1) 建筑生石灰技术要求

根据建材行业标准《建筑生石灰》(JC/T 479—2013),建筑生石灰的化学成分及物理性质符合表3-15、表3-16。

表3-15 建筑生石灰的化学成分

| 名 称 | 氧化钙+氧化镁($CaO+MgO$) | 氧化镁($MgO$) | 二氧化碳($CO_2$) | 三氧化硫($SO_3$) |
|---|---|---|---|---|
| CL90－Q<br>CL90－QP | ≥90 | ≤5 | ≤4 | ≤2 |
| CL85－Q<br>CL85－QP | ≥85 | ≤5 | ≤7 | ≤2 |
| CL75－Q<br>CL75－QP | ≥75 | ≤5 | ≤12 | ≤2 |
| ML85－Q<br>ML85－QP | ≥85 | >5 | ≤7 | ≤2 |
| ML80－Q<br>ML80－QP | ≥80 | >5 | ≤7 | ≤2 |

表 3-16　建筑生石灰的物理性质

| 名　称 | 产浆量(dm³/10kg) | 细度 | |
|---|---|---|---|
| | | 0.2mm 筛余量(%) | 90μm 筛余量(%) |
| CL90－Q | ≥26 | — | — |
| CL90－QP | — | ≤2 | ≤7 |
| CL85－Q | ≥26 | — | — |
| CL85－QP | — | ≤2 | ≤7 |
| CL75－Q | ≥26 | — | — |
| CL75－QP | — | ≤2 | ≤7 |
| ML85－Q | — | — | — |
| ML85－QP | | ≤2 | ≤7 |
| ML80－Q | | — | — |
| ML80－QP | | ≤7 | ≤2 |

注：其他物理特性，根据用户要求，可按照 JC/T 478.1 进行测试。

(2)建筑消石灰技术要求

根据建材行业标准《建筑消石灰》(JC/T 481—2013)，建筑消石灰的化学成分及物理性质符合表 3-17、表 3-18。

表 3-17　建筑消石灰的化学成分

| 名　称 | 氧化钙＋氧化镁(CaO＋MgO) | 氧化镁(MgO) | 三氧化硫(SO₃) |
|---|---|---|---|
| HCL90 | ≥90 | | |
| HCL85 | ≥85 | ≤5 | ≤2 |
| HCL75 | ≥75 | | |
| HML85 | ≥85 | >5 | ≤2 |
| HML80 | ≥80 | | |

注：表中数值以试样扣除游离水和化学结合水后的干基为基准

表 3-18　建筑消石灰的物理性质

| 名　称 | 游离水(%) | 细度 | | 安定性 |
|---|---|---|---|---|
| | | 0.2mm 筛余量(%) | 90μm 筛余量(%) | |
| HCL90 | | | | |
| HCL85 | | | | |
| HCL75 | ≤2 | ≤2 | ≤7 | 合格 |
| HML85 | | | | |
| HML80 | | | | |

### 三、建筑石灰的性质

#### 1. 保水性、可塑性好

生石灰熟化为石灰浆时,能形成颗粒极细(直径约为 $1\mu m$)的呈胶体分散状态的氢氧化钙粒子,表面吸附一层厚的水膜,使其可塑性明显改善。利用这一性质,在水泥砂浆中掺入一定量的石灰膏,可使砂浆的可塑性显著提高。

#### 2. 凝结硬化慢、强度低

从石灰浆体的硬化过程中可以看出,由于空气中二氧化碳稀薄(一般达 0.03%),所以碳化甚为缓慢。同时,硬化后硬度也不高,1:3 的石灰砂浆 28d 抗压强度通常只有 0.2~0.5MPa。

#### 3. 耐水性差

若石灰浆体尚未硬化就处于潮湿环境中,由于石灰浆中的水分不能蒸发,则其硬化停止;若已硬化的石灰长期受潮或受水浸泡,则由于氢氧化钙易溶于水,甚至会使已硬化的石灰溃散。因此石灰不宜用于潮湿环境及易受水浸泡的部位。

#### 4. 收缩大

石灰浆体硬化过程中要蒸发大量水分而引起显著收缩,所以除调成石灰乳作薄层涂刷外,不宜单独使用。工程应用时,常在石灰中掺入砂、麻刀、纸筋等材料,以减少收缩并增加抗拉强度。

#### 5. 吸湿性强

生石灰吸湿性强,保水性好,是传统的干燥剂。

#### 6. 化学稳定性差

建筑石灰是碱性材料,与酸性物质接触时,容易发生化学反应,生成新物质。因此,石灰及含石灰的材料长期处在潮湿空气中,容易与二氧化碳作用生成碳酸钙,这种作用称为"碳化"。石灰材料还容易遭受酸性介质的腐蚀。

### 四、建筑石灰的储存和运输

生石灰块及生石灰粉须在干燥状态下运输和储存,且不宜存放太久。因在存放过程中,生石灰会吸收空气中的水分熟化成消石灰粉并进一步与空气中的二氧化碳作用生成碳酸钙,从而失去胶结能力。长期存放时应在密闭条件下,且应防潮、防水。

## 第三节 石 膏

石膏是以硫酸钙为主要成分的传统气硬性胶凝材料之一。在自然界中硫酸钙以两种稳定形态存在,一种是未水化的,叫天然无水石膏,另一种水化程度最高的,叫二水石膏($CaSO_4 \cdot 2H_2O$),又称生石膏或天然石膏。

熟石膏是将生石膏加热至107～170℃时,部分结晶水脱出,即成半水石膏。若温度升高至190℃以上,则完全失水,变成硬石膏,即无水石膏。半水石膏和无水石膏统称熟石膏。熟石膏品种很多,建筑上常用的有建筑石膏、模型石膏、地板石膏、高强石膏4种,在此我们主要介绍建筑石膏。

建筑石膏是将天然二水石膏等原料在一定温度下(一般107～170℃)煅烧成熟石膏,并磨细而成的白色粉状物,其主要成分是β型半水硫酸钙($CaSO_4 \cdot 1/2H_2O$)。

建筑石膏的用途很广,主要用于室内抹灰、粉刷和生产各种石膏板等。

### 一、石膏的品种、特性、用途

石膏的分类、组成、特性及应用见表3-19。

表3-19 石膏的分类、组成、特性及应用

| 分类 | 天然石膏<br>(生石膏) | 熟石膏 | | | |
|---|---|---|---|---|---|
| | | 建筑石膏 | 地板石膏 | 模型石膏 | 高强度石膏 |
| 组成 | 即二水石膏,分子式为$CaSO_4 \cdot 2H_2O$ | 生石膏经107～170℃煅烧而成,分子式为$CaSO_4 \cdot \frac{1}{2}H_2O$ | 生石膏在400～500℃或高于800℃下煅烧而成,分子式为$CaSO_4$ | 生石膏在190℃下煅烧而成 | 生石膏在750～800℃下煅烧并与硫酸钾或明矾共同磨细而成 |
| 特性 | 质软,略溶于水,呈白或灰、红、青等色 | 与水调和后凝固很快,并在空气中硬化,硬化时体积不收缩 | 磨细及用水调和后,凝固及硬化缓慢,7天的抗压强度为10MPa,28天为15MPa | 凝结较快,调制成浆后在数分钟至10余分钟内即可凝固 | 凝固很慢,但硬化后强度高达25～30MPa,色白,能磨光,质地坚硬且不透水 |
| 应用 | 通常白色者用于制作熟石膏,青色者制作水泥、农肥等 | 制配石膏抹面灰浆,制作石膏板、建筑装饰及吸声、防火制品 | 制作石膏地面;配制石膏灰浆,用于抹灰及砌墙;配制石膏混凝土 | 供模型塑像、美术雕塑、室内装饰及粉刷用 | 制作人造大理石、石膏板、人造石,用于湿度较高的室内抹灰及地面等 |

## 二、建筑石膏的技术要求

纯净的建筑石膏为白色粉末,密度为 $2.60\sim2.75\text{g/cm}^3$,堆积密度为 $800\sim1000\text{kg/m}^3$。《建筑石膏》(GB 9776—2008)规定:建筑石膏组成中半水硫酸钙的含量(质量分数)不应小于 60.0%;按照其强度、细度、凝结时间分为 3 个等级,见表 3-20。

表 3-20　建筑石膏物理力学性能

| 等 级 | 细度(0.2mm 方孔筛筛余,%) | 凝结时间(min) | | 2h 强度(MPa) | |
|---|---|---|---|---|---|
| | | 初凝 | 终凝 | 抗折 | 抗压 |
| 3.0 | | | | ≥3.0 | ≥6.0 |
| 2.0 | ≤10 | ≥3 | ≤30 | ≥2.0 | ≥4.0 |
| 1.6 | | | | ≥1.5 | ≥3.0 |

## 三、建筑石膏的性质

**1. 凝结硬化快**

建筑石膏加水拌和后,浆体在几分钟后便开始失去塑性,30min 内完全失去塑性而产生强度,2h 可达 $3\sim6\text{MPa}$。由于初凝时间过短,容易造成施工成型困难,一般在使用时需加缓凝剂,延缓初凝时间,但强度会有所降低。

**2. 凝结硬化时体积微膨胀**

石膏浆体在凝结硬化初期会产生微膨胀,这一性质使石膏制品的表面光滑细腻、尺寸精准、形体饱满、装饰性好,因而特别适合制作建筑装饰制品。

**3. 孔隙率大、体积密度小**

建筑石膏在拌和时,为使浆体具有施工要求的可塑性,需加入建筑石膏用量 60%～80% 的用水量,而建筑石膏的理论需水量为 18.6%,大量的自由水在蒸发后,在建筑石膏制品内部形成大量的毛细孔隙。其孔隙率达 50%～60%,体积密度为 $800\sim1000\text{kg/m}^3$,属于轻质材料。

**4. 保温性和吸声性好**

建筑石膏制品的孔隙率大,且均为微细的毛细孔,所以导热系数小。大量的毛细孔隙对吸声有一定的作用。

**5. 强度较低**

建筑石膏的强度较低,但其强度发展速度快,2h 可达 $3\sim6\text{MPa}$,7d 抗压强度为 8~12MPa(接近最高强度)。

**6. 具有一定的调湿性**

由于建筑石膏制品内部的大量毛细孔隙对空气中的水蒸气具有较强的吸附能力,所以对室内的空气湿度有一定的调节作用。

**7. 防火性好,但耐火性差**

建筑石膏制品的导热系数小、传热慢,且二水石膏受热脱水产生的水蒸气能阻碍火势的蔓延,起到防火作用。但二水石膏脱水后,强度下降,因而不耐火。

**8. 耐水性、抗渗性、抗冻性差**

建筑石膏制品孔隙率大,且二水石膏可微融于水,遇水后强度大大降低。为了提高建筑石膏及其制品的耐水性,可以在石膏中掺入适当的防水剂,或掺入适量的水泥、粉煤灰、磨细粒化高炉矿渣等。

### 四、建筑石膏的储存和运输

建筑石膏在存储中,需要防雨、防潮,储存期一般不宜超过 3 个月。一般存储 3 个月后,强度降低 30% 左右。应分类分等级存储在干燥的仓库内,运输时也要采取防水措施。另外,生石灰受潮熟化要放出大量的热,且体积膨胀,所以,储存盒运输生石灰时,应注意安全。

## 第四节　水玻璃及镁质胶凝材料

### 一、水玻璃

**1. 水玻璃的组成**

水玻璃俗称泡花碱,是由碱金属氧化物和二氧化硅结合而成的一种能溶于水的硅酸盐物质,是一种气硬性胶凝材料。其化学式为 $R_2O \cdot nSiO_2$,式中 $R_2O$ 为碱金属氧化物,n 为二氧化硅和 $R_2O$ 分子的比值(即 $n = SiO_2/R_2O$),也称为水玻璃模数。

根据碱金属氧化物种类不同,水玻璃的主要品种有硅酸钠水玻璃(简称钠水玻璃,$Na_2O \cdot nSiO_2$)、硅酸钾水玻璃(简称钾水玻璃 $K_2O \cdot nSiO_2$)、硅酸锂水玻璃(简称锂水玻璃,$Li_2O \cdot nSiO_2$)等,最常用的是硅酸钠水玻璃。

根据水玻璃模数的不同,又分为"碱性"水玻璃(n<3)和"中性"水玻璃(n≥3)。实际上中性水玻璃和碱性水玻璃的溶液都呈明显的碱性反应。

## 2. 水玻璃的性质

水玻璃在凝结硬化后,具有以下特性:

(1)黏结力强、强度较高。水玻璃在硬化后,其主要成分为二氧化硅凝胶和氧化硅,因而具有较高的黏结力和强度。用水玻璃配制的混凝土的抗压强度可达 15~40MPa。

(2)耐酸性好。由于水玻璃硬化后的主要成分为二氧化硅,其可以抵抗除氢氟酸、过热磷酸以外的几乎所有的无机酸和有机酸。用于配制水玻璃耐酸混凝土、耐酸砂浆、耐酸胶泥等。

(3)耐热性好。硬化后形成的二氧化硅网状骨架,在高温下强度下降不大。用于配制水玻璃耐热混凝土、耐热砂浆、耐热胶泥。

(4)耐碱性和耐水性差。水玻璃在加入氟硅酸钠后仍不能完全硬化,仍然有一定量的水玻璃($Na_2O \cdot nSiO_2$)。由于 $SiO_2$ 和 $Na_2O \cdot nSiO_2$ 均可溶于碱,且 $Na_2O \cdot nSiO_2$ 可溶于水,所以水玻璃硬化后不耐碱、不耐水。为提高耐水性,常采用中等浓度的酸对已硬化的水玻璃进行酸洗处理。

## 3. 水玻璃的储运与运输

水玻璃在运输途中必须用安全牢固的容器装好。一般情况,大量的水玻璃可以用金属槽车来运输,少量的水玻璃可以用木桶、玻璃瓶或铁桶运输。水玻璃不能用镀锌的容器储存,因为水玻璃水解生成的碱,能与锌发生作用产生氢气,如果在密闭容器中存放时间过久,氢气在密闭容器中气压升高,会发生爆炸事故。

用木桶存放及运输时,由于碱性溶液浸蚀了木质纤维中某些有机物质,使溶液着色,同时,由于水玻璃溶液失去一部分水使水玻璃浓度增加,尤其是高浓度的水玻璃,由于失水,经过几个月后,液体变浓以至于接近固体物质。用带有软木塞密闭的玻璃瓶存放水玻璃溶液也不能太久,因水玻璃溶液能使玻璃瓶的某些组分溶出而逐渐使玻璃瓶破坏。用混凝土槽储存水玻璃既经济又安全。无论采用哪种容器来储运水玻璃,均应注意密封,以防止水玻璃与空气中的 $CO_2$ 反应而分解,防止表面结皮及灰尘的掉入。

储存水玻璃的库房温度不宜低于 10℃,以防止冬天水玻璃结冻。

## 二、镁质胶凝材料

### 1. 镁质胶凝材料的组成

镁质胶凝材料是以 MgO 为主要成分的气硬性胶凝材料,主要产品有菱苦土(主要化学成分是 MgO)和苛性白云石(主要成分是 MgO 和 $CaCO_3$)等。

菱苦土的主要原料是天然菱镁矿。主要成分是 $MgCO_3$，常含一些粘土、氧化硅等杂质。苛性白云石的主要原料是天然白云石，同样，也含有一些铁、硅、铝、锰等氧化物杂质。

除上述两种主要原料外，还有蛇纹石（主要成分是 $3MgO \cdot 2SiO_2 \cdot 2H_2O$）；也可利用冶炼轻质镁合金的熔渣制造菱苦土。

### 2. 镁质胶凝材料的技术要求

轻烧氧化镁的密度为 $3.1 \sim 3.4 g/cm^3$，堆密度为 $800 \sim 900 kg/m^3$。按《镁质胶凝材料用原料》(JC/T 449—2008) 规定，轻烧氧化镁按物理化学性能分为Ⅰ级、Ⅱ级、Ⅲ级，其物理化学性能必须满足表 3-21 的规定，氯化镁的化学成分应符合表 3-22 的规定。

表 3-21 轻烧氧化镁的物理化学性能

| 指标 | | 级别 | | |
|---|---|---|---|---|
| | | Ⅰ级 | Ⅱ级 | Ⅲ级 |
| 氧化镁/活性氧化镁(MgO)(%) ≥ | | 90/70 | 80/55 | 70/40 |
| 游离氧化钙(fCaO)(%) ≤ | | 1.5 | 2.0 | 2.0 |
| 烧失量(%) ≥ | | 6 | 8 | 12 |
| 细度(80μm 筛析法)筛余(%) ≤ | | 10 | 10 | 10 |
| 抗折强度(MPa) ≥ | 1d | 5.0 | 4.0 | 3.0 |
| | 3d | 7.0 | 6.0 | 5.0 |
| 抗压强度(MPa) ≥ | 1d | 25.0 | 20.0 | 15.0 |
| | 3d | 30.0 | 25.0 | 20.0 |
| 凝结时间 | 初凝(min) ≥ | 40 | 40 | 40 |
| | 终凝(h) ≤ | 7 | 7 | 7 |
| 安定性 | | 合格 | 合格 | 合格 |

表 3-22 氯化镁的化学成分

| 项目 | 指标 |
|---|---|
| 氧化镁($MgCl_2$)(%) ≥ | 43 |
| 钙离子($Ca^{2-}$)(%) ≤ | 0.7 |
| 碱金属氯化物(以 $Cl^-$ 计)(%) ≤ | 1.2 |

### 3. 镁质胶凝材料的储存与运输

由于菱苦土在空气中的水汽作用下会失去活性，在储藏和运输的过程中应注意防潮。

# 第四章 建筑用骨料及建筑用水

## 第一节 建筑用细骨料

### 一、定义与分类

根据《普通混凝土用砂、石质量及检验方法标准》(JGJ 52—2006)的规定,普通混凝土用砂可分为天然砂、人工砂和混合砂 3 类。

天然砂是由自然条件作用而形成的、公称粒径＜5.00mm 的岩石颗粒。按其产源不同,可分为河砂、山砂和海砂。河砂和海砂长期受水流的冲刷作用,颗粒表面比较光滑,且产源较广,与水泥黏结性差,用它拌制的混凝土流动性好,但强度低;海砂中常含有贝壳碎片及可溶性盐类等有害杂质;山砂表面粗糙、多棱角,与水泥黏结性好,但含泥量和有机质含量多。

人工砂是岩石经除土开采、机械破碎、筛分而成的,粒径＜5.00mm 的岩石颗粒。人工砂表面粗糙、多棱角,较为洁净,但砂中含有较多的片状颗粒及石粉,成本较高。一般仅在天然砂源缺乏时才使用。

混合砂是由天然砂与人工砂按一定比例组合而成的砂。

### 二、细骨料的主要技术要求

**1. 颗粒级配与细度模数**

颗粒级配是指砂中不同粒径颗粒搭配的比例情况。在砂中,砂粒之间的空隙由水泥浆填充,为达到节约水泥和提高混凝土强度的目的,应尽量降低砂粒之间的空隙。从图 4-1 可以看出,采用相同粒径的砂,空隙率最大[图 4-1(a)];两种粒径的砂搭配起来,空隙率减小[图 4-1(b)];三种粒径的砂搭配,空隙率就更小[图 4-1(c)]。因此,要减少砂的空隙率,就必须采用大小不同的颗粒搭配,即良好的颗粒级配砂。

砂的颗粒级配采用筛分析法来测定。用一套孔径为 4.75mm、2.36mm、1.18mm、600$\mu$m、300$\mu$m、150$\mu$m 的标准筛,将抽样后经缩分所得 500g 干砂由粗到细依次过筛,然后称取各筛上的筛余量,并计算出分计筛余百分率 a1、a2、a3、

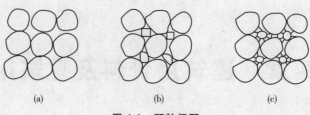

图 4-1 颗粒级配

a4、a5、a6(各筛筛余量与试样总量之比)及累计筛余百分率 A1、A2、A3、A4、A5、A6(该号筛的筛余百分率与该号筛以上各筛筛余百分率之和)。分计筛余与累计筛余的关系见表 4-1。

表 4-1 分计筛余与累计筛余的关系

| 筛孔尺寸 | 分计筛余(%) | 累计筛余(%) | 筛孔尺寸 | 分计筛余(%) | 累计筛余(%) |
| --- | --- | --- | --- | --- | --- |
| 4.75mm | $a_1$ | $A_1=a_1$ | 600μm | $a_4$ | $A_4=a_1+a_2+a_3+a_4$ |
| 2.36mm | $a_2$ | $A_2=a_1+a_2$ | 300μm | $a_5$ | $A_5=a_1+a_2+a_3+a_4+a_5$ |
| 1.18mm | $a_3$ | $A_3=a_1+a_2+a_3$ | 150μm | $a_6$ | $A_6=a_1+a_2+a_3+a_4+a_5+a_6$ |

依据《普通混凝土用砂、石质量及检验方法标准》(JGJ 52—2006)的规定,砂的颗粒级配应符合表 4-2 的规定。

表 4-2 砂的颗粒级配

| 方孔筛径 \ 级配区 累计筛余(%) | Ⅰ | Ⅱ | Ⅲ |
| --- | --- | --- | --- |
| 5.00mm | 10～0 | 10～0 | 10～0 |
| 2.50mm | 35～5 | 25～0 | 15～0 |
| 1.25mm | 65～35 | 50～10 | 25～0 |
| 630μm | 85～71 | 70～41 | 40～16 |
| 315μm | 95～80 | 92～70 | 85～55 |
| 160μm | 100～90 | 100～90 | 100～90 |

为方便应用,可将表 4-2 中的数值绘制成砂的级配区曲线图,即以累计筛余为纵坐标,以筛孔尺寸为横坐标,画出砂的Ⅰ、Ⅱ、Ⅲ 3 个区的级配区曲线,如图 4-2 所示。使用时以级配区或级配区曲线图判定砂级配的合格性。普通混凝土用砂的颗粒级配只要处于表 4-2 中的任何一个级配区中均为级配合格,或者将

筛分析试验所计算的累计筛余百分率标注到级配区曲线图中,观察此筛分结果曲线,只要落在3个区的任何一个区内,即为级配合格。

处于Ⅰ区的砂较粗,当采用Ⅰ区砂时,应提高砂率,并保持足够的水泥用量,满足混凝土拌合物的和易性。而Ⅲ区砂细颗粒多,采用Ⅲ区砂时,宜适当降低砂率;Ⅱ区砂粗细适中,级配良好,拌制混凝土时宜优先选用中砂。

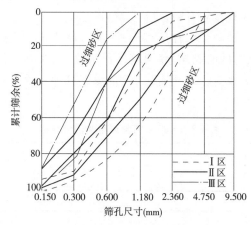

图 4-2　砂的级配区曲线

砂的粗细程度按细度模数 $\mu_f$ 分为粗、中、细、特细 4 级,其范围应符合下列规定:

粗砂:$\mu_f=3.7\sim3.1$

中砂:$\mu_f=3.0\sim2.3$

细砂:$\mu_f=2.2\sim1.6$

特细砂:$\mu_f=1.5\sim0.7$

砂的细度模数 $\mu_f$ 按下式(4-1)计算,精确至 0.01:

$$\mu_f=\frac{(\beta_2+\beta_3+\beta_4+\beta_5+\beta_6)-5\beta_1}{100-\beta_1} \quad (4\text{-}1)$$

式中:　　　$\mu_f$——砂的细度模数

$\beta_1$、$\beta_2$、$\beta_3$、$\beta_4$、$\beta_5$、$\beta_6$——分别为公称直径 5.00mm、2.50mm、1.25mm、630μm、315μm、160μm 方孔筛的累计筛余量

细度模数描述的是砂的粗细,亦即总表面积的大小。在配制混凝土时,在相同用砂量条件下采用细砂则总表面积较大,而采用粗砂则总表面积较小。砂的总表面积越大,则混凝土中需要包裹砂粒表面的水泥浆越多,当混凝土拌和物的和易性要求一定时,显然较粗的砂所需的水泥浆量就比较细的砂要省。但砂过粗,易使混凝土拌和物产生离析、泌水等现象,影响混凝土和易性。因此,用于混凝土的砂不宜过粗,也不宜过细。应当指出,砂的细度模数不能反映砂的级配优

劣,细度模数相同的砂,其级配可以很不相同。因此,在配制混凝土时,必须同时考虑砂的颗粒级配和细度模数。故配制泵送混凝土时,宜选用Ⅱ区中砂。

### 2. 有害物质含量

为保证混凝土的质量,必须对骨料中有害杂质严加限制。砂中常含泥块、土粉、有机物、碎云母片、硫化物、硫酸盐等有害杂质。

(1) 含泥量、泥块含量和石粉含量

含泥量是指天然砂中公称粒径<80μm的颗粒含量。泥通常包裹在砂颗粒表面,妨碍了水泥浆与砂的黏结,使混凝土的强度、耐久性降低。砂中泥和泥块的含量应符合表4-3规定。对于有抗冻、抗渗或其他特殊要求的≤C25混凝土用砂,其含泥量不应大于3.0%。

表 4-3  天然砂的含泥量和泥块含量

| 混凝土强度等级 | ≥C60 | C55~C30 | ≤C25 |
|---|---|---|---|
| 含泥量(按质量计,%) | ≤2.0 | ≤3.0 | ≤5.0 |
| 泥块含量(按质量计,%) | ≤0.5 | ≤1.0 | ≤2.0 |

石粉含量是指人工砂或混合砂中粒径<80μm,且其矿物组成和化学成分与被加工母岩相同的颗粒含量。过多的石粉含量会妨碍水泥与骨料的黏结,对混凝土无益,但适量的石粉含量不仅可弥补人工砂颗粒多棱角对混凝土带来的不利,还可以完善砂子的级配,提高混凝土的密实度,进而提高混凝土的综合性能,反而对混凝土有益。人工砂或混合砂中石粉含量的规定如表4-4所示。

表 4-4  人工砂中的石粉含量和泥块含量

| | 混凝土强度等级 | ≥C60 | C55~C30 | ≤C25 |
|---|---|---|---|---|
| 亚甲蓝试验 | MB值<1.40 或合格 | 石粉含量(按质量计,%) | ≤5.0 | ≤7.0 | ≤10.0 |
| | | 泥块含量(按质量计,%) | 0 | <1.0 | <2.0 |
| | MB值≥1.40 或不合格 | 石粉含量(按质量计,%) | ≤2.0 | ≤3.0 | ≤5.0 |
| | | 泥块含量(按质量计,%) | 0 | <1.0 | <2.0 |

泥块含量是指砂中粒径>1.25mm,经水洗、手捏后<630μm的颗粒含量。砂中泥块含量应符合表4-3和表4-4的规定。对于有抗冻、抗渗或其他特殊要求的≤C25混凝土用砂,其含块泥量不应>1.0%。

(2) 有害物质

砂中不应混有草根、树叶、树枝、塑料等杂物,其有害物质主要是云母、轻物质、有机物、硫化物及硫酸盐、氯化物等。云母为表面光滑的小薄片,轻物质指体积密度＜2000kg/m³的物质(如煤屑、炉渣等)，它们会黏附在砂粒表面，与水泥浆黏结差，影响砂的强度及耐久性。有机物、硫化物及硫酸盐对水泥石有侵蚀作用，而氯化物会导致混凝土中的钢筋锈蚀。砂中有害物质含量见表4-5。对于有抗冻、抗渗要求的混凝土用砂，其云母含量不应大于1.0%。当砂中含有颗粒状的硫酸盐或硫化物杂质时，应进行专门检验，确认能满足混凝土耐久性要求后，方可采用。

表4-5 砂中的有害物质含量

| 项目 | 质量指标 |
| --- | --- |
| 云母含量(按质量计，%) | ≤2.0 |
| 轻物质含量(按质量计，%) | ≤1.0 |
| 硫化物及硫酸盐含量<br>(折算成$SO_3$按质量计，%) | ≤1.0 |
| 有机物含量(用比色法试验) | 颜色不应深于标准色；当颜色深于标准色时，应按水泥胶砂强度试验方法进行强度对比试验，抗压强度比不应低于0.95 |

### 3. 坚固性

砂的坚固性是指砂在气候、环境变化或其他物理因素作用下，抵抗破裂的能力。天然砂的坚固性采用硫酸钠溶液进行试验，砂样经5次循环后其质量损失应符合表4-6的规定。人工砂的坚固性采用压碎值指标表示，其总压碎值指标应小于30%。

表4-6 天然砂的坚固性指标

| 混凝土所处的环境条件及其性能要求 | 5次循环后的质量损失(%) |
| --- | --- |
| 在严寒及寒冷地区室外使用并经常处于潮湿或干湿交替状态下的混凝土 | ≤8 |
| 对于有抗疲劳、耐磨、抗冲击要求的混凝土 | |
| 有腐蚀介质作用或经常处于水位变化区的地下结构混凝土 | |
| 其他条件下使用的混凝土 | ≤10 |

### 4. 碱含量和氯离子含量

对于长期处于潮湿环境的重要混凝土结构用砂，应采用砂浆棒(快速法)或砂浆长度法进行骨料的碱活性检验。经上述检验判断为有潜在危害时，应控制混凝土土中的碱含量≤3kg/m³，或采用能抑制碱—骨料反应的有效措施。碱—

骨料反应是指水泥、外加剂等混凝土构成物及环境中的碱与骨料中碱活性矿物发生反应,在骨料表面生成碱—硅酸凝胶,这种凝胶具有吸水膨胀特性,导致混凝土开裂破坏。

砂中氯离子含量应符合下列规定：

(1)对于钢筋混凝土用砂,其氯离子含量不得大于0.06%(以干砂的质量百分率计)。

(2)对于预应力混凝土用砂,其氯离子含量不得大于0.02%(以干砂的质量百分率计)。

## 第二节 建筑用粗骨料

### 一、定义与分类

粒径大于4.75mm的集料称粗集料。混凝土常用的粗集料有卵石与碎石两种。碎石是由天然岩石或卵石经破碎、筛分而得的,公称粒径大于5.00mm的岩石颗粒;卵石是由自然条件形成的,公称粒径大于5.00mm的岩石颗粒。卵石按产源不同可分为河卵石、海卵石、山卵石等。碎石与卵石相比,表面比较粗糙、多棱角,表面积大,空隙率大,与水泥的黏结强度较高。因此,在水胶比相同条件下,用碎石拌制的混凝土,流动性较小,但强度较高;而卵石则正好相反,即流动性较大,但强度较低。

### 二、细骨料的主要技术要求

#### 1. 颗粒级配

粗集料与细集料一样,也要求有良好的颗粒级配,以减少空隙率,改善混凝土拌和物和易性及提高混凝土强度,特别是配制高强度混凝土,粗集料级配尤为重要。

依据《普通混凝土用砂、石质量及检验方法标准》(JGJ 52—2006),碎石或卵石的颗粒级配应符合表4-7的要求。

表4-7 粗骨料的颗粒级配

| 级配情况 | 公称粒径(mm) | 累计筛余(按质量计,%) 方孔筛筛孔边长尺寸(mm) | | | | | | | | | | |
|---|---|---|---|---|---|---|---|---|---|---|---|---|
| | | 2.36 | 4.75 | 9.50 | 16.0 | 19.0 | 26.5 | 31.5 | 37.5 | 53.0 | 63.0 | 75.0 | 90 |
| 连续粒级 | 5~10 | 95~100 | 80~100 | 0~15 | 0 | | | | | | | | |

(续)

| 级配情况 | 公称粒径(mm) | 累计筛余(按质量计,%) 方孔筛筛孔边长尺寸(mm) | | | | | | | | | | |
|---|---|---|---|---|---|---|---|---|---|---|---|---|
| | | 2.36 | 4.75 | 9.50 | 16.0 | 19.0 | 26.5 | 31.5 | 37.5 | 53.0 | 63.0 | 75.0 | 90 |
| 连续粒级 | 5～16 | 95～100 | 85～100 | 30～60 | 0～10 | 0 | | | | | | | |
| | 5～20 | 95～100 | 90～100 | 40～80 | — | 0～10 | 0 | | | | | | |
| | 5～25 | 95～100 | 90～100 | — | 30～70 | — | 0～5 | 0 | | | | | |
| | 5～31.5 | 95～100 | 90～100 | 70～90 | — | 15～45 | — | 0～5 | 0 | | | | |
| | 5～40 | — | 95～100 | 70～90 | — | 30～65 | — | — | 0～5 | 0～5 | 0 | | |
| 单粒粒级 | 10～20 | — | 95～100 | 85～100 | — | 0～15 | 0 | | | | | | |
| | 16～31.5 | — | 95～100 | — | 85～100 | — | — | 0～10 | 0 | | | | |
| | 20～40 | — | — | 95～100 | — | 80～100 | — | — | 0～10 | 0 | | | |
| | 31.5～63 | — | — | 95～100 | — | — | 75～100 | 45～75 | — | — | 0～10 | 0 | |
| | 40～80 | — | — | — | — | 95～100 | — | 70～100 | — | 30～60 | 0～10 | 0 | |

粗集料公称粒级的上限称为该粒级的最大粒径。粗集料最大粒径增大时,集料总表面积减小,因此,包裹其表面所需的水泥浆量减少,可节约水泥,并且在一定和易性及水泥用量条件下,能减少用水量而提高混凝土强度。所以,在条件许可的情况下,最大粒径尽可能选得大一些。选择石子最大粒径主要从以下3个方面考虑。

(1)从结构上考虑。石子最大粒径应考虑建筑结构的截面尺寸及配筋疏密。根据《混凝土结构工程施工质量验收规范》(GB 50204—2002)的规定,混凝土用的粗集料,其最大粒径不得超过构件截面最小尺寸的1/4,且不得超过钢筋最小净间距的3/4。对混凝土实心板,集料的最大粒径不宜超过板厚的1/3,且不得＞40mm。

(2)从施工上考虑。对于泵送混凝土,最大粒径与输送管内径之比,一般建筑混凝土用碎石不宜>1∶3,卵石不宜>1∶2.5,高层建筑宜控制在(1∶3)~(1∶4),超高层建筑宜控制在(1∶4)~(1∶5)。粒径过大,对运输和搅拌都不方便,且容易造成混凝土离析、分层等质量问题。

(3)从经济上考虑。试验表明,最大粒径小于80mm时,水泥用量随最大粒径减小而增加;最大粒径>150mm后节约水泥效果却不明显,如图4-3所示。因此,从经济上考虑,最大粒径不宜>150mm。此外,对于高强混凝土,从强度观点看,当使用的最大粒径>40mm后,由于减少用水量获得的强度提高,被大粒径集料造成的较小黏结面积和不均匀性的不利影响所抵消,所以,并无多大好处。综上所述,一般在水利、海港等大型工程中最大粒径通常采用120mm或150mm;在房屋建筑工程中,一般采用16mm、20mm、31.5mm或40mm。

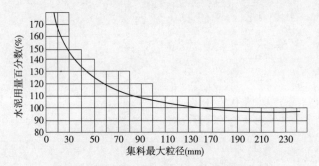

图4-3 集料最大粒径与水泥用量关系曲线

粗集料的级配有连续级配和间断级配两种。连续级配是石子由小到大连续分级(5~Dmax)。建筑工程中多采用连续级配的石子,如天然卵石。间断级配是指用小颗粒的粒级直接和大颗粒的粒级相配,中间为不连续的级配。如将5~20mm和40~80mm的两个粒级相配,组成5~80mm的级配中缺少20~40mm的粒级,这时大颗粒的空隙直接由比它小得多的颗粒去填充,这种级配可以获得更小的空隙率,从而可节约水泥,但混凝土拌和物易产生离析现象,增加了施工难度,故工程中应用较少。单粒级宜用于组合成具有所要求级配的连续粒级,也可与连续粒级配合使用,以改善集料级配或配成较大粒度的连续粒级。工程中不宜采用单一的单粒粒级配制混凝土。如必须使用,应作经济分析,并应通过试验证明不会发生离析等影响混凝土质量的问题。

**2. 有害物质含量**

(1)含泥量和泥块含量

粗骨料中含泥量是指粒径<80μm的颗粒含量;泥块含量指原粒径>5.00mm,经水洗、手捏后<2.50mm的颗粒含量。粗骨料中泥、泥块及有害物质含量应符

合表4-8的规定。对于有抗冻、抗渗或其他特殊要求的混凝土。其所用碎石或卵石中含泥量不应＞1.0%。当碎石或卵石的含泥是非黏土质的石粉时，其含泥量可由表4-8的0.5%、1.0%、2.0%，分别提高到1.0%、1.5%、3.0%。对于有抗冻、抗渗或其他特殊要求的强度等级小于C30的混凝土，其所用碎石或卵石中泥块含量不应＞0.5%。

表4-8 卵石、碎石的含泥量和泥块含量

| 混凝土强度等级 | ≥C60 | C55～C30 | ≤C25 |
| --- | --- | --- | --- |
| 含泥量(按质量计,%) | ≤0.5 | ≤1.0 | ≤2.0 |
| 泥块含量(按质量计,%) | ≤0.2 | ≤0.5 | ≤0.7 |

(2)针片状颗粒含量

凡石子颗粒的长度大于该颗粒所属粒级的平均粒径2.4倍的为针状颗粒；厚度小于平均粒径0.4倍者为片状颗粒(平均粒径指该粒级上、下限粒径的平均值)。针、片状颗粒易折断，且会增大骨料的空隙率和总表面积，使混凝土拌合物的和易性、强度、耐久性降低，因此应限制其在粗骨料中的含量。针片状颗粒含量可采用针状和片状规准仪测得，其含量规定见表4-9。

表4-9 卵石、碎石针片状颗粒含量

| 混凝土强度等级 | ≥C60 | C55～C30 | ≤C25 |
| --- | --- | --- | --- |
| 针、片状颗粒(按质量计,%) | ≤8 | ≤15 | ≤25 |

(3)有害物质含量

碎石或卵石中的硫化物和硫酸盐含量以及卵石中有机物等有害物质含量，应符合表4-10的规定。

表4-10 卵石、碎石有害物质含量

| 项目 | 质量要求 |
| --- | --- |
| 硫化物及硫酸盐含量(折算成$SO_3$，按质量计,%) | ≤1.0 |
| 卵中有机物含量(用比色法试验) | 颜色应不深于标准色；当颜色深于标准色时，应配制成混凝土进行强度对比试验，抗压强度比应不低于0.95 |

(4)强度

为保证混凝土的强度必须保证粗骨料具有足够的强度。碎石的强度可用岩石抗压强度和压碎值指标表示，见表4-11。

表 4-11 普通混凝土用碎石和卵石的压碎指标

| 项目 | | C60~C40 | C35 |
|---|---|---|---|
| 碎石压碎指标(%) | 沉积岩 | ≤10 | ≤16 |
| | 变质岩或深成的火成岩 | ≤12 | ≤20 |
| | 喷出的火成岩 | ≤13 | ≤30 |
| 卵石压碎指标(%) | | ≤12 | ≤16 |

注：沉积岩包括石灰石、砂岩等；变质岩包括片麻岩、石英岩等；深成的火成岩包括花岗石、正长石、闪长岩和橄榄岩等；喷出的火成岩包括玄武石和辉绿岩等。

(5) 坚固性

坚固性是指卵石、碎石在气候、环境变化或其他物理因素作用下，抵抗破裂的能力。卵石、碎石的坚固性应用硫酸钠溶液法检验，试样经 5 次循环后，其质量损失应符合表 4-12 的规定。

表 4-12 碎石或卵石的坚固性指标

| 混凝土所处的环境条件及其性能要求 | 5 次循环后的质量损失(%) |
|---|---|
| 在严寒及寒冷地区室外使用，并经常处于潮湿或干湿交替状态下的混凝土；有腐蚀性介质作用或经常处于水位变化区的地下结构或有抗疲劳、耐磨、抗冲击等要求的混凝土 | ≤8 |
| 在其他条件下使用的混凝土 | ≤12 |

(6) 碱含量

对于长期处于潮湿环境的重要结构混凝土，其所使用的碎石或卵石应进行碱活性检验。

进行碱活性检验时，首先应采用岩相法检验碱活性骨料的品种、类型和数量。当检验出骨料中含有活性二氧化硅时，应采用快速砂浆棒法和砂浆长度法进行碱活性检验；当检验出骨料中含有活性碳酸盐时，应采用岩石柱法进行碱活性检验。

经上述检验，当判定骨料存在潜在碱碳酸盐反应危害时，不宜用作混凝土骨料；否则，应通过专门的混凝土试验，做最后评定。当判定骨料存在潜在碱—硅反应危害时，应控制混凝土中的碱含量不超过 $3kg/m^3$，或采用能抑制碱—骨料反应的有效措施。

## 第三节　骨料的验收、运输和堆放

供货单位应提供砂或石的产品合格证及质量检验报告。

使用单位应按砂或石的同产地同规格分批验收。采用大型工具(如火车、货船或汽车)运输的,应以400m³或600t为一验收批;采用小型工具(如拖拉机等)运输的,应以200m³或300t为一验收批。不足上述要求的,应按一验收批进行验收。

每验收批砂石至少应进行颗粒级配、含泥量、泥块含量检验。对于碎石或卵石,还应检验针片状颗粒含量;对于海砂或有氯离子污染的砂,还应检验其氯离子含量;对于海砂,还应检验贝壳含量;对于人工砂及混合砂,还应检验石粉含量。对于重要工程或特殊工程,应根据工程要求增加检测项目。对其他指标的合格性有怀疑时,应予检验。

当砂或石的质量比较稳定、进料量又较大时,可以1000t为一验收批。

当使用新产源的砂或石时,供货单位应按本章前两节的质量要求进行全面检验。

砂或石在运输、装卸和堆放过程中,应防止颗粒离析、混入杂质,并应按产地、种类和规格分别堆放。碎石或卵石的堆料高度不宜超过5m,对于单粒级或最大粒径不>20mm的连续粒级,其堆料高度可增加到10m。

## 第四节 建 筑 用 水

### 一、水的类型

混凝土用水是混凝土拌合用水和混凝土养护用水的总称,包括:饮用水、地表水、地下水、再生水、混凝土企业设备洗刷水和海水等。

①地表水是存在于江、河、湖、塘、沼泽和冰川等中的水。
②地下水是存在于岩石缝隙或土壤孔隙中可以流动的水。
③再生水指污水经适当再生工艺处理后具有使用功能的水。

### 二、水的主要技术要求

混凝土拌合用水水质要求应符合表4-13的规定。对于设计使用年限为100年的结构混凝土,氯离子含量不得超过500mg/L;对使用钢丝或经热处理钢筋的预应力混凝土,氯离子含量不得超过350mg/L。

表4-13 混凝土拌合用水水质要求

| 项 目 | 预应力混凝土 | 钢筋混凝土 | 素混凝土 |
| --- | --- | --- | --- |
| pH值 | ≥5.0 | ≥4.5 | ≥4.5 |
| 不溶物(mg/L) | ≤2000 | ≤2000 | ≤5000 |
| 可溶物(mg/L) | ≤2000 | ≤5000 | ≤10000 |

（续）

| 项　目 | 预应力混凝土 | 钢筋混凝土 | 素混凝土 |
| --- | --- | --- | --- |
| $Cl^-$（mg/L） | ≤500 | ≤1000 | ≤3500 |
| $SO_4^{2-}$（mg/L） | ≤600 | ≤2000 | ≤2700 |
| 碱含量（mg/L） | ≤1500 | ≤1500 | ≤1500 |

注：碱含量按 $Na_2O+0.658K_2O$ 计算值来表示。采用非碱活性骨料时，可不检验碱含量。

地表水、地下水、再生水的放射性应符合现行国家标准《生活饮用水卫生标准》(GB 5749—2006)的规定。

混凝土拌合用水不应有漂浮明显的油脂和泡沫，不应有明显的颜色和异味。地表水或地下水，首次使用时，必须进行适用性检验，合格才能使用。混凝土企业设备洗刷水不宜用于预应力混凝土、装饰混凝土、加气混凝土和暴露于腐蚀环境的混凝土；不得用于使用碱活性或潜在碱活性骨料的混凝土。未经处理的海水严禁用于钢筋混凝土和预应力混凝土。在无法获得水源的情况下，海水可用于素混凝土，不得用于拌制钢筋混凝土、预应力混凝土和有饰面要求的混凝土。

# 第五章 混 凝 土

## 第一节 混凝土概述

**一、定义**

混凝土是由胶凝材料、粗细集料、水（必要时掺入适量外加剂和矿物掺和料）按适当比例配合、经拌和成型和硬化而成的一种人造石材。简写为"砼"。

混凝土作为结构材料，其硬化前后的性能对工程质量的影响都非常重要。通常混凝土在未凝结硬化前，称为新拌混凝土，也称为混凝土拌合物，须具有良好的和易性和合适的凝结时间，以便于施工，并确保获得良好的浇筑质量；混凝土凝结硬化后称为硬化混凝土，它应具有足够的强度、良好的体积稳定性及较好的耐久性，以满足建筑物的各项功能。

**二、分类**

混凝土品种繁多，其分类方法也各不相同。常见的分类有以下几种。

**1. 按表观密度分**

(1) 重混凝土。干表观密度＞2600kg/m³，常采用特密实骨料（如重晶石、铁矿石、钢屑等）和钡水泥、锶水泥等重水泥配制而成。重混凝土主要用于防辐射工程，故又称为防辐射混凝土。

(2) 普通混凝土。干表观密度为 2000～2500kg/m³（一般在 2400kg/m³ 左右），普通混凝土是以水泥为胶凝材料，天然砂、石为粗细骨料配制而成的混凝土。普通混凝土广泛应用于工业与民用建筑工程、水利工程、地下工程、公路、铁路、桥涵及国防建设等工程中。

(3) 轻混凝土。其干表观密度＜1950kg/m³。用陶粒等轻骨料，或不用骨料而掺入引气剂或发泡剂，形成多孔结构的混凝土；或配制成无砂或少砂的大孔混凝土。主要用做轻质结构材料和绝热材料。

**2. 按胶凝材料的种类分**

分为无机胶结材料混凝土、有机胶结材料混凝土、有机无机复合胶结材料混凝土。

**3. 按用途分**

分为结构混凝土、装饰混凝土、水工混凝土、道路混凝土、耐热混凝土、耐酸混凝土、大体积混凝土、防辐射混凝土、膨胀混凝土等。

**4. 按生产和施工工艺分**

分为现场搅拌混凝土、预拌混凝土(商品混凝土)、泵送混凝土、喷射混凝土、碾压混凝土、挤压混凝土、离心混凝土、灌浆混凝土等。

**5. 按强度等级分**

(1)低强混凝土,抗压强度<30MPa。
(2)中强度混凝土,抗压强度为30~60MPa。
(3)高强度混凝土,抗压强度为60~100MPa。
(4)超高强混凝土,抗压强度为≥100MPa。

**6. 按其配筋方式分**

分为素混凝土(无筋混凝土)、钢筋混凝土、钢丝网混凝土、纤维混凝土、预应力混凝土等。

**7. 按流动性分类**

(1)干硬性混凝土,坍落度<10mm。
(2)塑性混凝土,坍落度为10~90mm。
(3)流动性混凝土,坍落度为100~150mm。
(4)大流动性混凝土,坍落度>160mm。

### 三、混凝土特点

**1. 优点**

(1)原材料丰富,且成本低廉。原材料中砂、石等地方材料占80%以上,符合就地取材和经济原则,降低了混凝土的造价。

(2)具有良好的可塑性。混凝土拌合物在凝结硬化前,可以按工程结构要求浇筑成任意形状和尺寸的构件或整体结构。

(3)可调整性能。通过改变混凝土各组成材料的品种及比例,可配置不同性能的混凝土,来满足工程上的各种要求。

(4)抗压强度高。传统的混凝土抗压强度为20~40MPa。随着建筑技术的发展,混凝土向高强方向发展,60~80MPa的混凝土已经较广泛地应用于工程中。目前,在技术上可以配出300MPa以上的超高强混凝土。

(5)与钢筋有牢固的黏结力,与钢材有基本相同的线膨胀系数。混凝土与钢筋二者复合成钢筋混凝土,利用钢材抗拉强度的优势弥补混凝土脆性弱点,利用混凝土的碱性保护钢筋不生锈,从而大大扩展了混凝土的应用范围。

(6)具有良好的耐久性。木材易腐朽,钢材易生锈,而混凝土在自然环境下使用其耐久性比木材和钢材优越得多。

(7)生产能耗低,维修费用少。其能源消耗较烧土制品和金属材料低,且使用中一般不需维护保养,故维修费用少。

(8)有利于环境保护。混凝土可以充分利用工业废料,如粉煤灰、磨细矿渣粉、硅粉等,降低环境污染。

(9)耐火性好。普通混凝土的耐火性远比木材、钢材和塑料好,可耐数小时的高温作用而保持其力学性能。

**2. 缺点**

(1)自重大。每立方米普通混凝土重达2400kg左右,对高层、大跨度建筑很不利,不利于提高有效承载能力,也给施工安装带来一定困难。

(2)抗拉强度低。混凝土是一种脆性材料,其抗拉强度低,仅为其抗压强度值的5%~10%,随着抗压强度的提高,脆性增大,不能要求混凝土承受拉应力。而收缩产生的内部拉应力会引起混凝土开裂。同时混凝土的延性很低,也意味着它的抗冲击强度和韧性比金属以及某些塑料差。

(3)硬化慢,体积稳定性差。混凝土浇筑成型受气候(温度、湿度等)影响,并且需要较长时间的养护才能达到一定强度。同时混凝土的体积稳定性稍差,在高温下,由于水分的失去,混凝土的不可逆收缩较大。在承受荷载时,即使在正常使用条件下,也有较大的徐变。

## 第二节　混凝土的主要性能

### 一、混凝土拌合物的和易性

**1. 和易性的概念**

混凝土在凝结硬化以前,称为混凝土拌合物(或称混合物、新拌混凝土等)。拌和物的性质将会直接影响硬化后混凝土的质量。为了保证硬化后混凝土的质量,新拌混凝土必须具有良好的和易性。

混凝土拌合物的和易性,也称工作性,是指混凝土拌合物易于施工操作(包括搅拌、运输、浇筑和振捣),并能获得质量均匀、成型密实的性能。和易性是一项综合技术性质,具体包括流动性、黏聚性、保水性3方面。

(1) 流动性

流动性是指混凝土拌合物在自重或外力作用下(施工机械振捣),能产生流动并且均匀密实地填满模板的性能。流动性直接反映出拌合物的稀稠程度。直接影响混凝土浇筑的难易和浇筑后混凝土的密实程度。若拌合物太干稠,则混凝土难以振捣密实;若拌合物过稀,振捣后混凝土易出现水泥浆上浮而石子下沉的分层离析现象,影响混凝土的匀质性。

(2) 黏聚性

黏聚性是指混凝土拌合物在施工过程中其组成材料之间有一定的粘聚力,不致产生分层和离析的现象,使混凝土保持整体均匀的性能。若拌合物的黏聚性差,则在施工中易发生分层(拌合物中各组分出现层状分离现象)、离析(混凝土拌合物内某些组分的分离、析出现象)、泌水(水从水泥浆中泌出的现象)。而分层、离析将使混凝土硬化后,产生"蜂窝""麻面"等缺陷,影响混凝土的强度和耐久性。"蜂窝"是混凝土表面缺少水泥砂浆而形成石子外露;"孔洞"是混凝土中孔穴深度和长度均超过保护层厚度。

(3) 保水性

保水性是指混凝土拌和物保持水分不易析出的能力。混凝土拌合物中的水,一部分是保持水泥水化所需的水量;另一部分是为保证混凝土具有足够的流动性所需的水量。前者以化合水的形式存在于混凝土中,水分不易析出;而后者,会在混凝土保水性差时发生泌水现象。泌水会使混凝土丧失流动性,严重影响混凝土的可泵性和工作性,而且会在混凝土内部形成泌水通道,使混凝土密实性变差,降低混凝土的质量。

由此可见,混凝土拌合物的流动性、粘聚性和保水性有其各自的含义,而它们之间是互相联系的,同时也是互相矛盾的。如粘聚性好,则保水性一般也较好,但流动性可能较差;当增大流动性时,粘聚性和保水性往往变差。因此,拌合物的和易性是 3 方面性能的总和,直接影响混凝土施工的难易程度,同时对硬化后混凝土的强度、耐久性、外观完整性及内部结构都具有重要影响,是混凝土的重要性能之一。

**2. 和易性的评定**

目前,还没有一种科学的测试方法和定量指标,能完整地表达混凝土拌和物的和易性。通常采用测定混凝土拌和物的流动性、辅以直观评定黏聚性和保水性的方法,来评定和易性。

混凝土拌和物流动性(即稠度)的大小,通过试验测其"坍落度"或"坍落扩展度""维勃稠度"等指标值来确定。

混凝土拌合物的稠度可采用坍落度、维勃稠度或扩展度表示。坍落度检验适用于坍落度不小于 10mm 的混凝土拌合物,维勃稠度检验适用于维勃稠度 5~30s 的混凝土拌合物,扩展度适用于泵送高强混凝土和自密实混凝土。依据《混凝土质量控制标准》(GB 50164—2011)规定,坍落度、维勃稠度和扩展度的等级划分应符合表 5-1 的规定。

表 5-1 混凝土拌合物流动性等级

| 等级 | 坍落度(mm) | 等级 | 维勃时间(s) | 等级 | 扩展度(mm) |
| --- | --- | --- | --- | --- | --- |
| S1 | 10~40 | V0 | ≥31 | F1 | ≤340 |
| S2 | 50~90 | V1 | 30~21 | F2 | 350~410 |
| S3 | 100~150 | V2 | 20~11 | F3 | 420~480 |
| S4 | 160~210 | V3 | 10~6 | F4 | 490~550 |
| S5 | ≥220 | V4 | 5~3 | F5 | 560~620 |
| | | | | F6 | ≥630 |

**3. 影响和易性的主要因素**

影响混凝土和易性的因素有很多,其中主要有原材料的性质、原材料的含量(胶凝材料的用量、水胶比、砂率)以及环境因素和施工条件等。

(1)胶凝材料浆体数量

新拌混凝土中的胶凝材料浆料保证混凝土一定的流动性。在水胶比不变的条件下,增加混凝土胶凝材料浆体数量,使骨料周围有足够的胶凝材料浆体包裹,改善骨料之间的润滑性能,从而使混凝土拌合物的流动性提高。但胶凝材料浆体不宜过多,否则,会出现流浆现象,黏聚性变差。同时,对混凝土的强度和耐久性产生不良影响;若胶凝材料浆量过少,致不能填满骨料空隙或不能很好地包裹骨料表面时,将产生崩坍现象,黏聚性变差。因此,新拌混凝土中胶凝材料浆量的含量应以满足流动性要求为准。

(2)水胶比

水胶比是指混凝土中用水量与胶凝材料用量的质量比,用 W/B 表示。胶凝材料是混凝土中水泥和活性矿物掺合料的总称。

在胶凝材料用量一定的情况下,水胶比过大,胶凝材料浆体太稀,产生严重离析及泌水现象,严重影响混凝土的强度和耐久性。水胶比过小,则流动性差导致施工困难。因此,水胶比不能过大或过小,应根据混凝土设计强度等级和耐久性要求而定。

无论是胶凝材料浆量的影响,还是水胶比大小的影响,对混凝土拌合物流动性起决定作用的是用水量的多少。在配制混凝土时,当混凝土拌合物的单位用水量不变时,即使胶凝材料用量增减 50~100kg/m³,拌合物的流动性基本保持不变。

(3)砂率

砂率指混凝土中砂的重量占砂、石总重量的百分率。

砂率的变动会使骨料的空隙率和骨料总表面积有显著的变化,对混凝土拌合物的和易性会有很大的影响。

砂率影响流动性有两方面因素。一方面细骨料与水泥浆组成的砂浆在拌合物中起润滑作用,可减少粗骨料之间的摩擦力,所以在一定砂率范围之内,砂率越大,润滑作用愈加明显,流动性越高。另一方面砂率过大,使骨料的总表面积增大,需要包裹骨料的水泥浆增多,在水泥浆量一定的条件下,拌合物的流动性降低;砂率过小,虽然总表面积减小,但空隙率很大,填充空隙所用水泥浆量增多,在水泥浆量一定的条件下,骨料表面的水泥浆层同样不足,使流动性降低,而严重影响拌合物的黏聚性和保水性,产生分层、离析、流浆、泌水等现象。

因此,在进行混凝土配合比设计时,为保证和易性,应选择合理砂率。合理砂率是指在胶凝材料用量、水量一定的条件下,能使混凝土拌合物获得最大的流动性而且保持良好的黏聚性和保水性的砂率;或者是使混凝土拌合物获得所要求的和易性的前提下,胶凝材料用量最小的砂率。如图 5-1 所示。

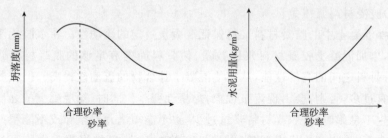

图 5-1　坍落度与水泥、砂率的关系

(4)混凝土原材料的特性

不同的水泥品种,其标准稠度需水量不同,对混凝土的流动性有一定的影响。不同的水泥品种,其特性上的差异也导致混凝土和易性的差异。例如,矿渣水泥的保水性较差,而火山灰水泥的保水性和黏聚性好,流动性小。水泥颗粒越细,其表面积越大,需水量越大,在相同的条件下,表现为流动性小,但黏聚性和保水性好。

级配良好的骨料,混凝土拌合物的流动性较大;颗粒棱角多,表面粗糙,会增加混凝土拌合物的内摩擦力,从而降低混凝土拌合物流动性。因此卵石混凝土比碎石混凝土流动性好。骨料级配好,其空隙率小,填充骨料空隙所需水泥浆少,当水泥浆数量一定时,包裹于骨料表面的水泥浆层较厚,故可改善混凝土拌合物的和易性。

掺入粉煤灰、矿粉、硅灰等矿物掺合料,也可改善拌合物的和易性。在配制混凝土时加入矿物掺合料,可降低温度,改善和易性,增加后期强度,并可改善混凝土的内部结构,提高混凝土耐久性和抗腐蚀能力。

在拌制混凝土拌合物时,加入适量的减水剂,可以使混凝土在较低水胶比、较小水泥用量条件下仍能获得很高的流动性。

(5)环境因素和施工条件

环境温度的变化会影响到混凝土的和易性。混凝土拌和物的流动性,随着温度升高而减小。温度提高10℃,坍落度大约减少20～40mm。因此,在高温季节施工中为保证混凝土拌合物的和易性,必须考虑温度的影响,并采取相应措施。

拌合物拌制后,随着时间的延长而逐渐变得干稠,流动性减小。其原因是时间延长,一部分水被骨料吸收,一部分水蒸发,从而使得流动性变差。施工中应考虑到混凝土拌合物随时间延长对流动性影响这个因素。

4. 改善和易性的措施

改善混凝土拌合物的和易性,必须同时兼顾流动性、黏聚性和保水性的统一,并考虑对混凝土强度、耐久性的影响。综合起来,可采取以下措施来改善混凝土拌合物的和易性。

(1)合理选取粗细骨料及合理砂率。

(2)当所测混凝土拌合物坍落度小于设计值时,保持水胶比不变,适当增加胶凝材料用量;拌合物的坍落度大于设计值时,保持砂率不变,增加砂石用量。

(3)改进混凝土拌合物的施工,采用高效率的强制式搅拌机,可以提高混凝土的流动性。

(4)掺加外加剂和掺合料。

## 二、强度

混凝土的强度包括抗压、抗拉、抗剪、抗弯及握裹强度,其中抗压强度最高,故混凝土主要用来承受压力作用。混凝土的抗压强度是结构设计的主要参数,也是混凝土质量评定的指标。

1. 混凝土抗压强度

(1)混凝土试件的制作

按照《普通混凝土力学性能试验方法标准》(GB 50081—2002),制作边长150mm 的标准立方体试件,在标准条件[温度为(20±2)℃,相对湿度95%以上,或在不流动的 $Ca(OH)_2$ 饱和溶液中]养护到28d 龄期,所测得的抗压强度值为混凝土立方体抗压强度。测定混凝土立方体抗压强度,也可采用非标准尺寸的试件,按表5-2 选定。

表 5-2　混凝土试件尺寸选用表

| 骨料最大粒径(mm) | 试件尺寸(mm) | 换 算 系 数 |
|---|---|---|
| 31.5 及以下 | 100×100×100 | 0.95 |
| 40 | 150×150×150 | 1.00 |
| 60 | 200×200×200 | 1.05 |

(2)混凝土强度等级

按照国家标准《混凝土质量控制标准》(GB 50164—2011)的规定,混凝土的强度等级应据混凝土立方体抗压强度标准值确定。立方体抗压强度标准值是按标准试验方法制作和养护的、边长为150mm的立方体试件,在标准条件下(温度20±2℃,相对湿度95%以上的环境或水中)养护至28d龄期,用标准试验方法测得的,具有95%保证率的抗压强度。

依据《混凝土质量控制标准》(GB 50164—2011)规定,混凝土强度等级应按立方体抗压强度标准值(MPa)划分为 C10、C15、C20、C25、C30、C35、C40、C45、C50、C55、C60、C65、C70、C75、C80、C85、C90、C95 和 C100。"C"为混凝土强度符号,"C"后面的数字为混凝土立方体抗压强度标准值。

### 2. 混凝土轴心抗压强度

根据《普通混凝土力学性能试验方法标准》(GB 50081—2002)的规定,测轴心抗压强度采用 150mm×150mm×300mm 的棱柱体作为标准试件,在标准养护条件下测其抗压强度值,即为轴心抗压强度。轴心抗压强度比同截面的立方体抗压强度值小,棱柱体试件高宽比越大,轴心抗压强度越小。

混凝土轴心抗压强度与立方体抗压强度之比为 0.7～0.8。

### 3. 混凝土抗拉强度

混凝土属于脆性材料,直接受拉力作用时,极易开裂,而且破坏前无明显变形征兆,因此在钢筋混凝土工程中一般不依靠混凝土的抗拉强度,而是由钢筋承受拉力。但抗拉强度对混凝土抵抗裂缝的产生有着重要的意义,是作为确定抗裂程度的重要指标。

混凝土抗拉试验通常采用立方体或圆柱体试件的劈裂抗拉试验来测定混凝土的抗拉强度,称为劈裂抗拉强度($f_{ts}$)。劈裂抗拉强度的测定方法是在立方体试件的两个相对表面的中心线上作用均匀分布的压力后,在外力作用的竖向平面内产生均匀分布的拉应力。劈裂抗拉强度可按式(5-1)计算:

$$f_{ts} = \frac{2F}{\pi A} = 0.637 \frac{F}{A} \tag{5-1}$$

式中:$f_{ts}$——混凝土劈裂抗拉强度(MPa);

　　　$F$——破坏荷载(N);

$A$——试件劈裂面积($mm^2$)。

混凝土按劈裂试验所得的抗拉强度换算成轴拉试验所得的抗拉强度值,应乘以换算系数,该系数可由试验确定。

### 4. 混凝土抗折强度

根据《普通混凝土力学性能试验方法标准》(GB/T 50081—2002)规定,混凝土抗折强度试验采用边长 150mm×150mm×300mm 的棱柱体标准试件。抗折强度可按式(5-2)计算:

$$f_{cf} = \frac{FL}{bh^2} \qquad (5-2)$$

式中:$f_{cf}$——混凝土抗弯强度(MPa);
$\quad\quad F$——破坏荷载(N);
$\quad\quad L$——支座间距(mm);
$\quad\quad b$——试件截面宽度(mm);
$\quad\quad h$——试件截面高度(mm)。

当采用 150mm×150mm×400mm 非标准试件时,应乘以尺寸换算系数 0.85;当混凝土强度等级≥C60 时,宜采用标准试件。

### 5. 影响混凝土强度的因素

(1)胶凝材料强度和水胶比

胶凝材料强度和水胶比是影响混凝土强度的最主要因素。配合比相同时,胶凝材料强度越高,其胶结力越强,混凝土强度也越大。在一定范围内,水胶比越小,混凝土强度也越高;反之,水胶比越大,用水量越多,多余水分蒸发留下的毛细孔越多,从而使混凝土强度降低。

(2)骨料的影响

骨料在水泥混凝土中起骨架与稳定作用。通常,只有骨料本身的强度较高、有害杂质含量少且级配良好时,才能形成坚强密实的骨架,会使混凝土强度提高;反之,骨料中含有较多的有害杂质、级配不良且骨料本身强度较低时,混凝土的强度则会较低。

普通混凝土常用的粗骨料为碎石和卵石。碎石混凝土的强度要高于卵石混凝土的强度,这是由于碎石表面比较粗糙,多棱角,有利于骨料与水泥砂浆之间的粘结力形成。

(3)掺入外加剂和掺合料

掺入减水剂,可降低用水量和水胶比,使混凝土的强度显著提高。在混凝土中掺入活性掺合料(如粉煤灰、磨细矿渣粉等),可以与水泥的水化产物进一步发生反应,产生大量的凝胶物质,使混凝土更密实,强度进一步得到提高。

(4)生产工艺因素

1)养护条件

养护条件是指混凝土浇筑成型后,必须保持适当的温度和足够的湿度,保证水泥水化的正常进行,使混凝土硬化后达到预定的强度及其他性能。因此,适当的温度和足够的湿度是混凝土强度的重要保证。

温度对水泥水化有明显影响。周围环境或养护温度高,胶凝材料水化速度快,早期强度高,混凝土初期强度也高,但值得注意的是,早期养护温度越高,混凝土后期强度的增进率越小。这是由于急速的早期水化会导致水化物分布不均,水化物稠密程度低的区域将会成为水泥石中的薄弱点,从而降低混凝土整体的强度;水化物稠度程度高的区域,包裹在水泥粒子周围的水化物,会妨碍水化反应的继续进行,对后期强度发展不利。

夏季混凝土施工,要注意温度不宜过高,冬季混凝土施工时,温度又不能太低。如果温度降至冰点以下,则由于水泥水化停止进行,混凝土强度停止发展且由于孔隙内水分结冰而引起的膨胀产生相当大的压力,该压力作用在孔隙、毛细管时将使混凝土内部结构遭受破坏,使已获得的强度受到损失。如果温度再回升,冰又开始融化。如此反复冻融时,混凝土内部的微裂缝,还会逐渐增加、扩大,导致混凝土表面开始剥落,甚至完全崩溃,混凝土强度进一步降低,所以应当特别防止混凝土早期受冻。

湿度对混凝土的强度发展同样是非常重要的。水是水泥水化反应的必要成分。如果环境湿度不够,混凝土拌合物表面水分蒸发,内部水分向外迁移,混凝土会因失水干燥而影响水泥水化的正常进行,甚至水化停止。这不仅降低混凝土强度,而且使混凝土结构疏松,形成干缩裂缝,严重影响混凝土的耐久性。

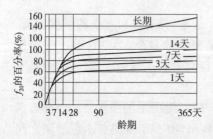

图 5-2 混凝土强度与保持潮湿时间的关系

《混凝土结构工程施工质量验收规范》(GB 50204—2011)中规定:应在混凝土浇筑完毕后的 12h 以内对混凝土加以覆盖并保湿养护;对采用硅酸盐水泥、普通硅酸盐水泥和矿渣硅酸盐水泥拌制的混凝土,混凝土浇水养护的时间不得少于 7d;对掺用缓凝型外加剂或有抗渗要求的混凝土,混凝土浇水养护的时间不得少于 14d。混凝土强度与保持潮湿时间的关系如图 5-2 所示。

2)施工条件

施工是混凝土工程的重要环节,施工质量好坏对混凝土强度有非常重要的影响。混凝土施工过程中,应搅拌均匀、振捣密实、养护良好才能使混凝土硬化后达到预期的强度。改进施工工艺可提高混凝土强度,如采用分次投料搅拌工艺、二次振捣工艺等都会有效地提高混凝土强度。

(5)龄期

龄期是指混凝土在正常养护条件下所经历的时间。在正常养护条件下,混凝土的强度随着龄期的增加而增长,在最初的 7～14d 发展较快,28d 以后增长缓慢。在适宜的温、湿度条件下,其强度仍可以龄期增长。

(6)试验条件

对于同一强度的混凝土,因试验条件及方法不同,所测得的强度值可能不一样。为了使所测强度值具有可比性,必须统一试验条件及方法。对测试结果有影响的试验条件一般包括试件尺寸、形状、试件干湿状态和加载速度等。

**6. 提高混凝土强度的主要措施**

(1)原材料的选择和降低水胶比

在相同的配合比情况下,所用胶凝材料的强度等级越高,混凝土的强度越高。在用相同强度等级的水泥时,由于硅酸盐水泥和普通水泥早期强度比其他水泥的早期强度高,因此采用此类水泥的混凝土早期强度较高。实际工程中,为加快工程进度,常需要提高混凝土的早期强度,除采用硅酸盐水泥和普通水泥外,也可采用快硬早强水泥。

选择级配良好的骨料,以提高混凝土的密实度。

掺入活性矿物掺合料,以提高混凝土的强度。

选用适当的外加剂,例如,减水剂可在保证和易性不变的情况下降低用水量及水胶比,以提高混凝土密实度,而早强剂也可提高混凝土的早期强度。

(2)采用机械搅拌和振捣

混凝土采用机械搅拌,不但效率高,而且搅拌更为均匀,能大幅度提高混凝土强度。机械搅拌时,可使混凝土拌合物的颗粒产生振动,暂时破坏了水泥的凝聚结构,降低水泥浆的黏度和骨料之间的摩擦力,使混凝土拌合物转入流体状态,提高流动性,可在满足拌合物和易性的前提下,减少用水量。同时,混凝土拌合物在振捣过程中,其颗粒互相靠近,排出了空气,大大减少了混凝土内部的孔隙,使混凝土的密实度及强度都得到提高。

(3)养护方式

湿热处理最常用的方法是蒸汽养护。蒸汽养护就是将成型后的混凝土制品放在 100℃ 以下的常压蒸汽中进行养护。目的是加快混凝土强度发展的速度。混凝土经 16～20h 的蒸汽养护后,其强度即可达到标准养护条件下 28d 强度的 70％～80％。

### 三、变形

硬化后的混凝土,受到外力及环境因素的作用,会发生相应的整体或局部的体积变化,产生变形。混凝土的变形按其形成的原因,分为非荷载作用下的变形和荷载作用下的变形。非荷载作用下的变形如混凝土的化学收缩、塑性变形、湿胀干缩变形及温度变形等;荷载作用下的变形分为短期荷载作用下的变形、长期荷载作用下的变形——徐变。这些变形是混凝土产生裂缝的重要原因之一,从而影响混凝土的强度和耐久性。

#### 1. 非荷载作用下的变形

(1)化学收缩

混凝土在硬化过程中,水泥水化产物的固体体积小于水化前反应物的总体积,从而使混凝土产生收缩,即为化学收缩。其收缩量随混凝土硬化龄期的延长而增长,一般在混凝土成型后40d内增长较快,以后逐渐趋于稳定。化学收缩是不可恢复的,它的收缩值很小,一般对混凝土结构没有破坏作用,但在混凝土内部可能产生微细裂缝。

(2)湿胀干缩变形

混凝土的湿胀干缩是指由于混凝土外界湿度变化,致使其中水分变化而引起的体积变化。处于空气中的混凝土当水分散失时,会引起体积收缩,简称干缩。但受潮后体积又会膨胀即为湿胀。混凝土内部所含水分有3种形式:自由水、毛细管水和凝胶颗粒的吸附水,后两种水发生变化时,混凝土就会产生干湿变形。

混凝土在有水侵入的环境中,由于凝胶体中胶体粒子表面的水膜增厚,使胶体粒子间距离增大,混凝土表现出湿胀现象。混凝土处在干燥环境时,首先蒸发的是自由水,自由水的蒸发并不引起混凝土的收缩,然后蒸发的是毛细管水,随着毛细管水分的不断蒸发,负压逐渐增大而产生较大的收缩力,导致混凝土体积收缩或产生收缩开裂;水分继续蒸发,水泥凝胶体中的吸附水也开始蒸发,结果也会导致混凝土体积收缩或产生收缩开裂。

混凝土的湿胀变形很小,一般无破坏作用,但过大的干缩变形会对混凝土产生较大的危害,使混凝土的表面产生较大的拉应力而引起开裂,严重影响混凝土的耐久性。混凝土的干缩主要是由硬化后的水泥浆体的干缩产生的。因此影响干缩的主要因素是水泥用量及水胶比的大小。除此之外,水泥品种、用水量、骨料种类及养护条件也是影响因素。

(3)温度变形

混凝土与普通的固体材料一样也具有热胀冷缩的性能,相应的变形称为温度变形。

温度变形对大体积混凝土或大面积混凝土以及纵向很长的混凝土极为不利。在混凝土硬化初期，水泥水化放出较多的热量，混凝土是热的不良导体，散热缓慢，使混凝土内部温度比外部高，产生较大的内外温差，在外表混凝土中将产生很大拉应力，严重时使混凝土产生裂缝。因此，对大体积混凝土工程必须尽量设法减少混凝土发热量，如采用低热水泥、减少水泥用量、采取人工降温等措施，保持构件内外温差不超过规范规定值，以避免混凝土的温度变形裂缝产生。另外，一般对纵向较长的钢筋混凝土结构物，应采取每隔一段长度设置伸缩缝，以及在结构物中设置温度钢筋等措施。

**2. 荷载作用下的变形**

(1) 短期荷载作用下的变形

混凝土是一种非均质的人造复合材料，是一种弹塑性体。受力后既产生可以恢复的弹性变形，又产生不可恢复的塑性变形。图 5-3 为混凝土的应力—应变关系图，混凝土在受力时，既产生可以恢复的弹性变形，又产生不可以恢复的塑性变形，其中 $\varepsilon_{弹}$ 是混凝土的弹性变形，$\varepsilon_{塑}$ 是混凝土的塑性变形。在应力—应变曲线上任一点的应力 $\sigma$ 与应变 $\varepsilon$ 的比值，叫做混凝土在该应力状态下的变形模量。

根据《普通混凝土力学性能试验方法标准》(GB/T50081—2002) 规定，采用 $150mm \times 150mm \times 300mm$ 的棱柱体作为标准试件，使混凝土的应力在 0.5MPa 和 $1/3 f_{cp}$ 之间经过至少两次预压，在最后一次预压完成后，应力与应变关系基本上成为直线关系，该近似直线的斜率即为所测混凝土的静力受压弹性模量，称之为混凝土的弹性模量。混凝土的弹性模量随骨料与水泥石的弹性模量而异。在材料质量不变的条件下，混凝土的骨料含量较多、水胶比较小、养护条件较好及龄期较长时，混凝土的弹性模量就较大。另外混凝土的弹性模量一般随强度提高而增大。

(2) 长期荷载作用下的变形——徐变

混凝土在长期不变荷载作用下，随时间的延长，沿着作用力方向发生的变形称为徐变。图 5-4 为徐变与荷载作用时间的关系。混凝土在加荷的瞬间，会产

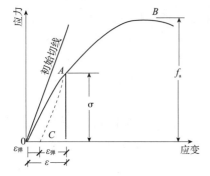

图 5-3 混凝土在压力作用下的应力—应变曲线

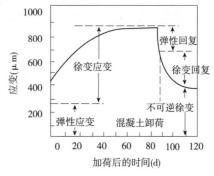

图 5-4 混凝土徐变与荷载作用时间

生明显的瞬时变形,随着荷载持续时间的延长,逐渐产生徐变变形。混凝土徐变在加荷早期增长较快,然后逐渐减慢,一般要 2~3 年才趋于稳定。当混凝土卸荷后,一部分变形瞬间恢复,其值小于在加荷瞬间产生的瞬时变形,在卸荷后的一段时间内变形还会继续恢复,称为徐变恢复,最后残存的不能恢复的变形称为残余变形。

当混凝土在较早龄期加荷时,产生的徐变较大;水胶比较大时,徐变也较大;在水胶比相同时,水泥用量较多的混凝土徐变较大;混凝土中骨料含量较多时,徐变较小。混凝土的结构越密实,强度越高,徐变就越小。

## 四、耐久性

混凝土的耐久性是混凝土在使用条件下,抵抗周围环境中各种因素长期作用而不破坏的能力。混凝土的耐久性包含面很广,常考虑的有混凝土的抗渗性、抗冻性、抗侵蚀性、抗碳化、抗碱—骨料反应及阻止混凝土中钢筋锈蚀等性能。

### 1. 混凝土的抗渗性

混凝土的抗渗性是指混凝土抵抗有压介质(水、油、溶液等)渗透作用的能力,它是决定混凝土耐久性最基本的因素。

影响混凝土抗渗性的主要因素是孔隙率和孔隙特征,混凝土孔隙率越低,连通孔越少,抗渗性越好。因此,提高混凝土抗渗性的根本措施有降低水胶比、选择良好的骨料级配、掺用引气剂和优质粉煤灰掺合料等方法。

除此之外,与混凝土的施工质量及混凝土的龄期有关。良好的浇筑、振捣和养护有利于提高混凝土的抗渗性;龄期越长,水泥水化越充分,混凝土的密实度提高,混凝土的抗渗性提高。

### 2. 混凝土的抗冻性

混凝土的抗冻性是指混凝土在吸水饱和状态下,能经受多次冻融循环而不破坏,同时也不严重降低强度的性能。

混凝土受冻融破坏的原因是由于混凝土内部孔隙中的水在负温下结冰后,因体积膨胀而产生内应力。当内应力超过混凝土的抗拉强度时,混凝土就会产生裂缝,多次冻融使裂缝不断扩展直至破坏。混凝土的密实度、孔隙构造和数量,以及孔隙的充水程度是决定抗冻性的重要因素。密实的混凝土和具有封闭孔隙的混凝土,其抗冻性较高。

混凝土的抗冻性主要取决于混凝土的构造特征和含水程度。具有较高密实度且含闭口孔多的混凝土具有较高的抗冻性,混凝土中饱和水程度越高,产生的冰冻破坏越严重。

提高混凝土抗冻性的有效途径是掺入引气剂,在混凝土内部产生互不连通的微细气泡,不仅截断了渗水通道,使水分不易渗入,而且气泡有一定的适应变形能力,对冰冻的破坏作用起到一定的缓冲作用。除此之外,可采用减小水胶比,提高水泥强度等级等措施。

### 3. 抗侵蚀性

抗侵蚀性是指混凝土在含有侵蚀性介质环境中遭受到化学侵蚀、物理作用不破坏的能力。环境介质对混凝土的侵蚀主要是对硬化后的水泥浆体的侵蚀。提高混凝土抗侵蚀的措施,主要是合理选择水泥品种、掺入适当的掺合料、降低水胶比、提高混凝土的密实度和改善孔结构等。

### 4. 抗碳化性

混凝土的碳化指空气中的 $CO_2$ 等酸性气体在湿度适宜的条件下与混凝土中的 $Ca(OH)_2$ 发生反应,生成碳酸钙和水,使混凝土碱度降低的过程,碳化也称中性化。

影响混凝土碳化的最主要因素:

(1)水泥品种和用量

硬化后的水泥石中所含 $Ca(OH)_2$ 越多,则能吸收 $CO_2$ 的量也越大,碳化速度越慢,抗碳化能力越强。掺混合材料越少的水泥,其中 $Ca(OH)_2$ 越多,抗碳化能力越强。因此,矿渣水泥、粉煤灰水泥、火山灰水泥要比硅酸盐水泥的碳化速度快。

(2)混凝土的水胶比和强度

水胶比的大小,直接影响着混凝土的密实度和孔径分布。水胶比小、强度高,混凝土越密实,混凝土碳化缓慢。

(3)环境因素

环境因素主要指空气中 $CO_2$ 的浓度及空气的相对湿度,$CO_2$ 浓度增高,碳化速率加快,在相对湿度达到 50%~70% 情况下,碳化速度最快,在相对湿度达到 100%,或相对湿度在 25% 以下时碳化将停止进行。

(4)施工质量

施工中振捣不密实、养护不足,混凝土产生蜂窝、裂纹使碳化速率大大加快。

综上所述,混凝土本身的密实性和碱性的储备是抗碳化的主要因素。混凝土越密实,抗碳化能力越好;混凝土中碱含量越高,混凝土的抗碳化能力越强。

碳化将增加混凝土的收缩。碳化收缩使混凝土表面产生拉应力,如果拉应力超过混凝土抗拉强度,则会产生微细裂缝,细裂纹的深度与碳化层的深度是一致的。

### 5. 抗碱—骨料反应

碱集料反应是指水泥、外加剂等混凝土组成物及环境中的碱与集料中碱活性矿物(如活性 $SiO_2$、硅酸盐、碳酸盐等),在潮湿环境下缓慢发生导致混凝土开裂破坏的膨胀反应。

由此引起的膨胀破坏往往若干年之后才会逐渐显现。所以,对碱集料反应必须给予足够的重视。

产生碱—骨料反应有3个条件:一是水泥中碱的含量必须高;二是骨料中含有一定的活性成分;三是有水存在。

预防碱—骨料反应的措施有:采用活性低的或非活性骨料;控制水泥或外加剂中游离碱的含量;掺粉煤灰、矿渣或其他活性混合材料;控制湿度,尽量避免产生碱集料反应的所有条件同时出现。

**6. 提高混凝土耐久性的措施**

从上述对混凝土耐久性的分析来看,耐久性的各个性能都与混凝土的组成材料、混凝土的孔隙率、孔隙构造密切相关,因此提高混凝土耐久性的措施主要有以下内容。

(1)合理选择水泥品种根据混凝土工程的特点和环境条件,参照有关水泥在工程中应用的原则选用。

(2)控制混凝土中最小胶凝材料用量是决定混凝土密实度的主要因素,它不但影响混凝土的强度,而且也严重影响其耐久性。《普通混凝土配合比设计规程》(JGJ 55—2011)对工业与民用建筑工程所用混凝土的最小胶凝材料用量作了规定。

(3)选用杂质少、级配良好的粗、细骨料,并尽量采用合理砂率。

(4)掺引气剂、减水剂等外加剂,可减少水胶比,改善混凝土内部的孔隙构造,提高混凝土耐久性。

(5)掺入高效活性矿物掺料。大量研究表明,掺粉煤灰、矿渣、硅粉等掺合料能有效改善混凝土的性能,填充内部孔隙,改善孔隙结构,提高密实度,高掺量混凝土还能抑制碱—骨料反应。因而混凝土掺混合材料,是提高混凝土耐久性的有效措施。

(6)在混凝土施工中,应搅拌均匀、振捣密实、加强养护,增加混凝土密实度,提高混凝土质量。

**7. 耐久性能技术指标**

混凝土的长期耐久性能应符合《混凝土质量控制标准》(GB50164—2011)的规定。

(1)混凝土的抗冻性能、抗水渗透性能和抗硫酸盐侵蚀性能的等级划分应符合表5-3。

表 5-3 混凝土的抗冻性能、抗水渗透性能和抗硫酸盐侵蚀性能的等级划分

| 抗冻等级(快冻法) | 抗冻标号(慢冻) | 抗渗等级 | 抗硫酸盐等级 |
| --- | --- | --- | --- |
| F50 | D50 | P4 | KS30 |
| F100 | D100 | P6 | KS60 |
| F150 | D150 | P8 | KS90 |
| F200 | D200 | P10 | KS120 |
| F250 | | P12 | KS150 |
| F300 | | | |
| F350 | | | |
| F400 | | | |
| >F400 | >D200 | >P12 | >KS150 |

(2) 混凝土抗氯离子渗透性能的等级划分。

1) 当采用氯离子迁移系数(RCM法)划分混凝土抗氯离子渗透性能等级时,应符合表 5-4 规定,且混凝土龄期应为 84d。

表 5-4 混凝土抗氯离子渗透性能的等级划分(RCM法)

| 等级 | RCM-Ⅰ | RCM-Ⅱ | RCM-Ⅲ | RCM-Ⅳ | RCM-Ⅴ |
| --- | --- | --- | --- | --- | --- |
| 氯离子迁移系数 $D_{RCM}(\times 10^{-12} m^2/s)$ | $D_{RCM} \geqslant 4.5$ | $3.5 \leqslant D_{RCM} < 4.5$ | $2.5 \leqslant D_{RCM} < 3.5$ | $1.5 \leqslant D_{RCM} < 2.5$ | $D_{RCM} < 1.5$ |

2) 当采用电通量划分混凝土抗氯离子渗透性能等级时,应符合表 5-5 的规定,且混凝土龄期宜为 28d。当混凝土中水泥混合料与矿物掺合料之和超过胶凝材料用量的 50% 时,测试龄期可为 56d。

表 5-5 混凝土抗氯离子渗透性能的等级划分(电通量法)

| 等级 | Q-Ⅰ | Q-Ⅱ | Q-Ⅲ | Q-Ⅳ | Q-Ⅴ |
| --- | --- | --- | --- | --- | --- |
| 电通量 $Q_s$(C) | $Q_s \geqslant 4000$ | $2000 \leqslant Q_s < 4000$ | $1000 \leqslant Q_s < 2000$ | $500 \leqslant Q_s < 1000$ | $Q_s < 500$ |

(3) 混凝土抗碳化性能等级划分。

表 5-6 混凝土抗碳化性能的等级划分

| 等级 | T-Ⅰ | T-Ⅱ | T-Ⅲ | T-Ⅳ | T-Ⅴ |
| --- | --- | --- | --- | --- | --- |
| 碳化深度 $d$(mm) | $d \geqslant 30$ | $20 \leqslant d < 30$ | $10 \leqslant d < 20$ | $0.1 \leqslant d < 10$ | $d < 0.1$ |

(4) 混凝土早期抗裂性能等级划分。

表 5-7 混凝土早期抗裂性能的高等级划分

| 等级 | L-Ⅰ | L-Ⅱ | L-Ⅲ | L-Ⅳ | L-Ⅴ |
| --- | --- | --- | --- | --- | --- |
| 单位面积上的总开裂面积 $C$(mm²/m²) | $C \geqslant 1000$ | $700 \leqslant C < 1000$ | $400 \leqslant C < 700$ | $100 \leqslant C < 400$ | $C < 100$ |

# 第三节　混凝土外加剂

## 一、混凝土外加剂的定义与分类

### 1. 定义

混凝土外加剂是一种在混凝土搅拌之前或拌制过程中加入的、用以改善新拌混凝土和(或)硬化混凝土性能的材料。以下简称外加剂。

### 2. 分类

(1)混凝土外加剂按其主要使用功能分为4类：

1)改善混凝土拌合物流变性能的外加剂,包括各种减水剂和泵送剂等。

2)调节混凝土凝结时间、硬化性能的外加剂,包括缓凝剂、促凝剂和速凝剂等。

3)改善混凝土耐久性的外加剂,包括引气剂、防水剂、阻锈剂和矿物外加剂等。

4)改善混凝土其他性能的外加剂,包括膨胀剂、防冻剂、着色剂等。

(2)按化学成分分类

1)无机物外加剂

包括各种无机盐类、一些金属单质和少量氢氧化物等。如氯化钙、硫酸钠、铝粉、氢氧化铝等。

2)有机物外加剂

这类外加剂占混凝土外加剂的绝大部分,种类极多,大部分属于表面活性剂。其中以阴离子表面活性剂应用最多,除此之外,还有阳离子型、非离子型表面活性剂。

3)复合外加剂

适当的无机物与有机物复合制成的外加剂。

## 二、混凝土减水剂

### 1. 定义及分类

在混凝土拌合物坍落度基本相同的条件下,能减少拌合用水量的外加剂称为混凝土减水剂。根据减水率大小或坍落度增加幅度分为普通减水剂和高效减水剂两大类。此外,尚有复合型减水剂,如引气减水剂,既具有减水作用,同时具有引气作用;早强减水剂,既具有减水作用,又具有提高早期强度作用;缓凝减水剂,既具有减水作用,同时具有延缓凝结时间的功能等。

2. 作用机理

减水剂提高混凝土拌合物和易性的原因可归纳为两方面:分散作用和润滑作用。

(1)分散作用

水泥加水拌合后,由于水泥颗粒表面电荷及不同矿物在水化过程中所带电荷不同,会产生絮凝结构,这种絮凝结构中包裹着部分拌合水,致使混凝土拌合物的流动性较低。加入适量减水剂后,由于减水剂分子能定向吸附于水泥颗粒表面,使水泥颗粒表面带有同一种电荷(通常为负电荷),形成静电排斥作用,促使水泥颗粒相互分散,絮凝结构破坏,释放出被包裹的部分水,从而有效地增加混凝土拌合物的流动性。

(2)润滑作用

水泥加水后,水泥颗粒表面被水湿润,在具有相同工作性能的情况下,湿润程度越高,所需的拌和水越少,同时水泥水化速度越快。当有表面活性剂存在时,降低了水的表面张力和水与水泥颗粒间的界面张力,使水泥颗粒更好地被水湿润,有利于水化。阴离子表面活性剂类减水剂,其亲水基团极性很强,易与水分子以氢键形式结合,在水泥颗粒表面形成一层稳定的溶剂化水膜。这层水膜是很好的润滑剂,有利于水泥颗粒的滑动,从而使混凝土流动性进一步提高。

3. 减水剂的种类

(1)普通减水剂

1)混凝土工程可采用木质素磺酸钙、木质素磺酸钠、木质素磺酸镁等普通减水剂。

2)混凝土工程可采用由早强剂与普通减水剂复合而成的早强型普通减水剂。

3)混凝土工程可采用由木质素磺酸盐类、多元醇类减水剂(包括糖钙和低聚糖类缓凝减水剂),以及木质素磺酸盐类、多元醇类减水剂与缓凝剂复合而成的缓凝型普通减水剂。

(2)高效减水剂

1)混凝土工程可采用下列高效减水剂:

①萘和萘的同系磺化物与甲醛缩合的盐类、氨基磺酸盐等多环芳香族磺酸盐类。

②磺化三聚氰胺树脂等水溶性树脂磺酸盐类。

③脂肪族羟烷基磺酸盐高缩聚物等脂肪族类。

2)混凝土工程可采用由缓凝剂与高效减水剂复合而成的缓凝型高效减水剂。

**4. 应用**

适用于强度等级为 C15～C60 及以上的泵送或常态混凝土工程。特别适用于配制高耐久、高流态、高保坍、高强以及对外观质量要求高的混凝土工程。对于配制高流动性混凝土、自密实混凝土、清水饰面混凝土极为有利。

## 三、混凝土引气剂

**1. 定义及分类**

(1) 定义

引气剂是指在混凝土搅拌过程中能引入大量均匀分布、稳定而封闭的微小气泡，且能保留在硬化混凝土中的外加剂。其质量应符合《混凝土外加剂》(GB 8076—2008)的规定。

(2) 分类

1) 松香热聚物、松香皂及改性松香皂等松香树脂类。

2) 十二烷基磺酸盐、烷基苯磺酸盐、石油磺酸盐等烷基和烷基芳烃磺酸盐类。

3) 脂肪醇聚氧乙烯磺酸钠、脂肪醇硫酸钠等脂肪醇磺酸盐类。

4) 脂肪醇聚氧乙烯醚、烷基苯酚聚氧乙烯醚等非离子聚醚类。

5) 三萜皂甙等皂甙类。

6) 不同品种引气剂的复合物。

**2. 作用机理**

引气剂是表面活性剂。当搅拌混凝土拌合物时，会混入一些气体，引气剂分子定向排在气泡上，形成坚固不易破裂的液膜，故可在混凝土中形成稳固、封闭的球形气泡，直径为 0.05～1.0mm，均匀分散，可使混凝土的很多性能改善。

**3. 引气剂的作用**

(1) 改善混凝土拌合物的和易性。引气剂使新拌混凝土中引入大量微小气泡，在水泥颗粒之间起着类似轴承滚珠作用，能够减小拌合物的摩擦阻力从而提高流动性；同时气泡的存在阻止固体颗粒的沉降和水分的上升，从而减少了拌合物分层、离析和泌水，使混凝土的和易性得到明显改善。含气量每增加 1%，混凝土拌合物的坍落度可增加 10mm 左右。

(2) 使混凝土抗冻、抗渗等耐久性成倍提高。提高混凝土的密实度可以提高其耐久性。加入引气剂后，所形成的大量微小气泡对混凝土受冻时水转变为冰的膨胀压可起到很好的缓冲作用，而且气泡呈封闭状态，很难吸入水分，这与普通混凝土中存在的大而连通的孔隙相比,使成冰量大为降低,膨胀内应力明显减小,所以抗冻融破坏能力得以成倍提高。

(3)降低弹性模量及强度。由于气泡的弹性变形,使混凝土弹性模量降低,对提高混凝土的抗裂性有利。另外,气泡的存在,减小了浆体的有效面积,造成混凝土强度降低。通常混凝土含气量每增加1%,混凝土抗压强度要损失4%～6%,抗折强度降低2%～3%。但是由于和易性的改善,可以通过保持流动性不变减少用水量,使强度不降低或部分得到补偿。

### 4. 应用

因为引气剂引入的气泡结构好,气泡半径小,抗冻指标高,用于高耐久性的混凝土结构,如水坝、高等级公路、热电站冷却塔、水池水工、港口及撒除冰盐的混凝土公路及桥梁等。同时还适用于高和易性混凝土工程和泵送混凝土工程。

## 四、混凝土泵送剂

### 1. 定义及组成

(1)定义

能改善混凝土拌合物泵送性能的外加剂称为泵送剂。其质量应符合《混凝土泵送剂》(JC 473—2001)。

(2)组成

泵送混凝土的基本要求是:具有大的流动性而不泌水,以减小泵压力;具有施工所要求的缓凝时间,以减少坍落度损失。为此,混凝土泵送剂的组成如下:

1)高效减水剂或普通减水剂:如萘系减水剂、三聚氰胺减水剂、木质素磺酸钙减水剂等。

2)缓凝剂:如糖蜜、糖钙、木钙、柠檬酸等。

3)引气剂:如松香热聚物、松香皂、十二烷基苯磺酸盐等。

4)其他助剂:如助泵剂、保塑剂等。

### 2. 配制泵送混凝土的砂、石应符合下列要求:

(1)粗骨料最大粒径不宜>40mm;泵送高度>50m 时,碎石最大粒径不宜>25mm;卵石最大粒径不宜>30mm。

(2)骨料最大粒径与输送管内径之比,碎石不宜大于混凝土输送管内径的1/3;卵石不宜大于混凝土输送管内径的2/5。

(3)粗骨料应采用连续级配,针片状颗粒含量不宜>10%。

(4)细骨料宜采用中砂,通过0.315mm筛孔的颗粒含量不宜<15%,且≤30%,通过0.160m筛孔的颗粒含量不宜<5%。

**3. 泵送剂在工程中的应用**

泵送剂适用于工业与民用建筑及其他构筑物泵送施工的混凝土;特别适用于大体积混凝土、高层建筑和超高层建筑;适用于滑模施工等;也适用于水下灌注柱混凝土。

### 五、混凝土缓凝剂

**1. 定义及分类**

(1)定义

缓凝剂是指能延长混凝土的凝结时间,并对后期强度无明显影响的外加剂。其质量应符合《混凝土外加剂》(GB 8076—2008)的规定。

(2)分类

混凝土工程中,可采用下列缓凝剂:

1)葡萄糖、蔗糖、糖蜜、糖钙等糖类化合物。

2)柠檬酸(钠)、酒石酸(钾钠)、葡萄糖酸(钠)、水杨酸及其盐类等羟基羧酸及其盐类。

3)山梨醇、甘露醇等多元醇及其衍生物。

4)2-膦酸丁烷-1,2,4-三羧酸(PBTC)、氨基三甲叉膦酸(ATMP)及其盐类等有机磷酸及其盐类。

5)磷酸盐、锌盐、硼酸及其盐类、氟硅酸盐等无机盐类。

**2. 作用机理**

多数有机缓凝剂有表面活性,它们在固—液界面上产生吸附,改变固体粒子表面性质;或是通过其分子中亲水基团吸附大量水分子形成较厚的水膜层,使晶体间的相互接触受到屏蔽,改变了结构形成过程;或是通过其分子中的某些官能团与游离的生成难溶性的钙盐吸附于矿物颗粒表面,从而抑制水泥的水化进程,起到缓凝效果。大多数无机缓凝剂能与水泥水化产物生成复盐(如钙矾石),沉淀于水泥矿物颗粒表面,抑制水泥水化。缓凝剂的机理较为复杂,通常是以上多种缓凝机理综合作用的结果。

**3. 缓凝剂在工程中的应用**

缓凝剂适用于长时间运输的混凝土、高温季节施工的混凝土、泵送混凝土、滑模施工混凝土、大体积混凝土、分层浇筑的混凝土等。缓凝剂及缓凝减水剂不适用于5℃以下施工的混凝土,也不宜单独用于有早强要求的混凝土,柠檬酸、酒石酸钾钠等缓凝剂,不宜单独用于水泥用量较低、水胶比较大的贫混凝土。

### 六、混凝土早强剂

#### 1. 定义及分类

(1)定义

早强剂是指加速混凝土早期强度发展,而对后期强度无显著影响的外加剂。其质量应符合《混凝土外加剂》(GB 8076—2008)的规定。

(2)分类

1)强电解质无机盐类早强剂:硫酸盐、硫酸复盐、硝酸盐、亚硝酸盐、氯盐等。

2)水溶性有机化合物:三乙醇胺、甲酸盐、乙酸盐、丙酸盐等。

3)其他:有机化合物、无机盐复合物。

#### 2. 常用混凝土早强剂及作用机理

(1)氯盐早强剂

常用氯盐早强剂有氯化钠和氯化钙,以氯化钙的效果最佳。由于氯化钙加入混凝土拌和物中,能与铝酸三钙作用,生成不溶性复盐——水化氯铝酸钙,并与氢氧化钙作用,生成不溶于氯化钙溶液的氧氯化钙,从而增大水泥石的固相比。同时,溶液的氢氧化钙浓度会因此降低,硅酸三钙和硅酸二钙加速水化,都有助于水泥石结构的加快形成。

氯盐具有较好的早强效果,同时也有一定的抗冻性。但掺用氯盐的最大缺点会使钢筋等形成锈蚀,以及会提高混凝土的导电率。在现行的施工规范中,为此提出许多限制掺用氯盐的规定,应严格执行。

(2)硫酸盐早强剂

常用的硫酸盐早强剂,有无水硫酸钠(俗称元明粉)、含有结晶水的硫酸钠(又名芒硝)。此外,硫代硫酸钠(又名海波)也可使用,其效果与硫酸钠类同。在复合早强剂中,也有加入二水硫酸钙(即二水石膏)作为早强组分的品种。

硫酸钠易溶于水,在混凝土拌和物中,能同水泥水化生成的氢氧化钙相作用,生成高度分散性的石膏,使水化硫铝酸钙迅速生成,而加快水泥的凝结硬化。

硫酸盐早强剂的早强效果好,对钢筋无锈蚀作用,但加入过量时会提高混凝土的碱度,当与集料中活性氧化硅作用时,可发生碱集料反应。再则,硫酸盐早强剂宜与某些组分的外加剂复合使用,其效果更好。

### (3) 三乙醇胺

三乙醇胺是一种有机的早强剂,易溶于水,呈碱性,对钢筋无锈蚀作用,同时能提高混凝土的抗渗性。

三乙醇胺属于非离子型表面活性剂,当掺入混凝土拌和物后,吸附在水泥微粒表面,形成一层带电荷的亲水膜,阻碍粒子间的凝聚,产生悬浮稳定效应。同时,由于三乙醇胺溶于水后,降低了溶液的表面张力,提高了氧化钙的溶解度,从而能加速水泥水化物的生成。

三乙醇胺的适宜掺量甚微,一般仅为水泥质量的 0.02%～0.05%,如果过量,会失去早强效果。此外,三乙醇胺与其他早强组分复合使用,比单独使用的效果要好得多。

### (4) 复合早强剂

将几种可早强的组分恰当配伍,是使用较多的早强剂类型,如表 5-8 列举的多个品种。其中加入亚硝酸钠的,兼有阻锈和早强的双重作用。

表 5-8 常用复合早强剂

| 外加剂组分 | 常用剂量(以水泥的质量计,%) |
| --- | --- |
| 三乙醇胺＋氯化钠 | (0.03～0.05)＋0.5 |
| 三乙醇胺＋氯化钠＋亚硝酸钠 | 0.05＋(0.3～0.5)＋(1～2) |
| 硫酸钠＋亚硝酸钠＋氯化钠＋氯化钙 | (1～1.5)＋(1～3)＋(0.3～0.5)＋(0.3～0.5) |
| 硫酸钠＋氯化钠 | (0.5～1.5)＋(0.3～0.5) |
| 硫酸钠＋亚硝酸钠 | (0.5～1.5)＋1.0 |
| 硫酸钠＋三乙醇胺 | (0.5～1.5)＋0.05 |
| 硫酸钠＋二水石膏＋三乙醇胺 | (1～1.5)＋2＋0.05 |
| 亚硝酸钠＋二水石膏＋三乙醇胺 | 1.0＋2＋0.05 |

### 3. 早强剂在工程中的应用

早强剂适用于蒸养混凝土及常温、低温和最低温度≥－5℃环境中施工的有早强要求的混凝土工程。炎热环境条件下不宜使用早强剂。掺入混凝土后对人体产生危害或对环境产生污染的化学物质严禁用作早强剂。

下列工程结构中严禁采用含有氯盐配制的早强剂:

(1) 预应力混凝土结构。

(2) 相对湿度>80%环境中使用的结构、处于水位变化部位的结构、露天结构及经常受水淋、受水流冲刷的结构。

(3) 大体积混凝土。

(4) 直接接触酸、碱其他侵蚀性介质的结构。

(5)经常处于温度为60℃以上的结构,需经蒸养的钢筋混凝土预制构件。

(6)有装饰要求的混凝土,特别是要求色彩一致或是表面有金属装饰的混凝土。

(7)薄壁混凝土结构,中级和重级工作制吊车梁、屋架、落锤及锻锤混凝土基础等结构。

(8)使用冷拉钢筋或冷拔低碳钢丝的结构。

(9)骨料具有碱活性的混凝土结构。

### 七、混凝土防冻剂

#### 1. 定义及分类

(1)定义

防冻剂是指能使混凝土在负温下硬化,并在规定养护条件下达到预期性能的外加剂。其质量应符合《混凝土防冻剂》(JC475—2004)的规定。

(2)分类

1)强电解质无机盐类:

①氯盐类:以氯盐为防冻组分的外加剂。

②氯盐阻锈类:以氯盐与阻锈组分为防冻组分的外加剂。

③无氯盐类:以亚硝酸盐、硝酸盐等无机盐为防冻组分的外加剂。

2)水溶性有机化合物类:以某些醇类等有机化合物为防冻组分的外加剂。

3)有机化合物与无机盐复合类。

4)复合型防冻剂:以防冻组分复合早强、引气、减水等组分的外加剂。

#### 2. 复合防冻剂作用机理

为提高防冻剂的防冻效果,目前,工程上使用的防冻剂都是复合防冻剂。由防冻组分、早强组分、引气组分、减水组分复合而成。防冻组分降低水的冰点,使水泥在负温下能继续水化;早强组分提高混凝土的早期强度,抵抗水结冰产生的膨胀应力;引气组分引入适量的封闭微气泡,减缓冰胀应力。

#### 3. 防冻剂的选用

(1)在日最低气温为-5~0℃,混凝土采用塑料薄膜和保温材料覆盖养护时,可采用早强剂或早强减水剂。

(2)在日最低气温为-10~-5℃、-15~-10℃、-20~-15℃,采用上述保温措施时,宜分别采用规定温度为-5℃、-10℃、-15℃的防冻剂。

(3)防冻剂的规定温度为按《混凝土防冻剂》(JC 475—2004)规定的试验条

件成型的试件,在恒负温条件下养护的温度。施工使用的最低气温可比规定温度低5℃。

## 八、混凝土膨胀剂

### 1. 定义及分类

(1) 定义

在混凝土硬化过程中因化学作用能使混凝土产生一定体积膨胀的外加剂称为膨胀剂。

(2) 分类

1) 混凝土膨胀剂按水化产物分为:硫铝酸钙类混凝土膨胀剂(A),氧化钙类(C)和硫铝酸钙—氧化钙类(AC)3类。

2) 按限制膨胀率分为Ⅰ型和Ⅱ型。

### 2. 作用机理

现在常用的膨胀剂为硫铝酸钙膨胀剂(CSA)和铝酸钙类膨胀剂,这两类膨胀剂的膨胀机理是:膨胀剂中的硫酸铝钾(或钠)或铝硅酸盐、硫酸钙、无水硫铝酸钙与水泥热料水化产物——氢氧化钙等反应生成水化硫铝酸钙(即钙矾石)或水化铝酸钙而产生体积膨胀。

### 3. 膨胀剂的适用范围

膨胀剂适用范围见表5-9。

表5-9 膨胀剂的使用范围

| 用 途 | 适 用 范 围 |
| --- | --- |
| 补偿收缩混凝土 | 地下、水中、海水中、隧道等构筑物,大体积混凝土(除大坝外)、配筋路面和板、屋面与厕浴间防水、构件补强、渗透修补、预应力混凝土、回填槽等 |
| 填充用膨胀混凝土 | 结构后浇带、隧洞堵头、钢管与隧道之间的填充等 |
| 灌浆用膨胀砂浆 | 机械设备的底座灌浆、地脚螺栓的固定、梁柱接头、构件补强、加固等 |
| 自应力混凝土 | 仅用于常温下使用的自应力钢筋混凝土压力带 |

## 九、混凝土外加剂技术性能

混凝土外加剂技术性能符合下表5-10、表5-11和表5-12。

## 表 5-10 受检混凝土外加剂性能指标

| 项目 | 高性能减水剂 HPWR | | | 高效减水剂 HWR | | 普通减水剂 WR | | | 引气减水剂 AEWR | 泵送剂 PA | 早强剂 Ac | 缓凝型 Rc | 引气剂 AE |
|---|---|---|---|---|---|---|---|---|---|---|---|---|---|
| | 早强型 HPWR-A | 标准型 HPWR-S | 缓凝型 HPWR-R | 标准型 HWR-S | 缓凝型 HWR-R | 早强型 WR-A | 标准型 WR-S | 缓凝型 WR-R | | | | | |
| 减水率(%)≥ | 25 | 25 | 25 | 14 | 14 | 8 | 8 | 8 | 10 | 12 | — | — | 6 |
| 泌水率比(%)≤ | 50 | 60 | 70 | 90 | 100 | 95 | 100 | 100 | 70 | 70 | — | 100 | 70 |
| 含气量(%) | ≤6.0 | ≤6.0 | ≤6.0 | ≤3.0 | ≤4.5 | ≤4.0 | ≤4.0 | ≤5.5 | ≥3.0 | ≤5.5 | — | — | ≥3.0 |
| 凝结时间之差(min) 初凝 | −90~+90 | −90~+120 | >+90 | −90~+120 | >+90 | −90~+90 | −90~+120 | >+90 | −90~+120 | — | −90~+90 | >+90 | −90~+120 |
| 终凝 | — | — | — | — | — | — | — | — | — | — | — | — | — |
| 坍落度(mm) | — | ≤80 | ≤60 | — | — | — | — | — | — | ≤80 | — | — | — |
| 1h经时变化量 含气量(%) | — | — | — | — | — | — | — | — | −1.5~+1.5 | — | — | — | −1.5~+1.5 |

（续）

| 项目 | | 外加剂品种 | | | | | | | | | | | | |
|---|---|---|---|---|---|---|---|---|---|---|---|---|---|---|
| | | 高性能减水剂 HPWR | | | 高效减水剂 HWR | | 普通减水剂 WR | | | 引气减水剂 AEWR | 泵送剂 PA | 早强剂 Ac | 缓凝型 Rc | 引气剂 AE |
| | | 早强型 HPWR-A | 标准型 HPWR-S | 缓凝型 HPWR-R | 标准型 HWR-S | 缓凝型 HWR-R | 早强型 WR-A | 标准型 WR-S | 缓凝型 WR-R | | | | | |
| 抗压强度比(%)≥ | 1d | 180 | 170 | — | 140 | — | 135 | — | — | — | — | 135 | — | — |
| | 2d | 170 | 160 | — | 130 | — | 130 | 115 | — | 115 | — | 130 | — | 95 |
| | 7d | 145 | 150 | 140 | 125 | 125 | 110 | 115 | 110 | 110 | 115 | 110 | 100 | 95 |
| | 28d | 130 | 140 | 130 | 120 | 120 | 100 | 110 | 110 | 100 | 110 | 100 | 100 | 90 |
| 收缩率比(%)≤ | 28d | 110 | 110 | 110 | 135 | 135 | 135 | 135 | 135 | 135 | 135 | 135 | 135 | 135 |
| 相对耐久性(200次,%)≥ | | — | — | — | — | — | — | — | — | 80 | 80 | — | — | 80 |

注：1. 表 5-10 中抗压强度比、收缩率比、相对耐久性为强制性指标，其余为推荐性指标；
2. 除含气量和相对耐久性外，表中所列数据为掺外加剂混凝土与基准混凝土的差值或比值；
3. 凝结时间之差性能指标中的"—"号表示提前，"+"号表示延缓；
4. 相对耐久性(200 次)性能指标中的"≥80"表示将 28d 龄期的受检混凝土试件快速冻融循环 200 次后，动弹性模量保留值≥80%；
5. 1h 含气量经时变化量指标中的"—"号表示含气量增加，"+"号表示含气量减少；
6. 其他品种的外加剂是否需要测定相对耐久性指标，由供需双方协商确定；
7. 当用户对泵送剂等产品有特殊要求时，需要进行的补充试验项目、试验方法及指标由供需双方协商确定。

表 5-11 掺防冻剂混凝土的性能指标

| 序号 | 试验项目 | | 性能指标 | | | | | |
|---|---|---|---|---|---|---|---|---|
| | | | 一等品 | | | 合格品 | | |
| 1 | 减水率(%)≥ | | 10 | | | — | | |
| 2 | 泌水率比(%)≤ | | 80 | | | 100 | | |
| 3 | 含气量(%)≥ | | 2.5 | | | 2.0 | | |
| 4 | 凝结时间差(min) | 初凝<br>终凝 | −150～+150 | | | −210～+210 | | |
| 5 | 抗压强度比(%)≥ | 规定温度(℃) | −5 | −10 | −15 | −5 | −10 | −15 |
| | | $R_{28}$ | 100 | | 95 | 95 | | 90 |
| | | $R_{-7}$ | 20 | 12 | 10 | 20 | 10 | 8 |
| | | $R_{-7+28}$ | 95 | 90 | 85 | 95 | 85 | 80 |
| | | $R_{-7+56}$ | 100 | | | 100 | | |
| 6 | 28d 收缩率比(%)≤ | | 135 | | | | | |
| 7 | 渗透高度比(%) | | ≤100 | | | | | |
| 8 | 50 次冻融强度损失率比(%)≤ | | 100 | | | | | |
| 9 | 对钢筋锈蚀作用 | | 应说明对钢筋无锈蚀作用 | | | | | |

表 5-12 混凝土膨胀剂性能指标

| 项目 | | | 指标数 | |
|---|---|---|---|---|
| | | | Ⅰ型 | Ⅱ型 |
| 化学成分 | 氧化镁含量(%)≤ | | 5.0 | |
| | 总碱含量(%)≤ | | 0.75 | |
| 物理性能 | 细度 | 比表面积($m^2$/kg)≥ | 250 | |
| | | 1.18mm 筛筛余(%)≤ | 0.5 | |
| | 凝结时间 | 初凝时间(min)≥ | 45 | |
| | | 终凝时间(h)≤ | 10 | |
| | 限制膨胀率(%) | 水中 7d≥ | 0.025 | 0.050 |
| | | 空气中 21d≥ | −0.020 | −0.010 |
| | 抗压强度(MPa)≥ | 7d | 20.0 | |
| | | 28d | 40.0 | |

# 第四节 普通混凝土配合比

## 一、基本要求

(1)混凝土配合比设计应经试验确定,并符合下列要求:

1)应满足混凝土配制强度及其他力学性能、拌合物性能、长期性能和耐久性能设计要求的前提下,减少水泥和水的用量。其中混凝土拌合物性能、力学性能、长期性能和耐久性能的试验方法应分别符合现行国家标准《普通混凝土拌合物性能试验方法标准》(GB/T 50080—2002)、《普通混凝土力学性能试验方法标准》(GB/T 50081—2002)和《普通混凝土长期性能和耐久性能试验方法标准》(GB/T 50082—2009)的规定。

2)当有抗冻、抗渗、抗氯离子侵蚀和化学腐蚀等耐久性要求时,尚应符合现行国家标准《混凝土结构耐久性设计规范》(GB/T 50476—2008)的有关规定。

3)应计入环境条件对施工及工程结构的影响;冬期、高温等环境下施工混凝土有其特殊性,其配合比设计应按照不同的温度进行设计,有关参数可按现行行业标准《建筑工程冬期施工规程》(JGJ/T 104—2011)及现行国家标准《混凝土结构工程施工规范》(GB 50666—2011)的有关规定执行。

4)试配所用的原材料应与施工实际使用的原材料一致。

(2)配合比设计所采用的细骨料含水率应<0.5%,粗骨料含水率应<0.2%。

(3)水胶比是混凝土配合比设计的首要参数,控制最大水胶比是保证混凝土耐久性能的重要手段;混凝土的最大水胶比应符合现行国家标准《混凝土结构设计规范》(GB 50010—2010)的规定。

(4)除配制 C15 及其以下强度等级的混凝土外,混凝土的最小胶凝材料用量应符合表 5-13 的规定。

表 5-13 混凝土的最小胶凝材料用量

| 最大水胶比 | 最小胶凝材料用量($kg/m^3$) | | |
|---|---|---|---|
| | 素混凝土 | 钢筋混凝土 | 预应力混凝土 |
| 0.60 | 250 | 280 | 300 |
| 0.55 | 280 | 300 | 300 |
| 0.50 | | 320 | |
| ≤0.45 | | 330 | |

(5)矿物掺合料在混凝土中的掺量应通过试验确定。采用硅酸盐水泥或普通硅酸盐水泥时,钢筋混凝土中矿物掺合料最大掺量宜符合表 5-14 的规定,预应力混凝土中矿物掺合料最大掺量宜符合表 5-15 的规定。

对基础大体积混凝土,粉煤灰、粒化高炉矿渣粉和复合掺合料的最大掺量可增加 5%。采用掺量>30%的 C 类粉煤灰的混凝土应以实际使用的水泥和粉煤灰掺量进行安定性检验。当采用超出表 5-14 和表 5-15 给出的矿物掺合料最大掺量时,全盘否定不妥,通过对混凝土性能进行全面试验论证,证明结构混凝土安全性和耐久性可以满足设计要求后,还是能够采用的。

表 5-14 钢筋混凝土中矿物掺合料最大掺量

| 矿物掺合料种类 | 水胶比 | 最大掺量(%) | |
|---|---|---|---|
| | | 采用硅酸盐水泥时 | 采用普通硅酸盐水泥时 |
| 粉煤灰 | ≤0.40 | 45 | 35 |
| | >0.40 | 40 | 30 |
| 粒化高炉矿渣粉 | ≤0.40 | 65 | 55 |
| | >0.40 | 55 | 45 |
| 钢渣粉 | — | 30 | 20 |
| 磷渣粉 | — | 30 | 20 |
| 硅灰 | — | 10 | 10 |
| 复合掺合料 | ≤0.40 | 65 | 55 |
| | >0.40 | 55 | 45 |

注:1. 采用其他通用硅酸盐水泥时,宜将水泥混合材掺量 20%以上的混合材量计入矿物掺合料;
  2. 复合掺合料各组分的掺量不宜超过单掺时的最大掺量;
  3. 在混合使用两种或两种以上矿物掺合料时,矿物掺合料总掺量应符合表中复合掺合料的规定。

表 5-15 预应力混凝土中矿物掺合料最大掺量

| 矿物掺合料种类 | 水胶比 | 最大掺量(%) | |
|---|---|---|---|
| | | 采用硅酸盐水泥时 | 采用普通硅酸盐水泥时 |
| 粉煤灰 | ≤0.40 | 35 | 30 |
| | >0.40 | 25 | 20 |
| 粒化高炉矿渣粉 | ≤0.40 | 55 | 45 |
| | >0.40 | 45 | 35 |
| 钢渣粉 | — | 20 | 10 |
| 磷渣粉 | — | 20 | 10 |

(续)

| 矿物掺合料种类 | 水胶比 | 最大掺量(%) | |
|---|---|---|---|
| | | 采用硅酸盐水泥时 | 采用普通硅酸盐水泥时 |
| 硅灰 | — | 10 | 10 |
| 复合掺合料 | ≤0.40 | 55 | 45 |
| | >0.40 | 45 | 35 |

注：1. 采用其他通用硅酸盐水泥时，宜将水泥混合材掺量20%以上的混合材量计入矿物掺合料；
    2. 复合掺合料各组分的掺量不宜超过单掺时的最大掺量；
    3. 在混合使用两种或两种以上矿物掺合料时，矿物掺合料总掺量应符合表中复合掺合料的规定。

(6) 混凝土拌合物中水溶性氯离子最大含量应符合表 5-16 的规定，其测试方法应符合现行行业标准《混凝土中氯离子含量检测技术规程》(JGJ/T 322—2013)和《水运工程混凝土试验规程》(JTJ 270—1998)中混凝土拌合物中氯离子含量的快速测定方法的规定。

表 5-16　混凝土拌合物中水溶性氯离子最大含量

| 环境条件 | 水溶性氯离子最大含量(%，水泥用量的质量百分比) | | |
|---|---|---|---|
| | 钢筋混凝土 | 预应力混凝土 | 素混凝土 |
| 干燥环境 | 0.30 | 0.06 | 1.00 |
| 潮湿但不含氯离子的环境 | 0.20 | | |
| 潮湿且含有氯离子的环境、盐渍土环境 | 0.10 | | |
| 除冰盐等侵蚀性物质的腐蚀环境 | 0.06 | | |

(7) 长期处于潮湿或水位变动的寒冷和严寒环境以及盐冻环境的混凝土，应掺用引气剂有利于混凝土的耐久性。引气剂掺量应根据混凝土含气量要求经试验确定，引气量太少作用不够，引气量太多混凝土强度损失较大；混凝土最小含气量应符合表 5-17 的规定，最大不宜超过 7.0%。

表 5-17　混凝土最小含气量

| 粗骨料最大公称粒径(mm) | 混凝土最小含气量(%) | |
|---|---|---|
| | 潮湿或水位变动的寒冷和严寒环境 | 盐冻环境 |
| 40.0 | 4.5 | 5.0 |
| 25.0 | 5.0 | 5.5 |
| 20.0 | 5.5 | 6.0 |

注：含气量为气体占混凝土体积的百分比。

(8)对于有预防混凝土碱骨料反应设计要求的工程,宜掺用适量粉煤灰或其他矿物掺合料,混凝土中最大碱含量≤3.0kg/m³;对于矿物掺合料碱含量,粉煤灰碱含量可取实测值的1/6,粒化高炉矿渣粉碱含量可取实测值的1/2。

## 二、混凝土配制强度的确定

(1)混凝土配制强度对生产施工的混凝土强度应具有充分的保证率,并按下列规定确定:

1)当混凝土的设计强度等级<C60时,配制强度应按式(5-2)确定:

$$f_{cu,0} < f_{cu,k} + 1.645\sigma \tag{5-3}$$

式中:$f_{cu,0}$——混凝土配制强度(MPa);

$f_{cu,k}$——混凝土立方体抗压强度标准值,这里取混凝土的设计强度等级值(MPa);

$\sigma$——混凝土强度标准差(MPa)。

2)当设计强度等级≥C60时,配制强度应按式(5-4)确定:

$$f_{cu,0} \geqslant 1.15 f_{cu,k} \tag{5-4}$$

(2)混凝土强度标准差应按下列规定确定:

1)当具有近1~3个月的同一品种、同一强度等级混凝土的强度资料,且试件组数≥30时,其混凝土强度标准差$\sigma$应按式(5-5)计算:

$$\sigma = \sqrt{\frac{\sum_{i=1}^{n} f_{cu,i}^2 - nm_{f_{cu}}^2}{n-1}} \tag{5-5}$$

式中:$\sigma$——混凝土强度标准差(MPa);

$f_{cu,i}$——第$i$组的试件强度(MPa);

$m_{f_{cu}}$——$n$组试件的强度平均值(MPa);

$n$——试件组数。

对于强度等级≤C30的混凝土,当混凝土强度标准差计算值≥3.0MPa时,应按式(5-5)计算结果取值;当混凝土强度标准差计算值<3.0MPa时,应取3.0MPa。对于强度等级>C30且<C60的混凝土,当混凝土强度标准差计算值≥4.0MPa时,应按式(5-5)计算结果取值;当混凝土强度标准差计算值<4.0MPa时,应取4.0MPa。

2)当没有近期的同一品种、同一强度等级混凝土强度资料时,其强度标准差$\sigma$可按表5-18取值。

表5-18 标准差$\sigma$值(MPa)

| 混凝土强度标准值 | ≤C20 | C25~C45 | C50~C55 |
|---|---|---|---|
| $\Sigma$ | 4.0 | 5.0 | 6.0 |

### 三、配合比计算

**1. 水胶比的计算**

(1)当混凝土强度等级小于C60时,混凝土水胶比宜按式(5-6)计算:

$$W/B = \frac{\alpha_a f_b}{f_{cu,0} + \alpha_a \alpha_b f_b} \tag{5-6}$$

式中:$W/B$——混凝土水胶比;

$\alpha_a$、$\alpha_b$——回归系数,按节第2条的规定取值;

$f_b$——胶凝材料28d胶砂抗压强度(MPa),可实测,且试验方法应按现行国家标准《水泥胶砂强度检验方法(ISO法)》(GB/T 17671)执行。

(2)回归系数($\alpha_a$、$\alpha_b$)宜按下列规定确定:

1)根据工程所使用的原材料,通过试验建立的水胶比与混凝土强度关系式来确定。

2)当不具备上述试验统计资料时,可按表5-19选用。

表5-19 回归系数($\alpha_a$、$\alpha_b$)取值表

| 系数 | 粗骨料品种 碎石 | 卵石 |
| --- | --- | --- |
| $\alpha_a$ | 0.53 | 0.49 |
| $\alpha_b$ | 0.20 | 0.13 |

(3)当胶凝材料28d胶砂抗压强度值($f_b$)无实测值时,可按式(5-7)计算:

$$f_b = \gamma_f \gamma_s f_{ce} \tag{5-7}$$

式中:$\gamma_f$、$\gamma_s$——粉煤灰影响系数和粒化高炉矿渣粉影响系数,可按表5-20选用;

$f_{ce}$——水泥28d胶砂抗压强度(MPa)。

表5-20 粉煤灰影响系数($\gamma_f$)和粒化高炉矿渣粉影响系数($\gamma_s$)

| 掺量(%) | 种类 粉煤灰影响系数($\gamma_f$) | 粒化高炉矿渣粉影响系数($\gamma_s$) |
| --- | --- | --- |
| 0 | 1.00 | 1.00 |
| 10 | 0.85~0.95 | 1.00 |
| 20 | 0.75~0.85 | 0.95~1.00 |
| 30 | 0.65~0.75 | 0.90~1.00 |

（续）

| 种类<br>掺量(%) | 粉煤灰影响系数($\gamma_f$) | 粒化高炉矿渣粉影响系数($\gamma_s$) |
|---|---|---|
| 40 | 0.55～0.65 | 0.80～0.90 |
| 50 | — | 0.70～0.85 |

注：1. 采用Ⅰ级、Ⅱ级粉煤灰宜取上限值；
　　2. 采用S75级粒化高炉矿渣粉宜取下限值，采用S95级粒化高炉矿渣粉宜取上限值，采用S105级粒化高炉矿渣粉可取上限值加0.05；
　　3. 当超出表中的掺量时，粉煤灰和粒化高炉矿渣粉影响系数应经试验确定。

(4) 当水泥28d胶砂抗压强度($f_{ce}$)无实测值时，可按式(5-8)计算：

$$f_{ce} = \gamma_c f_{ce,g} \tag{5-8}$$

式中：$\gamma_c$——水泥强度等级值的富余系数，可按实际统计资料确定，当缺乏实际统计资料时，也可按表5-21选用；

$f_{ce,g}$——水泥强度等级值(MPa)。

表5-21　水泥强度等级值的富余系数($\gamma_c$)

| 水泥强度等级值 | 32.5 | 42.5 | 52.5 |
|---|---|---|---|
| 富余系数 | 1.12 | 1.16 | 1.10 |

## 2. 用水量和外加剂用量的计算

(1) 每立方米干硬性或塑性混凝土的用水量($m_{w0}$)应符合下列规定：

1) 混凝土水胶比在0.40～0.80范围时，可按表5-22和表5-23选取。

2) 混凝土水胶比<0.40时，可通过试验确定。

表5-22　干硬性混凝土的用水量(kg/m³)

| 拌合物稠度 | | 卵石最大公称粒径(mm) | | | 碎石最大公称粒径(mm) | | |
|---|---|---|---|---|---|---|---|
| 项目 | 指标 | 10.0 | 20.0 | 40.0 | 16.0 | 20.0 | 40.0 |
| 维勃稠度(s) | 16～20 | 175 | 160 | 145 | 180 | 170 | 155 |
| | 11～15 | 180 | 165 | 150 | 185 | 175 | 160 |
| | 5～10 | 185 | 170 | 155 | 190 | 180 | 165 |

表5-23　塑性混凝土的用水量(kg/m³)

| 拌合物稠度 | | 卵石最大公称粒径(mm) | | | | 碎石最大公称粒径(mm) | | | |
|---|---|---|---|---|---|---|---|---|---|
| 项目 | 指标 | 10.0 | 20.0 | 31.5 | 40.0 | 16.0 | 20.0 | 31.5 | 40.0 |
| 坍落度(mm) | 10～30 | 190 | 170 | 160 | 150 | 200 | 185 | 175 | 165 |
| | 35～50 | 200 | 180 | 170 | 160 | 210 | 195 | 185 | 175 |

(续)

| 项目 | 拌合物稠度 指标 | 卵石最大公称粒径(mm) | | | | 碎石最大公称粒径(mm) | | | |
|---|---|---|---|---|---|---|---|---|---|
| | | 10.0 | 20.0 | 31.5 | 40.0 | 16.0 | 20.0 | 31.5 | 40.0 |
| 坍落度 (mm) | 55~70 | 210 | 190 | 180 | 170 | 220 | 205 | 195 | 185 |
| | 75~90 | 215 | 195 | 185 | 175 | 230 | 215 | 205 | 195 |

注：1. 本表用水量系采用中砂时的取值。采用细砂时，每立方米混凝土用水量可增加 5~10kg；采用粗砂时，可减少 5~10kg；
  2. 掺用矿物掺合料和外加剂时，用水量应相应调整。

(2)掺外加剂(特指具有减水功能的外加剂)时，每立方米流动性或大流动性混凝土的用水量($m_{w0}$)可按式(5-9)计算：

$$m_{w0} = m'_{w0}(1-\beta) \tag{5-9}$$

式中：$m_{w0}$——计算配合比每立方米混凝土的用水量(kg/m³)；

  $m'_{w0}$——未掺外加剂时推定的满足实际坍落度要求的每立方米混凝土用水量(kg/m³)，以表 5-18 中 90mm 坍落度的用水量为基础，按每增大 20mm 坍落度相应增加 5kg/m³ 用水量来计算，当坍落度增大到 180mm 以上时，随坍落度相应增加的用水量可减少；

  $\beta$——外加剂的减水率(%)，应经混凝土试验确定。

(3)每立方米混凝土中外加剂用量($m_{a0}$)应按式(5-10)计算：

$$m_{a0} = m_{b0}\beta_a \tag{5-10}$$

式中：$m_{a0}$——计算配合比每立方米混凝土中外加剂用量(kg/m³)；

  $m_{b0}$——计算配合比每立方米混凝土中胶凝材料用量(kg/m³)；

  $\beta_a$——外加剂掺量(%)，应经混凝土试验确定。

**3. 胶凝材料、矿物掺合料和水泥用量的计算**

(1)每立方米混凝土的胶凝材料用量($m_{b0}$)应按式(5-11)计算，并应进行试拌调整，在拌合物性能满足的情况下，取经济合理的胶凝材料用量。

$$m_{b0} = \frac{m_{w0}}{W/B} \tag{5-11}$$

式中：$m_{b0}$——计算配合比每立方米混凝土中胶凝材料用量(kg/m³)；

  $m_{w0}$——计算配合比每立方米混凝土的用水量(kg/m³)；

  $W/B$——混凝土水胶比。

(2)每立方米混凝土的矿物掺合料用量($m_{f0}$)应按式(5-12)计算，并要在试配过程中调整验证：

$$m_{f0} = m_{b0}\beta_f \tag{5-12}$$

式中：$m_{f0}$——计算配合比每立方米混凝土中矿物掺合料用量(kg/m³)；

$\beta_f$——矿物掺合料掺量(%)。

(3)每立方米混凝土的水泥用量($m_{c0}$)应按式(5-13)计算,并要在试配过程中调整验证:

$$m_{c0} = m_{b0} - m_{f0} \qquad (5-13)$$

式中:$m_{c0}$——计算配合比每立方米混凝土中水泥用量(kg/m³)。

### 4. 砂率的计算

(1)砂率($\beta_s$)应根据骨料的技术指标、混凝土拌合物性能和施工要求,参考既有历史资料确定。

(2)当缺乏砂率的历史资料时,混凝土砂率的确定应符合下列规定:

1)坍落度＜10mm 的混凝土,其砂率应经试验确定。

2)坍落度为 10～60mm 的混凝土,其砂率可根据粗骨料品种、最大公称粒径及水胶比按表 5-19 选取。

3)坍落度＞60mm 的混凝土,其砂率可经试验确定,也可在表 5-24 的基础上,按坍落度每增大 20mm,砂率增大 1%的幅度予以调整。

表 5-24 混凝土的砂率(%)

| 水胶比 | 卵石最大公称粒径(mm) | | | 碎石最大公称粒径(mm) | | |
| --- | --- | --- | --- | --- | --- | --- |
| | 10.0 | 20.0 | 40.0 | 16.0 | 20.0 | 40.0 |
| 0.40 | 26～32 | 25～31 | 24～30 | 30～35 | 29～34 | 27～32 |
| 0.50 | 30～35 | 29～34 | 28～33 | 33～38 | 32～37 | 30～35 |
| 0.60 | 33～38 | 32～37 | 31～36 | 36～41 | 35～40 | 33～38 |
| 0.70 | 36～41 | 35～40 | 34～39 | 39～44 | 38～43 | 36～41 |

注:1. 本表数值系中砂的选用砂率,对细砂或粗砂,可相应地减少或增大砂率;
　　2. 采用人工砂配制混凝土时,砂率可适当增大;
　　3. 只用一个单粒级粗骨料配制混凝土时,砂率应适当增大。

### 5. 粗细骨料用量的计算

(1)当采用质量法计算混凝土配合比时,粗、细骨料用量应按式(5-14)计算;砂率应按式(5-15)计算:

$$m_{cp} = m_{f0} + m_{c0} + m_{g0} + m_{s0} + m_{w0} \qquad (5-14)$$

$$\beta_s = \frac{m_{s0}}{m_{g0} + m_{s0}} \times 100\% \qquad (5-15)$$

式中:$\beta_s$——砂率(%);

$m_{g0}$——计算配合比每立方米混凝土的粗骨料用量(kg/m³);

$m_{s0}$——计算配合比每立方米混凝土的细骨料用量(kg/m³);

$m_{cp}$——每立方米混凝土拌合物的假定质量（kg），可取 2350kg/m³ ~ 2450kg/m³。

(2)当采用体积法计算混凝土配合比时，砂率应按公式(5-15)计算，粗、细骨料用量应按公式(5-16)计算：

$$\frac{m_{c0}}{\rho_c}+\frac{m_{f0}}{\rho_f}+\frac{m_{g0}}{\rho_g}+\frac{m_{s0}}{\rho_s}+\frac{m_{w0}}{\rho_w}+0.01\alpha=1 \qquad (5\text{-}16)$$

式中：$\rho_c$——水泥密度(kg/m³)，可按现行国家标准《水泥密度测定方法》(GB/T 208—2014)测定，也可取 2900kg/m³ ~ 3100kg/m³；

$\rho_f$——矿物掺合料密度(kg/m³)，可按现行国家标准《水泥密度测定方法》(GB/T 208—2014)测定；

$\rho_g$——粗骨料的表观密度(kg/m³)，应按现行行业标准《普通混凝土用砂、石质量及检验方法标准》(JGJ 52—2006)测定；

$\rho_s$——细骨料的表观密度(kg/m³)，应按现行行业标准《普通混凝土用砂、石质量及检验方法标准》(JGJ 52—2006)测定；

$\rho_w$——水的密度(kg/m³)，可取 1000kg/m³；

$\alpha$——混凝土的含气量百分数，在不使用引气剂或引气型外加剂时，$\alpha$ 可取 1。

## 四、混凝土配合比的试配、调整与确定

### 1. 试配

(1)混凝土试配应采用强制式搅拌机进行搅拌，并应符合现行行业标准《混凝土试验用搅拌机》(JG 244—2009)的规定，搅拌方法宜与施工采用的方法相同。

(2)试验室成型条件应符合现行国家标准《普通混凝土拌合物性能试验方法标准》(GB/T 50080—2002)的规定。

(3)每盘混凝土试配的最小搅拌量应符合表 5-25 的规定，并不应小于搅拌机公称容量的 1/4 且不应大于搅拌机公称容量。

表 5-25 混凝土试配的最小搅拌量

| 粗骨料最大公称粒径(mm) | 拌合物数量(L) |
| --- | --- |
| ≤31.5 | 20 |
| 40.0 | 25 |

(4)在计算配合比的基础上应进行试拌，调整混凝土拌合物。计算水胶比宜保持不变，尽量采用较少的胶凝材料用量，以节约胶凝材料为原则，并应通过调

整配合比其他参数使混凝土拌合物坍落度及和易性等性能符合设计和施工要求,然后修正计算配合比,提出试拌配合比。

(5)在试拌配合比的基础上应进行混凝土强度试验,并应符合下列规定：

1)应采用 3 个不同的配合比,其中一个应为上面第 4 条确定的试拌配合比,另外两个配合比的水胶比宜比试拌配合比分别增加和减少 0.05,用水量应与试拌配合比相同,砂率可分别增加和减少 1%。

2)进行混凝土强度试验时,拌合物性能应符合设计和施工要求。

3)进行混凝土强度试验时,每个配合比应至少制作一组试件,并应标准养护到 28d 或设计规定龄期时试压。

### 2. 配合比的调整与确定

(1)配合比调整应符合下列规定：

1)根据前面第 5 条混凝土强度试验结果,宜绘制强度和胶水比的线性关系图或插值法确定略大于配制强度对应的胶水比;也可以直接采用前述 3 个水胶比混凝土强度试验中一个满足配制强度的胶水比作进一步配合比调整,虽然相对比较简明,但有时可能强度富余较多,经济代价略高。

2)在试拌配合比的基础上,用水量($m_w$)和外加剂用量($m_a$)应根据确定的水胶比作调整。

3)胶凝材料用量($m_b$)应以用水量乘以确定的胶水比计算得出。

4)粗骨料和细骨料用量($m_g$ 和 $m_s$)应根据用水量和胶凝材料用量进行调整。

(2)混凝土拌合物表观密度和配合比校正系数的计算应符合下列规定：

1)配合比调整后的混凝土拌合物的表观密度应按式(5-17)计算：

$$\rho_{c,c} = m_c + m_f + m_g + m_s + m_w \qquad (5\text{-}17)$$

式中：$\rho_{c,c}$——混凝土拌合物的表观密度计算值(kg/m³)；

$m_c$——每立方米混凝土的水泥用量(kg/m³)；

$m_f$——每立方米混凝土的矿物掺合料用量(kg/m³)；

$m_g$——每立方米混凝土的粗骨料用量(kg/m³)；

$m_s$——每立方米混凝土的细骨料用量(kg/m³)；

$m_w$——每立方米混凝土的用水量(kg/m³)。

2)混凝土配合比校正系数应按式(5-18)计算：

$$\delta = \frac{\rho_{c,t}}{\rho_{c,c}} \qquad (5\text{-}18)$$

式中：$\delta$——混凝土配合比校正系数；

$\rho_{c,t}$——混凝土拌合物的表观密度实测值(kg/m³)。

(3)当混凝土拌合物表观密度实测值与计算值之差的绝对值不超过计算值

的2%时,按第1条调整的配合比可维持不变;当二者之差超过2%时,应将配合比中每项材料用量均乘以校正系数($\delta$)。

(4)配合比调整后,应测定拌合物水溶性氯离子含量,试验结果应符合表5-16的规定。

(5)对耐久性有设计要求的混凝土应进行相关耐久性试验验证。

(6)生产单位可根据常用材料设计出常用的混凝土配合比备用,并应在启用过程中予以验证或调整。遇有下列情况之一时,应重新进行配合比设计:

1)当混凝土性能指标有变化或对混凝土性能有特殊要求时。

2)当原材料品质发生显著改变时。

3)同一配合比的混凝土生产间断3个月以上时。

## 第五节 其他混凝土

### 一、防水混凝土

**1. 定义及分类**

防水混凝土是以调整混凝土的配合比、掺外加剂或使用新品种水泥等方法提高自身的密实性、憎水性和抗渗性,使其满足抗渗压力大于0.6MPa的不透水性混凝土。一般可分为普通防水混凝土、外加剂防水混凝土和特种水泥防水混凝土3大类。主要用于水工工程、地下基础工程、屋面防水工程等。

**2. 普通防水混凝土**

普通防水混凝土是以调整配合比的方法来提高自身密实性和抗渗性的一种混凝土。它是通过采用较小的水胶比,以减少毛细孔的数量和孔径。适当提高胶凝材料用量、砂率和胶砂比,在粗集料周围形成品质良好的和足够数量的砂浆包裹层,使粗集料彼此隔离,以隔断粗集料与砂浆界面的互相连通的渗水孔网。采用较小的集料粒径(≤40mm),以减小沉降孔隙。保证搅拌、浇筑、振捣和养护的施工质量,以防止和减少施工孔隙,达到防水目的。由于普通防水混凝土的配制工艺简单、成本低廉、质量可靠,已广泛应用于地上、地下防水工程。

**3. 外加剂防水混凝土**

外加剂防水混凝土是通过掺加适当品种和数量的外加剂。隔断或堵塞混凝土中各种孔隙、裂缝和渗水通道,以改善混凝土内部结构,提高其抗渗性能。这种方法对原材料没有特殊要求,也不需要增加水泥用量,比较经济,效果良好,因而使用很广泛。

(1)引气剂防水混凝土

引气剂可以显著降低混凝土拌和用水的表面张力,通过搅拌,在混凝土拌和物中产生大量稳定、微小、均匀、密闭的气泡。这些气泡在拌和物中,可起类似滚珠的作用,从而改善拌和物的和易性,使混凝土更易于密实。同时这些气泡在混凝土中,填充了混凝土中的空隙,阻断了混凝土中毛细管通道,使外界水分不易渗入混凝土内部。而且引气剂分子在毛细管壁上,会形成一层憎水性薄膜,削弱了毛细管的引水作用,可提高混凝土的抗渗能力。

引气剂的掺量要严格控制,应保证混凝土既能满足抗渗性要求,同时又能满足强度要求。通常以控制混凝土的含气量在3％～6％为佳。

搅拌是生成气泡的必要条件,搅拌时间对混凝土含气量有明显影响。搅拌时间过短,不能形成均匀、分散的微小气泡;搅拌时间过长,则气泡壁愈来愈薄,易使微小气泡破坏而产生大气泡,搅拌时间过短或过长,都会降低抗渗性,一般搅拌时间以 2～3min 为宜。

(2)三乙醇胺防水混凝土

这种混凝土是以掺入微量的早强防水剂三乙醇胺拌制而成的。三乙醇胺掺入混凝土中后,可加速水泥的水化,使早期生成的水化产物较多,相应地减少了毛细孔率,从而提高混凝土的抗渗性。如与氯化钠、亚硝酸钠等无机盐复合使用,这些无机盐在水泥水化过程中,会分别生成氯铝酸盐和亚硝酸铝酸盐类络合物,这些络合物生成时会发生体积膨胀,从而堵塞混凝土内部的孔隙,切断毛细管通道,有利于提高混凝土的密实度、抗渗性和早期强度。

(3)密实剂防水混凝土

密实剂防水混凝土是在混凝土拌和物中加入一定数量的密实剂(氯化铁、氢氧化铁和氢氧化铝的溶液)拌制而成的。氯化铁与混凝土中的氢氧化钙反应会生成氢氧化铁胶体,堵塞于混凝土的孔隙中,从而提高混凝土的密实性。氢氧化铝或氢氧化铁溶液是不溶于水的胶状物质,能沉淀于毛细孔中,使毛细孔的孔径变小,或阻塞毛细孔,从而提高混凝土的密实度和抗渗性。密实剂防水混凝土不但大量用于水池、水塔、地下室以及一些水下工程。而且也广泛用于地下闭水工程的砂浆抹面及大面积的修补堵漏。密实剂防水混凝土还可代替金属作煤气管和油罐等。

(4)减水剂防水混凝土

混凝土中掺入常用的普通减水剂或高效减水剂,在和易性相同的情况下,可大幅度地减少拌和用水量,从而降低水灰比,大大减少由于早期蒸发水和泌水而形成的毛细孔通道,并细化孔径、改善孔结构,提高混凝土密实性,增强混凝土抗渗性。如采用引气减水剂(如木钙),则防水效果更佳,是配制高抗渗性混凝土的

#### 4. 特种水泥防水混凝土

采用膨胀水泥、收缩补偿水泥、硫铝酸盐水泥等特种水泥来配制防水混凝土，其原理是依靠早期形成的大量钙矾石、氢氧化钙等晶体和大量凝胶，填充孔隙空间，形成致密结构，并改善混凝土的收缩变形性能，从而提高混凝土的抗裂和抗渗性能。

由于特种水泥生产量小、价格高，目前直接采用特种水泥配制防水混凝土的方法尚不普遍。施工现场常采用普通水泥加膨胀剂（如 UEA）的方法来制备防水混凝土。掺膨胀剂的混凝土需适当延长搅拌时间，并加强混凝土 14d 内的湿养护。

### 二、高强混凝土

#### 1. 定义

高强混凝土，是指抗压强度达到或超过 50MPa 的混凝土。

#### 2. 原材料技术要求

（1）水泥

由于高强混凝土需要加入高效外加剂和优质矿物掺和料，因此应选用硅酸盐水泥或普通硅酸盐水泥。水泥的强度等级，按混凝土的设计强度不同，应尽可能采用高的，一般不能低于 42.5 级。

所选水泥的质量要稳定，各项物理性能和化学成分应符合标准要求，并应避免有过大波动。

（2）集料

应选用质地坚硬、级配、粒型良好和有害物含量低的集料。

粗集料的最大粒径，对于 C60 级的混凝土≤31.5mm，对于＞C60 级的混凝土≤25mm。粗集料中，针片状颗粒含量≤5.0%，含泥量≤0.5%，泥块含量≤0.2%。其他质量指标应符合现行标准规定。

细集料的细度模数宜＞2.6，含泥量≤2.0%，泥块含量≤0.5%。其他质量指标应符合现行标准规定。

（3）外加剂

减水剂是高强混凝土的特征组分，宜采用减水率在 20% 以上的高效减水剂，如聚羧酸盐类和氨基磺酸盐类新型高效减水剂。由于复合型减水剂发展很快，应根据工程环境、结构条件及施工方法等要求，选用适宜的品种，如缓凝高效减水剂，高强混凝土泵送剂等。

(4)矿物掺和料

优质的矿物掺和料,已作为高强混凝土的必加组分。具有一定细度和活性的矿物类掺和料,在加入的新拌混凝土中,能调整水泥颗粒级配,起到增密、增塑、减水效果和火山灰效应,尤其是改善了凝胶体与集料的界面相结构,提高界面的效能。这些都对混凝土的增强和改性起到重要作用。

优质矿物掺和料的资源丰富,目前已发布国家标准的产品有:磨细矿渣、磨细粉煤灰、磨细天然沸石和硅灰4种。这些专门加工、性能达标的产品,不同于一般用的掺和料,现已正名为矿物外加剂。

加入品种、成分或掺量不同的矿物掺和料,对混凝土的增强、改性会有较大差异,应按混凝土的强度等级和其他性能的要求慎重选择,并通过试验确定。许多研究成果表明,采用一种以上的矿物掺和料,比单一使用有更加明显的效能。

3. 高强混凝土的特点

(1)早期强度增进快

由于高强混凝土的胶凝材料用量较多,水泥的强度等级较高,以及采用高效减水剂等原故,其强度的增进率与普通混凝土相比,早期、中期都较快,而后期则较慢。

(2)弹性模量略高

高强混凝土的弹性模量,比普通混凝土的略高,且随其强度等级的提高而加大高出量。

(3)干缩与徐变

在一般情况下,高强混凝土在早期的干缩与徐变,都比普通混凝土的大些,但随龄期的增加,可以与普通混凝土持平,甚或低些。这与高强混凝土的组成材料、配合比紧密相关,其中浆体体积和水胶比,是影响收缩与徐变的主因。

(4)耐久性提高

由于高强混凝土采取了诸多增密措施,其抗渗性、抗冻性及抗侵蚀性等,都优于普通混凝土。

## 三、轻混凝土

1. 定义及分类

容重不大于$1900kg/m^3$的混凝土的统称。轻混凝土按其孔隙结构分为:轻集料混凝土(即多孔集料轻混凝土)、多孔混凝土(主要包括加气混凝土和泡沫混凝土等)和大孔混凝土(即无砂混凝土或少砂混凝土)。轻混凝土与普通混凝土相比,其最大特点是容重轻、具有良好的保温性能。

## 2. 轻集料混凝土

(1) 轻集料分类

1) 按其来源可分为天然轻集料,天然多孔岩石加工而成的天然轻集料(如浮石、火山渣等);人造轻集料以地方材料为原料加工而成的人造轻集料(如页岩陶粒、膨胀珍珠岩等);工业废料轻骨料以工业废渣为原料加工而成的轻集料(如粉煤灰陶粒、膨胀矿渣、自燃煤矸石等)。

2) 轻粗集料按其粒型可分为圆球型的,如粉煤灰陶粒和磨细成球的页岩陶粒等;普通型的,如页岩陶粒、膨胀珍珠岩等;碎石型的,如浮石、自然煤矸石和煤渣等。

(2) 轻集料混凝土的技术性能

1) 轻集料混凝土的和易性

轻集料具有颗粒体积密度小、表面粗糙、吸水性强等特点,因此其拌和物的和易性与普通混凝土有明显的不同。轻集料混凝土拌和物粘聚性和保水性好,但流动性较差。若加大流动性则集料上浮、易离析。同普通混凝土一样,轻集料混凝土的流动性主要决定于用水量。由于集料吸水率大,因而拌和物的用水量应由两部分组成,一部分为使拌和物获得要求流动性的水量,称为净用水量;另一部分为轻集料 1h 吸水量,称为附加水量。

2) 轻集料混凝土的强度

轻集料混凝土的强度等级按其立方体抗压强度标准值划分,共分为 LC15、LC20、LC25、LC30、LC35、LC40、LC45、LC50、LC55、LC60 10 个等级。

影响轻集料混凝土强度的主要因素与普通混凝土基本相同,即水泥强度、水胶比与集料特征。由于轻集料强度较低,因此轻集料混凝土的强度受集料强度的限制。可见,选择适当强度等级的轻集料来配制混凝土是最经济的。

3) 轻集料混凝土的热工性能

轻集料混凝土有着良好的保温隔热性能。随体积密度增大,导热系数提高。由于轻集料混凝土既有一定的强度,又有良好的保温性能,因此扩大了使用范围,轻集料混凝土按其用途可分为保温、结构保温和结构 3 大类,见表 5-26。

表 5-26 轻集料混凝土按用途分类

| 类别名称 | 混凝土强度等级的合理范围 | 混凝土密度级的合理范围($kg/m^3$) | 用途 |
| --- | --- | --- | --- |
| 保温轻集料混凝土 | LC5.0 | ≤800 | 主要用于保温的围护结构或热工构筑物 |
| 结构保温轻集料混凝土 | LC5.0<br>LC7.5<br>LC10<br>LC15 | 800~1400 | 主要用于既承重又保温的围护结构 |

(续)

| 类别名称 | 混凝土强度等级的合理范围 | 混凝土密度级的合理范围(kg/m³) | 用途 |
| --- | --- | --- | --- |
| 结构轻集料混凝土 | LC15<br>LC20<br>LC25<br>LC30<br>LC35<br>LC40<br>LC45<br>LC50<br>LC55<br>LC60 | 1400～1900 | 主要用于承重或构件或构筑物 |

4) 轻集料混凝土的变形性

轻集料混凝土的弹性模量小,比普通混凝土低约 25%～50%,因此受力变形较大,其结构有良好的抗震性能。若以普通砂代替轻砂,可使弹性模量提高。

**3. 多孔混凝土**

(1) 定义及分类

多孔混凝土是一种不用集料,其内部充满大量细小封闭气孔的混凝土。根据气孔产生的方法不同,多孔混凝土有加气混凝土和泡沫混凝土两种。多孔混凝土具有孔隙率大、体积密度小、导热系数低等特点,是一种轻质材料,兼有结构及保温隔热等功能。

(2) 加气混凝土

加气混凝土是用含钙材料(水泥、石灰)、含硅材料(石英砂、粉煤灰、尾矿粉、粒化高炉矿渣等)和发气剂(铝粉等)等原料,经磨细、配料、搅拌、浇筑、发气、静停、切割、压蒸养护等工序生产而成。铝粉在料浆中与 $Ca(OH)_2$ 发生化学反应,放出 $H_2$ 形成气泡使料浆中形成多孔结构。料浆在高压蒸汽养护下,含钙材料与含硅材料发生反应,生成水化硅酸钙,使坯体具有强度。加气混凝土的质量指标包括体积密度和强度。一般,体积密度越大,孔隙率越小,强度越高,但保温性能越差。

目前,加气混凝土制品主要有砌块和条板两种。砌块可用作 3 层或 3 层以下房屋的承重墙,也可作为工业厂房、多层、高层框架结构的非承重填充墙及外墙保温。配有钢筋的加气混凝土条板可作为承重和保温合一的屋面板。加气混凝土还可以与普通混凝土预制成复合板,用于外墙兼有承重和保温作用。由于加气混凝土能利用工业废料,产品成本较低,体积密度小降低了建筑物自重,保温效果好,因此具有较好的技术经济效果。

**(3)泡沫混凝土**

泡沫混凝土是加气混凝土中的一个特殊品种,它的孔结构和材料性能都接近于加气混凝土,只是加气手段与气孔形状不同。加气混凝土气孔一般是椭圆形的,而泡沫混凝土受毛细孔作用的影响,产生变形,形成多面体。由于泡沫混凝土中含有大量封闭的孔隙,使混凝土轻质化和保温隔热化,具有良好的物理力学性能。泡沫混凝土可现场浇注施工,与主体工程结合紧密,整体性能好。

**4. 大孔混凝土**

大孔混凝土是以粗集料、水泥和水配制而成的一种混凝土。它可分为无砂大孔混凝土和少砂大孔混凝土。大孔混凝土的粗集料可采用普通石子,也可采用轻粗集料制得。大孔混凝土的强度和体积密度与集料的品种及其级配有关。普通大孔混凝土的体积密度为 $1500 \sim 1950 kg/m^3$,抗压强度为 $3.5 \sim 10 MPa$,可用作承重及保温外墙体。

大孔混凝土导热系数小,保温性能好,吸湿性小,干缩小,抗冻可达 $15 \sim 25$ 次,水泥用量小(每立方米混凝土只用 $150 \sim 200 kg$,故成本低)。

大孔混凝土可用于制作墙体用的小型空心砌块和各种板材,以及现浇墙体。还可以制成滤水管、滤水板等,广泛用于市政工程。

## 四、清水混凝土

**1. 定义及分类**

(1)定义

清水混凝土又称装饰混凝土。它属于一次浇注成型,不做任何外装饰,直接采用现浇混凝土的自然表面效果作为饰面,因此不同于普通混凝土,它表面平整光滑、色泽均匀、棱角分明、无碰损和污染,只是在表面涂一层或两层透明的保护剂。

(2)分类

清水混凝土可分为普通清水混凝土、饰面清水混凝土和装饰清水混凝土。

**2. 清水混凝土技术要点**

(1)施工工艺

由于清水混凝土对施工工艺要求很高,因此与普通混凝土的施工有很大的不同,具体表现在:每次打水泥必须先打料块,对比前次色彩,通过仪器检测后才可继续打,必须振捣均匀,施工温度要求十分严格,适合在 $4 \sim 10$ 月间施工。

对施工人员的现场管理也十分重要,每一道工序都必须仔细;由于清水混凝土一次浇注完成,不可更改的特性,与墙体相连的门窗洞口和各种构件、埋件须提前准确设计与定位,与土建施工同时预埋铺设。由于没有外墙垫层和抹灰层,施工人员必须为门窗等构件的安装预留槽口,并且清水墙体上若安装雨水管,通风口等外露节点也须设计好与明缝等的交接。

(2)施工技术要点

混凝土配合比设计和原材料质量控制每块混凝土所用的水泥配合比要严格一致;新拌混凝土须具有极好的工作性和粘聚性,绝对不允许出现分层离析的现象;原材料产地必须统一,所用水泥尽可能用同一厂家同一批次的,砂、石的色泽和颗粒级配均匀。

(3)模板工程

清水混凝土施工用的模板要求十分严格,需要根据建筑物进行设计定做,且所用模板多数为一次性的,成本较高,转角、梁与柱接头等重要部位最好使用进口模板。

模板必须具有足够的刚度,在混凝土侧压力作用下不允许有一点变形,以保证结构物的几何尺寸均匀、断面的一致,防止浆体流失;对模板的材料也有很高的要求,表面要平整光洁,强度高、耐腐蚀,并具有一定的吸水性;对模板的接缝和固定模板的螺栓等,则要求接缝严密,要加密封条防止跑浆。

## 五、大体积混凝土

### 1. 定义

混凝土结构物实体最小几何尺寸不小于 1m 的大体量混凝土,或预计会因混凝土中胶凝材料水化引起的温度变化和收缩而导致有害裂缝产生的混凝土。

### 2. 原材料的选择

(1)粗骨料宜采用连续级配,细骨料宜采用中砂。

(2)外加剂宜采用缓凝剂、减水剂;掺合料宜采用粉煤灰、矿渣粉等。

(3)大体积混凝土在保证混凝土强度及坍落度要求的前提下,应提高掺合料及骨料的含量,以降低单方混凝土的水泥用量。

(4)水泥应尽量选用水化热低、凝结时间长的水泥,优先采用中热硅酸盐水泥、低热矿渣硅酸盐水泥、大坝水泥、矿渣硅酸盐水泥、粉煤灰硅酸盐水泥、火山灰质硅酸盐水泥等。

### 3. 大体积混凝土裂缝产生的原因

(1)水泥水化热

水泥在水化过程中要产生大量的热量,是大体积砼内部热量的主要来源。由于大体积砼截面厚度大,水化热聚集在结构内部不易散失,使砼内部的温度升高。混凝土内部的最高温度,大多发生在浇筑后的 3~5d,当混凝土的内部与表面温差过大时,就会产生温度应力和温度变形。温度应力与温差成比,温差越大,温度应力也越大。当砼的抗拉强度不足以抵抗该温度应力时,便开始产生温度裂缝。这就是大体积砼容易产生裂缝的主要原因。

(2)约束条件

大体积钢筋砼与地基浇筑在一起,当早期温度上升时产生的膨胀变形受到下部地基的约束而形成压应力。由于砼的弹性模量小,徐变和应力松弛度大,使混凝土与地基连接不牢固,因而压应力较小。但当温度下降时,产生较大的拉应力,若超过混凝土的抗拉强度,混凝土就会出现垂直裂缝。

(3)外界气温变化

大体积砼在施工期间,外界气温的变化对大体积砼的开裂有重大影响。砼内部温度是由浇筑温度、水泥水化热的绝热温度和砼的散热温度三者的叠加。外界温度越高,砼的浇筑温度也越高。外界温度下降,尤其是骤降,大大增加外层砼与砼内部的温度梯度,产生温差应力,造成大体积砼出现裂缝。因此控制砼表面温度与外界气温温差,也是防止裂缝的重要一环。

(4)砼的收缩变形

砼的拌合水中,只有约20%的水分是水泥水化所必需的,其余80%要被蒸发。砼中多余水分的蒸发是引起砼体积收缩的主要原因之一。这种收缩变形不受约束条件的影响,若存在约束,就会产生收缩应力而出现裂缝。

**4. 大体积砼温度控制的方法**

大体积砼养护时的温度控制一般有两种方法:一种是降温法,即在砼浇筑成型后,通过循环冷却水降温,从结构物的内部进行温度控制;另一种是保温法,即砼浇筑成型后,通过保温材料、碘钨灯或定时喷浇热水、蓄存热水等办法,提高砼表面及四周散热面的温度,从结构物的外部进行温度控制。保温法基本原理是利用砼的初始温度加上水泥水化热的温升,在缓慢的散热过程中(通过人为控制),使砼获得必要的强度。

## 六、自密实混凝土

**1. 定义**

自密实混凝土是指在自身重力作用下,能够流动、密实,即使存在致密钢筋也能完全填充模板,同时获得很好均质性,并且不需要附加振动的混凝土。

**2. 自密实混凝土的特点**

(1)保证混凝土良好地密实。

(2)提高生产效率。由于不需要振捣,混凝土浇筑需要的时间大幅度缩短,工人劳动强度大幅度降低,需要工人数量减少。

(3)改善工作环境和安全性。没有振捣噪音,避免工人长时间手持振动器导致的"手臂振动综合症"。

(4)改善混凝土的表面质量。不会出现表面气泡或蜂窝麻面,不需要进行表面修补;能够逼真呈现模板表面的纹理或造型。

(5)增加了结构设计的自由度。不需要振捣,可以浇筑成型形状复杂、薄壁和密集配筋的结构。以前,这类结构往往因为混凝土浇筑施工的困难而限制采用。

(6)避免了振捣对模板产生的磨损。

(7)减少混凝土对搅拌机的磨损。

(8)可能降低工程整体造价。从提高施工速度、环境对噪音限制、减少人工和保证质量等诸多方面降低成本。

### 七、纤维混凝土

**1. 定义**

纤维混凝土是以普通混凝土为基体,外掺各种短切纤维材料而组成的复合材料。纤维材料按材质分有钢纤维、碳纤维、玻璃纤维、石棉及合成纤维等。

**2. 纤维的分类**

按纤维弹性模量分有高弹性模量纤维,如钢纤维、玻璃纤维、碳纤维等;低弹性模量纤维,如尼龙纤维、聚乙烯纤维等。

**3. 纤维混凝土的特点**

在纤维混凝土中,纤维的含量、纤维的几何形状及其在混凝土中的分布状况,对纤维混凝土的性能有重要影响。纤维在混凝土中起增强作用,可提高混凝土的抗压、抗拉、抗弯强度和冲击韧性,并能有效地改善混凝土的脆性。纤维混凝土的冲击韧性约为普通混凝土的 5～10 倍,初裂抗弯强度提高 2.5 倍,劈裂抗拉强度提高 2.5 倍。混凝土掺入钢纤维后,抗压强度提高不大,但从受压破坏形式来看,破坏时无碎块、不崩裂,基本保持原来的外形,有较大的吸收变形的能力,也改善了韧性,是一种良好的抗冲击材料。目前,纤维混凝土主要用于飞机跑道、高速公路、桥面、水坝覆面、桩头、屋面板、墙板、军事工程等要求高耐磨性、高抗冲击性和抗裂的部位及构件。

# 第六章 建筑砂浆

## 第一节 砌筑砂浆

一、砌筑砂浆原材料

1. 水泥

水泥是一般砌筑砂浆中的主要胶凝材料。选用水泥时,应满足以下两点要求:

(1)水泥品种要合理。一般的砌筑砂浆应优先选择通用硅酸盐水泥或砌筑水泥,且应符合现行国家标准《通用硅酸盐水泥》(GB 175—2007)和《砌筑水泥》(GB/T 3183—2003)的规定。

(2)M15及以下强度等级的砌筑砂浆宜选用32.5级的通用硅酸盐水泥或砌筑水泥;M15以上强度等级的砌筑砂浆宜选用42.5级的通用硅酸盐水泥。

2. 石灰

石灰砂浆中,石灰是胶凝材料。为了改善砂浆的和易性和节约水泥,在水泥砂浆中掺入适量石灰,配制成混合砂浆,用于地上的砌体和抹灰工程。掺入混合砂浆中的石灰,磨细生石灰粉的熟化时间不得少于2d,块状生石灰熟化成石灰膏时,应用孔径≤3mm×3mm的网过滤,熟化时间不得少于7d。沉淀池中贮存的石灰膏,应采取措施防止干燥、冻结和污染。消石灰粉不得直接用于砌筑砂浆中。严禁使用脱水硬化的石灰膏。

3. 砂

砂应符合行业标准《普通混凝土用砂、石质量及检验方法标准》(JGJ 52—2006)的规定,且应全部通过4.75mm的筛孔。砌筑砂浆宜采用中砂,其中毛石砌体宜选用粗砂。砂的含泥量不应超过5%。强度等级为M2.5的水泥混合砂浆,砂的含泥量不应超过10%。砂中含泥量过大,不但会增加砂浆的水泥用量,还会使砂浆的收缩值增大,耐久性降低,影响砌筑质量。M5级及以上的水泥混合砂浆,如砂的含泥量过大,对强度会有明显的影响。

**4. 掺合料与外加剂**

掺粉煤灰的砂浆已被广泛应用。粉煤灰通过其形态效应、火山灰效应和微集料效应,可提高砂浆的保水性、塑性、强度,同时又可节约水泥和石灰,降低工程成本。粉煤灰、粒化高炉矿渣粉、硅灰应分别符合国家现行标准《用于水泥和混凝土中的粉煤灰》(GB/T 1596—2005)、《用于水泥和混凝土中的粒化高炉矿渣粉》(GB/T 18046—2008)、《高强高性能混凝土用矿物外加剂》(GB/T 18736—2002)。

砌筑砂浆中掺入砂浆外加剂是发展方向。外加剂包括:微沫剂、减水剂、早强剂、促凝剂、缓凝剂、防冻剂等。

## 二、砌筑砂浆的主要技术性质

砌筑砂浆应具有良好的和易性、足够的抗压强度、粘结强度和抗冻性。

**1. 砌筑砂浆的和易性**

新拌砂浆的和易性是指砂浆易于施工并能保证质量的综合性质。和易性好的砂浆不仅在运输和施工过程中不易产生分层、离析、泌水,而且能在粗糙的砖、石基面上铺成均匀的薄层,与基层保持良好的粘接,使砌体获得较高的强度和整体性,且便于施工操作。和易性包括流动性和保水性两个方面。

(1)流动性

砂浆的流动性(又称稠度),是指砂浆在自重或外力作用下产生流动的性能。通常用砂浆稠度测定仪测定。流动性的大小用沉入度表示。它以标准圆锥体在砂浆内自由下沉10s时,沉入量数值(mm)表示。其值愈大则砂浆流动性愈大,但此值过大会降低砂浆强度,过小又不便于施工操作。一般情况下用于多孔吸水的砌体材料或干热的天气,流动性应选得大些;用于密实不吸水的材料或湿冷的天气,流动性应选得小些。工程中砌筑砂浆适宜的稠度应按表6-1选用。

表6-1 砌筑砂浆的稠度

| 砌 体 各 类 | 砂浆稠度(mm) |
|---|---|
| 烧结普通砖砌体、粉煤灰砖砌体 | 70～90 |
| 混凝土砖砌体、普通混凝土小型空心砌块砌体、灰砂砖砌体 | 50～70 |
| 烧结多孔砖砌体、烧结空心砖砌体、轻集料混凝土小型空心砌块砌体、蒸压加气混凝土砌块砌体 | 60～80 |
| 石砌体 | 30～50 |

(2)保水性

保水性是指砂浆保持内部水分不泌出流失的性质。保水性良好的砂浆、水分不易流失,易于摊铺成均匀密实的砂浆层;反之,保水性差的砂浆,在施工过程中容易泌水、分层离析,使流动性变差;同时,由于水分易被砌体吸收,影响胶凝材料的正常硬化,从而降低砂浆的黏结强度。

砂浆的保水性主要取决于胶凝材料的用量及细骨料的粗细程度。砂浆中掺入适量的外加剂材料能显著改善砂浆的保水性和流动性。砌筑砂浆的保水性用保水率表示,砌筑砂浆的保水率应符合表 6-2 的规定。

表 6-2 砌筑砂浆保水率(%)

| 砂浆种类 | 保 水 率 |
| --- | --- |
| 水泥砂浆 | ≥80 |
| 水泥混合砂浆 | ≥84 |
| 预拌砌筑砂浆 | ≥88 |

## 2. 抗压强度

水泥砂浆及预拌砌筑砂浆的强度等级可分为 M5、M7.5、M10、M15、M20、M25、M3O;水泥混合砂浆的强度等级可分为 M5、M7.5、M10、M15。

## 3. 表观密度

砌筑砂浆拌合物的表观密度符合表 6-3 的规定。

表 6-3 砌筑砂浆拌合物的表观密度(kg/m³)

| 砂浆种类 | 表观密度 |
| --- | --- |
| 水泥砂浆 | ≥1900 |
| 水泥混合砂浆 | ≥1800 |
| 预拌砌筑砂浆 | ≥1800 |

## 4. 抗冻性

有抗冻性要求的砌体工程,砌筑砂浆应进行冻融试验。砌筑砂浆的抗冻性应符合表 6-4 的规定,且当设计对抗冻性有明确要求时,尚应符合设计规定。

表 6-4 砌筑砂浆的抗冻性

| 使用条件 | 抗冻指标 | 质量损失率(%) | 强度损失率(%) |
| --- | --- | --- | --- |
| 夏热冬暖地区 | F15 | ≤5 | ≤25 |
| 夏热冬冷地区 | F25 | | |
| 寒冷地区 | F35 | | |
| 严寒地区 | F50 | | |

## 三、砌筑砂浆配合比设计

**1. 现场配制砌筑砂浆的试配要求**

(1)配合比应按下列步骤进行计算:
1)计算砂浆试配强度($f_{m,0}$)。
2)计算每立方米砂浆中的水泥用量($Q_C$)。
3)计算每立方米砂浆中石灰膏用量($Q_D$)。
4)确定每立方米砂浆中的砂用量($Q_S$)。
5)按砂浆稠度选每立方米砂浆用水量($Q_W$)。

(2)砂浆的试配强度应按式(6-1)计算

$$f_{m,0} = K W_2 \tag{6-1}$$

式中:$f_{m,0}$——砂浆的试配强度(MPa),应精确至 0.1MPa;
$f_2$——砂浆强度等级值(MPa),应精确至 0.1MPa;
$k$——系数,按表 6-5 取值。

表 6-5  砂浆强度标准差 σ 及 k 值

| 施工水平 \ 强度等级 | 强度标准差 σ(MPa) | | | | | | | k |
|---|---|---|---|---|---|---|---|---|
|  | M5 | M7.5 | M10 | M15 | M20 | M25 | M30 |  |
| 优良 | 1.00 | 1.50 | 2.00 | 3.00 | 4.00 | 5.00 | 6.00 | 1.15 |
| 一般 | 1.25 | 1.88 | 2.50 | 3.75 | 5.00 | 6.25 | 7.50 | 1.20 |
| 较差 | 1.50 | 2.25 | 3.00 | 4.50 | 6.00 | 7.50 | 9.00 | 1.25 |

(3)砂浆强度标准差的确定应符合下列规定:
1)当有统计资料时,砂浆强度标准差应按式(6-2)计算:

$$\sigma = \sqrt{\frac{\sum_{i=1}^{n} f_{m,i}^2 - n\mu_{fm}^2}{n-1}} \tag{6-2}$$

式中:σ——砂浆强度标准差;
$f_{m,i}$——统计周期内同一品种砂浆第 $i$ 组试件的强度(MPa);
$\mu_{fm}$——统计周期内同一品种砂浆 $n$ 组试件强度的评均值(MPa);
$n$——统计周期内同一品种砂浆试件的总组数,$n \geqslant 25$。

2)当无统计资料时,砂浆强度标准差可按表 6-5 取值。

(4)水泥用量的计算应符合下列规定:
1)每立方米砂浆中的水泥用量,应按式(6-3)计算:

$$Q_c = 1000(f_{m,0} - \beta)$$

$$(\alpha \cdot f_{ce}) \tag{6-3}$$

式中：$Q_C$——每立方米砂浆的水泥用量(kg)，应精确至 1kg；

$f_{ce}$——水泥的实测强度(MPa)，应精确至 0.1MPa；

$\alpha$、$\beta$——砂浆的特征系数，其中 $\alpha$ 取 3.03，$\beta$ 取 $-15.09$。

注：各地区也可用本地区试验资料确定 $\alpha$、$\beta$ 值，统计用的试验组数不得少于 30 组。

2) 在无法取得水泥的实测强度值时，可按式(6-4)计算：

$$f_{ce} = \gamma_C \cdot f_{ce,k} \tag{6-4}$$

式中：$f_{ce,k}$——水泥强度等级值(MPa)；

$\gamma_C$——水泥强度等级值的富裕系数，宜按实际统计资料确定，无统计资料时可取 1.0。

(5) 石灰膏用量应按式(6-5)计算：

$$Q_D = Q_A - Q_C \tag{6-5}$$

式中：$Q_D$——每立方米砂浆的石灰膏用量(kg)，应精确至 1kg，石灰膏使用时的稠度宜为 120mm±5mm；

$Q_C$——每立方米砂浆的水泥用量(kg)，应精确至 1kg；

$Q_A$——每立方米砂浆中水泥和石灰膏总量，应精确至 1kg，可为 350kg。

(6) 每立方米砂浆中的砂用量，应按干燥状态(含水率小于 0.5%)的堆积密度值作为计算值(kg)。

(7) 每立方米砂浆中的用水量，可根据砂浆稠度等要求选用 210~310kg。

① 混合砂浆中的用水量，不包括石灰膏中的水。

② 当采用细砂或粗砂时，用水量分别取上限或下限。

③ 稠度小于 70mm 时，用水量可小于下限。

④ 施工现场气候炎热或干燥季节，可酌量增加用水量。

(8) 现场配制水泥砂浆的试配应符合下列规定：

1) 水泥砂浆的材料用量可按表 6-6 选用。

表 6-6 每立方米水泥砂浆材料用量(kg/m³)

| 强度等级 | 水 泥 | 砂 | 用 水 量 |
| --- | --- | --- | --- |
| M5 | 200~230 | | |
| M7.5 | 230~260 | | |
| M10 | 260~290 | 砂的堆积密度值 | 270~330 |
| M15 | 290~330 | | |
| M20 | 340~400 | | |

(续)

| 强度等级 | 水泥 | 砂 | 用水量 |
|---|---|---|---|
| M25 | 360～410 | 砂的堆积密度值 | 270～330 |
| M30 | 430～480 | | |

注：1. M15及M15以下强度等级水泥砂浆,水泥强度等级为32.5级；M15以上强度等级水泥砂浆,水泥强度等级为42.5级；
2. 当采用细砂或粗砂时,用水量分别取上限或下限；
3. 稠度小于70mm时,用水量可小于下限；
4. 施工现场气候炎热或干燥季节,可酌量增加用水量；
5. 试配强度应按式(6-1)计算。

2)水泥粉煤灰砂浆材料用量可按表6-7。

表6-7 每立方米水泥粉煤灰砂浆材料用量(kg/m³)

| 强度等级 | 水泥和粉煤灰总量 | 粉煤灰 | 砂 | 用水量 |
|---|---|---|---|---|
| M5 | 210～240 | | | |
| M7.5 | 240～270 | 粉煤灰掺量可占胶凝材料总量的15%～25% | 砂的堆积密度值 | 270～330 |
| M10 | 270～300 | | | |
| M15 | 300～330 | | | |

注：1. 表中水泥强度等级为32.5级；
2. 当采用细砂或粗砂时,用水量分别取上限或下限；
3. 稠度小于70mm时,用水量可小于下限；
4. 施工现场气候炎热或干燥季节,可酌量增加用水量；
5. 试配强度应按式(6-1)计算。

2. 预拌砌筑砂浆的试配要求

(1)预拌砌筑砂浆应符合下列规定：

1)在确定湿拌砌筑砂浆稠度时应考虑砂浆在运输和储存过程中的稠度损失。

2)湿拌砌筑砂浆应根据凝结时间要求确定外加剂掺量。

3)干混砌筑砂浆应明确拌制时的加水量范围。

4)预拌砌筑砂浆的搅拌、运输、储存等应符合现行行业标准《预拌砂浆》(JG/T 230—2007)的规定。

5)预拌砌筑砂浆性能应符合现行行业标准《预拌砂浆》(JG/T 230—2007)的规定。

(2)预拌砌筑砂浆的试配应符合下列规定：

1)预拌砌筑砂浆生产前应进行试配,试配强度应按式(6-1)计算确定,试配时稠度取70～80mm。

2)预拌砌筑砂浆中可掺入保水增稠材料、外加剂等。掺量应经试配后确定。

### 3. 砌筑砂浆配合比试配、调整和确定

(1)砌筑砂浆试配时应考虑工程实际要求。

(2)按计算或查表所得配合比进行试拌时,应按现行行业标准《建筑砂浆机性能试验方法标准》(JGJ/T 70—2009)测定砌筑砂浆拌合物的稠度和保水率。当稠度和保水率不能满足要求时,应调整材料用量,知道符合要求为止,然后确定为试配时的砂浆基准配合比。

(3)试配时至少采用3个不同的配合比,其中一个配合比应按规范得出的基准配合比,其余两个配合比的水泥用量应按基准配合比分别增加及减少10%。在保证稠度、保水率合格的条件下,可将用水量、石灰膏、保水增稠材料或粉煤灰等活性掺合料用量作相应调整。

(4)砌筑砂浆试配时稠度应满足施工要求,并应按现行行业标准《建筑砂浆基本性能试验方法标准》(JGJ/T 70—2009)分别测定不同配合砂浆的表观密度及强度;并应选定符合试配强度及和易性要求、水泥用量最低的配合比作为砂浆的试配配合比。

(5)砌筑砂浆试配配合比尚应按下列步骤进行校正:

1)根据规范去顶的砂浆配合比材料用量,应按式(6-6)计算砂浆的理论表观密度值:

$$\rho_t = Q_C + Q_D + Q_S + Q_W \tag{6-6}$$

式中:$\rho_t$——砂浆的理论表观密度值(kg/m³),应精确至10kg/m³。

2)应按式(6-7)计算砂浆配合比校正系数$\delta$:

$$\delta = \rho_C \rho_t \tag{6-7}$$

式中:$\rho_C$——砂浆的实测表观密度值(kg/m³),应精确至10kg/m³。

3)当砂浆的实测表观密度值与理论边关密度值之差的绝对值不超过理论值得2%时,可按规范得出的试配配合比确定为砂浆设计配合比;当超过2%时,应将试配配合比中每项材料用量均乘以校正系数$\delta$后,确定为砂浆设计配合比。

(6)预拌砌筑砂浆生产前应进行试配、调整与确定,并应符合现行行业标准《预拌砂浆》(JG/T 230—2007)的规定。

## 第二节 抹面砂浆

### 一、普通抹面砂浆

#### 1. 定义及分类

普通抹面砂浆也称抹灰砂浆,以薄层抹在建筑物内外表面,保持建筑物不受风、雨、雪、大气等有害介质侵蚀,提高建筑物的耐久性,同时使表面平整、美观。

包括水泥抹灰砂浆、水泥粉煤灰抹灰砂浆、水泥石灰抹灰砂浆、掺塑化剂水泥抹灰砂浆、聚合物水泥抹灰砂浆及石膏抹灰砂浆等。

**2. 基本规定**

（1）一般抹灰工程用砂浆宜选用预拌抹灰砂浆。抹灰砂浆应采用机械搅拌。

（2）预拌抹灰砂浆性能应符合现行行业标准《预拌砂浆》(JG/T 230—2007)的规定，预拌抹灰砂浆的施工与质量验收应符合现行行业标准《预拌砂浆应用技术规定》(JGJ/T 223—2010)的规定。

（3）抹灰砂浆的品种及强度等级应满足设计要求。除特别说明外，抹灰砂浆性能的试验方法应按现行行业标准《建筑砂浆基本性能试验方法标准》(JGJ/T 70—2009)执行。

（4）抹灰砂浆强度不宜比基体材料强度高出两个及以上强度等级，并应符合下列规定：

1) 对于无粘贴饰面砖的外墙，底层抹灰砂浆宜比基体材料高一个强度等级或等于基体材料强度。

2) 对于无粘贴饰面的内墙，底层抹灰砂浆宜比基体材料低一个强度等级。

3) 对于有粘贴饰面砖的内墙和外墙，中层抹灰砂浆宜比基体材料高一个强度等级且不宜低于 M15，并宜选用水泥抹灰砂浆。

4) 孔洞填补和窗台、阳台抹面等宜采用 M15 或 M20 水泥抹灰砂浆。

（5）配制强度等级不大于 M20 的抹灰砂浆，宜用 32.5 级通用硅酸盐水泥或砌筑水泥；配置强度等级大于 M20 的抹灰砂浆，宜用强度等级不低于 42.5 级的通用硅酸盐水泥。通用硅酸盐水泥宜采用散装的。

（6）用通用硅酸盐水泥拌制抹灰砂浆时，可掺入适量的石灰膏、粉煤灰、粒化高炉矿渣粉、沸石粉等，不应掺入消石灰粉。

（7）拌制抹灰砂浆，可根据需要掺入改善砂浆性能的添加剂。

**3. 抹灰砂浆的和易性**

抹灰砂浆的施工稠度宜按表 6-8 选取。

表 6-8　抹灰砂浆的施工稠度(mm)

| 抹灰层 | 施工稠度 |
| --- | --- |
| 底层 | 90～110 |
| 中层 | 70～90 |
| 面层 | 70～80 |

**4. 抹灰砂浆的品种**

抹灰砂浆的品种宜根据使用部位或基本种类按表 6-9 选用。

表 6-9　抹灰砂浆的品种选用

| 使用部位或基体种类 | 抹灰砂浆品种 |
|---|---|
| 内墙 | 水泥抹灰砂浆、水泥石灰抹灰砂浆、水泥粉煤灰抹灰砂浆、掺塑化剂水泥抹灰砂浆、聚合物水泥抹灰砂浆、石膏抹灰砂浆 |
| 外墙、门窗洞口外侧壁 | 水泥抹灰砂浆、水泥粉煤灰抹灰砂浆 |
| 温（湿）度较高的车间和房屋、地下室、屋檐、勒脚等 | 水泥抹灰砂浆、水泥粉煤灰抹灰砂浆 |
| 混凝土板和墙 | 水泥抹灰砂浆、水泥石灰抹灰砂浆、聚合物水泥抹灰砂浆、石膏抹灰砂浆 |
| 混凝土顶棚、条板 | 聚合物水泥抹灰砂浆、石膏抹灰砂浆 |
| 加气混凝土砌板（板） | 水泥石灰抹灰砂浆、水泥粉煤灰抹灰砂浆、掺塑化剂水泥抹灰砂浆、聚合物水泥抹灰砂浆、石膏抹灰砂浆 |

## 二、装饰砂浆

### 1. 定义及分类

涂抹在建筑物内外墙表面，以增加建筑物美观效果的砂浆称为装饰砂浆。装饰砂浆与抹面砂浆的主要区别在于面层。装饰砂浆的面层，应选用具有一定颜色的胶凝材料和集料，并采用特殊的施工操作方法，以使表面呈现出各种不同的色彩线条和花纹等装饰效果。

### 2. 常用装饰砂浆的工艺特点

（1）水磨石

它是用水泥做胶结料，掺入不同色彩、不同粒径的大理石或花岗石碎石，经搅拌、成型、养护、研磨等工序，制成的具有一定装饰效果的人造石材。水磨石强度高、耐久、面光而平，石渣显现自然色之美，装修操作灵活，所以应用广泛。它可以在墙面、地面、柱面、台面、踢脚、踏步、隔断、水池等处使用。

（2）剁斧石

它是在水泥砂浆基层上涂抹水泥石粒浆，待硬化有一定强度时，用钝斧及各种凿子等工具，在表面剁斩出类似石材经雕琢的纹理效果。最大特点是，它极像天然石材，可以假乱真。剁斧石常用于勒脚、柱面、柱基、石阶、栏杆、花坛、矮墙等部位。

（3）水刷石

它是用水刷洗、冲淋以去掉凝结后的水泥浆，使石渣外露的一种石质装饰层。其石质感比剁斧石强，且显粗犷。为了减轻普通灰水泥的沉暗色调，可在水泥中掺入适量优质石灰膏（冬季不掺）。用白水泥或彩色水泥底的水刷石，装饰效果更好。水刷石最常用的部位是墙面或勒脚。

## 第三节 干混砂浆

### 1. 定义与分类

干混砂浆,也称预混(拌)砂浆、干粉砂浆,是由专业生产厂家生产、经干燥筛分处理的细集料与无机胶结料、矿物掺和料和外加剂按一定比例混合而成的一种颗粒状或粉状混合物,在施工现场按使用说明加水搅拌即成为砂浆拌和物。所以,干混砂浆又称为建筑业的"方便面"。产品的包装形式可分为散装或袋装。

干混砂浆品种主要有:砌筑砂浆(普通砌筑砂浆、混凝土砌块专用薄床砌筑砂浆、保温砌筑砂浆等)、抹灰砂浆(包括内外墙打底抹灰、腻子、内外墙彩色装饰、隔热砂浆等)、地平砂浆(普通地平砂浆、自流平砂浆)、黏结砂浆(瓷板黏结剂、勾缝、隔热复合系统专用黏结砂浆)、特殊砂浆(修补砂浆、防水砂浆、硬化粉等)。

### 2. 组成

干混砂浆原材料由胶凝材料(水泥、石膏、石灰等)、细集料(普通砂、石英砂、白云石、膨胀珍珠岩等)、矿物掺和物(矿渣、粉煤灰、火山灰、细硅石粉等)、外加剂(纤维素醚、淀粉醚、可再分散聚合物胶粉、减水剂、调凝剂、防水剂、消泡剂等)、纤维(抗碱玻璃纤维、聚丙烯纤维、高强高模聚乙烯醇纤维等)组成。

### 3. 普通干混砂浆技术要求

普通干混砂浆技术要求见表 6-10。

表 6-10 普通干混砂浆技术要求

| 种 类 | | 砌筑砂浆 | 抹灰砂浆 | 地平砂浆 |
|---|---|---|---|---|
| 强度等级 | | DM2.5<br>DM5.0<br>DM7.5<br>DM10<br>DM15 | DP2.5<br>DP5.0<br>DP7.5<br>DP10 | DS15<br>DS20<br>DS25 |
| 稠度(mm) | | ≤90 | ≤100 | ≤50 |
| 分层度(mm) | | ≤20 | ≤20 | ≤20 |
| 保水性(%) | | ≥80 | ≥80 | — |
| 28d 抗压强度(MPa) | | ≥其强度等级 | ≥其强度等级 | ≥其强度等级 |
| 凝结时间(h) | 初凝 | ≥2 | ≥2 | ≥2 |
| | 终凝 | ≤10 | ≤10 | ≤10 |
| 抗冻性 | | | 满足设计要求 | |
| 收缩率(%) | | ≤0.5 | ≤0.5 | ≤0.5 |

## 第四节　新型砂浆与特种砂浆

### 一、防水砂浆

用作防水层的砂浆叫做防水砂浆,砂浆防水层又称为刚性防水层,主要是利用砂浆层本身的憎水性和密实性来达到抗渗防水效果。其施工方法有两种:一是喷浆法,即利用高压枪将砂浆以每秒约 100m 的高速喷至建筑物表面,砂浆被高压空气强烈压实,密实度增大,抗渗性好;另一种是人工多层抹压法,即将砂浆分几层抹压,以减少内部毛细连通孔,增大密实性,达到防水效果。

一般适用于深度不大、干燥程度要求不高、不受振动和具有一定刚度的现浇钢筋混凝土整体层面的施工或砌体工程,应用于地下室、水塔、水池等防水工程。

防水砂浆按其组成成分可分为:多层抹面水泥砂浆(也称 5 层抹面法或 4 层抹面法)、掺防水剂防水砂浆、膨胀水泥防水砂浆及掺聚合物防水砂浆等 4 类。常用的防水剂有氯化物金属盐类防水剂、水玻璃类防水剂和金属皂类防水剂等。

### 二、保温、吸声砂浆

保温砂浆又称绝热砂浆,是采用水泥、石灰、石膏等胶凝材料与膨胀珍珠岩或膨胀蛭石、陶砂等轻质多孔骨料按一定比例配合制成的砂浆。保温砂浆具有轻质、保温隔热、吸声等性能,可用于屋面保温层、保温墙壁以及供热管道保温层等处。常用的保温砂浆有水泥膨胀珍珠岩砂浆、水泥膨胀蛭石砂浆、水泥石灰膨胀蛭石砂浆等。

由轻质多孔骨料制成的保温砂浆,一般具有良好的吸声性能,故也可作吸音砂浆用。另外,还可以用水泥、石膏、砂、锯末(其体积比为 1:1:3:5)等配成吸音砂浆,或在石灰、石膏砂浆中掺入玻璃纤维、矿物棉等松软纤维材料,也能获得吸声效果。吸音砂浆用于室内墙壁和顶棚的吸声。

### 三、耐腐蚀砂浆

**1. 耐酸砂浆**

具有良好的耐腐蚀、防水、绝缘等性能和较高的粘结强度,以水玻璃为胶凝材料、石英粉等为耐酸粉料、氟硅酸钠为固化剂与耐酸集料配制而成的砂浆,可用做一般耐酸车间地面。

**2. 硫磺耐酸砂浆**

以硫磺为胶结料,聚硫橡胶为增塑剂,掺加耐酸粉料和集料,经加热熬制而成。具有密实、强度高、硬化快,能耐大多数无机酸、中性盐和酸性盐的腐蚀,但不耐浓度在5%以上的硝酸、强碱和有机溶液,耐磨和耐火性均差,脆性和收缩性较大。一般多用于粘结块材,灌筑管道接口及地面、设备基础、储罐等处。

**3. 耐铵砂浆**

砂及粉料应选用耐碱性能好的石灰石、白云石等集料,先以高铝水泥、氧化镁粉和石英砂干拌均匀后,再加复合酚醛树脂充分搅拌制成,能耐各种铵盐、氨水等侵蚀,但不耐酸和碱。

**4. 耐碱砂浆**

以普通硅酸盐水泥、砂和粉料加水拌和制成,再加复合酚醛树脂充分搅拌制成,有时掺加石棉绒。砂及粉料应选用耐碱性能好的石灰石、白云石等集料,常温下能抵抗330g/L以下的氢氧化钠浓度的碱类侵蚀。

### 四、防辐射砂浆

在水泥中掺入重晶石粉、重晶石砂可配制有防X射线和γ射线能力的砂浆。其配合比为水泥∶重晶石粉∶重晶石砂=1∶0.25∶4～5。例如,在水泥浆中掺加硼砂、硼酸等,可配制具有抗中子辐射能力的砂浆。此类防射线砂浆应用于射线防护工程。

### 五、自流平砂浆

自流平砂浆是一种依靠自身重力作用流动形成平整表面的砂浆。配制砂浆的关键性技术是:掺入合适的化学外加剂,严格控制砂的级配、含泥量、颗粒形态,同时选择合适的水泥品种。自流平砂浆具有流动性及稳定性良好、施工效率高、劳动强度低、光洁平整、强度值高、流平层厚度薄及耐水、耐酸性良好等优点,是大型超市、商场、停车场、工厂车间、仓库等地面铺筑的理想材料。

自流平砂浆的优异性:

(1)施工简单易为,加适量的水即可形成近似自由流体浆料,能快速展开而获得高平整度地坪。

(2)施工速度快,经济效益大,较传统人工找平高5～10倍,且在短时间内即可供通行、荷重,大幅缩短工期。

(3)质量均匀稳定,施工现场干净整洁,有利于文明施工,是绿色环保产品。

(4)抗返潮性好,对面层保护性强,实用性强,适用范围广。

# 第七章 建筑钢材

## 第一节 建筑钢材的概述与分类

### 一、概述

钢材是以铁为主要元素,含碳量一般在2‰以下,并含有其他元素的材料。

建筑钢材是指建筑工程中使用的各种钢材,包括钢结构用各种型材(如圆钢、角钢、工字钢、管钢)、板材,以及混凝土结构用钢筋、钢丝、钢绞线。

钢材是在严格的技术条件下生产的材料,它有如下的优点:材质均匀,性能可靠,强度高,具有一定的塑性和韧性,具有承受冲击和振动荷载的能力,可焊接、铆接或螺栓连接,便于装配;其缺点是:易锈蚀,维修费用大,耐火性差。

钢材的这些特性决定了它是经济建设部门所需要的重要材料之一。建筑上由各种型钢组成的钢结构安全性大,自重较轻,适用于大跨和高层结构。但出于成本的考虑,钢结构的大量应用在一定程度上受到了限制。而混凝土结构尽管存在着自重大等缺点,但用钢量大为减少,同时克服了因锈蚀而维修费用高的缺点,所以钢材在混凝土结构中得到了广泛的应用。

### 二、分类

**1. 按冶炼方法分**

炼钢的过程是把熔融的生铁进行氧化,使碳的含量降低到预定的范围,其他杂质降低到允许范围。在炼钢的过程中,采用的炼钢方法不同,除掉杂质的程度就不同,所得钢的质量也有差别。建筑钢材按冶炼方法分为转炉钢、平炉钢和电炉钢3种。

(1)转炉钢能有效去除有害杂质,冶炼时间短,生产效率高,质量好,成本低,应用比较广。

(2)平炉钢的优点是化学成分可精确控制,成品质量高,主要用于炼制优质钢;缺点是能耗大、成本高、冶炼周期长。

(3)电炉钢质量最好,主要用于冶炼优质碳素钢及特殊合金钢,成本较高。

### 2. 按脱氧程度分

钢在熔炼过程中不可避免地产生部分氧化铁并残留在钢水中,降低了钢的质量。因此,在铸锭过程中要进行脱氧处理,脱氧程度不同,钢材的性能就不同。因此,钢材又可分为沸腾钢、镇静钢、半镇静钢和特殊镇静钢。

(1)沸腾钢。它是一种脱氧不完全的钢,组织不够致密,气泡含量较多,成分不均匀,质量较差。表现为抗蚀性、冲击韧性和可焊性较差,尤其是低温时冲击韧性降低更显著。但其成品率高,成本低。

(2)镇静钢。镇静钢是脱氧充分的钢。其优点是组织致密、化学成分均匀、机械性能稳定、焊接性能和塑性较好、抗蚀性也较强。是质量比较好的钢种,多用于承受冲击荷载及其他重要的结构上。但成本较高。

(3)半镇静钢。半镇静钢脱氧程度、质量及成本均介于沸腾钢和镇静钢之间。

(4)特殊镇静钢。特殊镇静钢质量和性能均高于镇静钢,成本也高于镇静钢。

### 3. 按化学成分分

(1)碳素钢:低碳钢(含碳量<0.25%)、中碳钢(含碳量0.25~0.60%)、高碳钢(含碳量>0.60%)。

(2)合金钢:低合金钢(合金元素总含量<5%)、中合金钢(合金元素总含量5~10%)、高合金钢(合金元素总含量>10%)。

### 4. 按品质分

根据钢材中硫、磷的含量,分成普通钢、优质钢、高级优质钢。建筑工程主要应用的是普通质量和优质的碳素钢及低合金钢,部分热轧钢筋则是用优质合金钢轧制而成。

(1)普通钢(含磷量≤0.045%,含硫量≤0.050%)。

(2)优质钢(含磷量和含硫量均≤0.035%)。

(3)高级优质钢(含磷量≤0.035%,含硫量≤0.030%)。

### 5. 按用途分

钢材按用途可分为结构钢、工具钢、专门用途钢和特殊性能钢。

(1)结构钢主要是指建筑钢材和机械制造用结构钢。

(2)工具钢分为量具钢、刃具钢和模具钢。

(3)专门用途钢应用在各个领域,如铁道用钢、压力容器用钢、船舶用钢、桥梁用钢等。

(4)特殊性能钢包括不锈钢、耐热钢、耐磨钢、电工用钢等。

### 6. 按成型方法分

按成型方法分为锻钢、铸钢、热轧钢、冷轧钢、冷拔钢。

## 第二节 建筑钢材的性能

### 一、抗拉性能

抗拉性能是钢材的主要性能。由拉力试验测定的屈服强度、抗拉强度和伸长率是钢材的主要技术指标。

钢材的抗拉性能,可通过低碳钢受拉的应力—应变图说明,如图7-1所示。其拉伸过程可分为4个阶段:弹性阶段(O-A)、屈服阶段(A-B)、强化阶段(B-C)和颈缩阶段(C-D)。

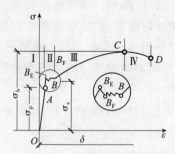

图7-1 低碳钢受拉的应力—应变图

#### 1. 弹性阶段(O-A)

在O-A范围内应力与应变成一条直线,说明应力与应变正比例关系,如果卸去外力,试件则恢复原状而无残余变形,这种性质称为弹性,这个阶段称为弹性阶段。弹性阶段的最高点(A点)所对应的应力称为比例极限或弹性极限,用$\sigma p$表示。应力与应变的比值称为弹性模量,用E表示,即$E=\sigma/\varepsilon$。弹性模量反应钢材抵抗弹性变形的能力,是计算钢材变形的重要指标。

#### 2. 屈服阶段(A-B)

当应力超过弹性极限后,开始丧失对变形的抵抗能力,并产生大量塑性变形时的应力。锯齿形的最高点所对应的应力称为上屈服点(B上);最低点对应的应力称为下屈服点(B下)。因上屈服点不稳定,所以国标规定以下屈服点的应力作为钢材的屈服强度,用$\sigma s$表示。中、高碳钢没有明显的屈服点,通常以残余变形为0.2%的应力作为屈服强度,用$\sigma_{0.2}$表示,如图7-2所示。

屈服强度对钢材的使用有着重要的意义。当钢材的实际应力达到屈服强度时,将产生不可恢复的永久变形,即塑性变形,这在结构上是不允许的,因此屈服强度是确定钢材容许应力的主要依据。

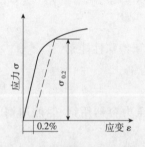

图7-2 中、高碳钢的条件屈服点

### 3. 强化阶段(B-C)

当应力超过屈服强度后,钢材内部组织中的晶格发生了畸变,阻止了晶格进一步滑移,钢材得到强化,抵抗塑性变形的能力又重新提高。表现在图 7-1 从 B 下点开始上升直至最高点 C,这一过程通常称为强化阶段,对应于最高点 C 的应力称为极限抗拉强度(即抗拉强度),用 σb 表示。它是钢材所能承受的最大拉应力。

抗拉强度虽然不能直接作为计算的依据,但屈服强度和抗拉强度的比值即屈强比,用 σs/σb 表示,在工程上很有意义。屈强比越小,结构的可靠性越高,即防止结构破坏的潜力越大;但此值太小时,钢材强度的有效利用率太低,合理的屈强比一般在 0.6~0.75 之间。因此屈服强度和抗拉强度是钢材力学性质的主要检验指标。

### 4. 颈缩阶段(C-D)

当钢材强化达到 C 点后,在试件薄弱处的断面将显著减小,塑性变形急剧增加,产生"颈缩"现象而很快断裂。将断裂后的试件拼合起来,如图 7-3 所示,量出标距两端点间的长度,按式(7-1)计算伸长率:

$$\delta = \frac{L_1 - L_0}{L_0} \times 100\% \qquad (7\text{-}1)$$

式中:δ——伸长率;

$L_1$——试件拉断后标距间的长度(mm);

$L_0$——试件原标距间长度(mm)。

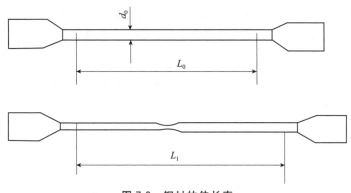

图 7-3 钢材的伸长率

伸长率 δ 是反映钢材塑性变形能力的一个重要指标,δ 越大说明钢材的塑性越好。对于钢材来说,一定的塑性变形能力,可避免应力集中,保证应力重新分布,从而保证钢材的安全性。钢材的塑性主要取决于其组织结构、化学成分和结构缺陷等,此外还与标距的大小有关,对于同一种钢材,其 $\delta_5$ 大于 $\delta_{10}$。

## 二、冲击韧性

冲击韧性是指钢材抵抗冲击荷载而不破坏的能力。规范规定是以刻槽的标准试件,在冲击试验的摆锤冲击下,以破坏后缺口处单位面积上所消耗的功来表示,符号 $a_k$,单位 J,如图 7-4 所示。$a_k$ 越大,冲断试件消耗的能量越多,或者说钢材断裂前吸收的能量越多,说明钢材的韧性越好。

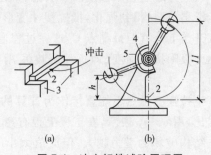

图 7-4　冲击韧性试验原理图
(a)试件装置;(b)摆冲式试验机工作原理图
1—摆锤;2—试件;3—试验台;4—刻度盘;5—指针

影响钢材冲击韧性的因素很多,钢的化学成分、组织状态,以及冶炼、轧制、焊接质量都会影响冲击韧性。如钢中磷、硫含量较高,存在非金属夹杂物,脱氧不完全和焊接中形成的微裂纹等都会使冲击韧性显著降低。

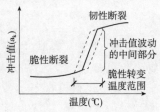

图 7-5　温度对冲击韧性的影响

此外,钢的冲击韧性还受温度和时间的影响。常温下,随温度的下降,冲击韧性降低很小,此时破坏的钢件断口呈韧性断裂状;当温度降至某一温度范围时,$a_k$ 突然发生明显下降,如图 7-5 所示,钢材开始呈脆性断裂,这种性质称为冷脆性,发生冷脆性时的温度(范围)称为脆性临界温度(范围)。低于这一温度时,$a_k$ 降低趋势又缓和,但此时 $a_k$ 值很小。在北方严寒地区选用钢材时,必须对钢材的冷脆性进行评定,此时选用的钢材的脆性临界温度应比环境最低温度低些。由于脆性临界温度的测定工作复杂,规范中通常是根据气温条件规定-20℃或-40℃的负温冲击值指标。

## 三、耐疲劳性

钢材在交变荷载反复多次作用下,可在最大应力远低于屈服强度的情况下突然破坏。这种破坏称为疲劳破坏。研究表明,钢材承受的交变应力 σmax 越大,则断裂时的交变次数 N 越少,相反 σmax 越小则 N 越多,如图 7-6 所示。对钢材而言,一般将承受交变荷载达 $10^7$ 周次时不破坏的最大应力定义为疲劳强度。

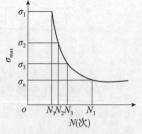

图 7-6　钢材的疲劳曲线

钢材的疲劳破坏是拉应力引起的。首先在局部开始形成微细裂纹,其后由于裂纹尖端处产生应力集中而使裂纹逐渐扩展直至疲劳断裂。钢材内部的晶体结构、成分偏析以及最大应力处的表面光洁程度等因素均会明显影响疲劳强度。在设计承受反复荷载且须进行疲劳验算的结构时,应当了解所用钢材的疲劳强度。

### 四、冷弯性能

冷弯是指钢材在常温下承受弯曲变形的能力。冷弯是通过检验试件经规定的弯曲程度后,弯曲处外面及侧面有无裂纹、起层、鳞落和断裂等情况进行评定的。一般用弯曲角度 α 以及弯心直径 d 与钢材厚度或直径 a 的比值来表示。如图 7-7 和图 7-8 所示,弯曲角度 α 越大,d/a 越小,表示对试件冷弯性能的要求越高。

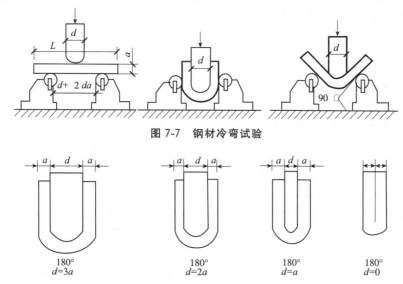

图 7-7 钢材冷弯试验

图 7-8 钢材冷弯弯心

伸长率和冷弯性能都反映钢材的塑性,但伸长率是测定钢材在均匀荷载作用下的变形,而冷弯试验是测定钢材在不均匀荷载作用下产生的不均匀变形,更有利于暴露钢材的某些内在缺陷,如内部组织不均匀、夹杂物、裂纹等。同时冷弯试验对焊接质量也是一种严格的检验,能揭示焊件在受弯表面存在的未熔合、微裂纹及夹杂物等缺陷。

### 五、焊接性能

在工业与民用建筑中焊接连接是钢结构的主要连接方式;在钢筋混凝土工

程中,焊接则是广泛应用于钢筋接头、钢筋网、钢筋骨架和预埋件的焊接,以及装配式构件的安装。因此,要求建筑钢材要有良好的可焊性。

建筑钢材焊接的特点是:在很短的时间内达到很高的温度;钢件熔化的体积小;由于钢件传热快,冷却的速度也快,所以存在着剧烈的膨胀和收缩。因此,在焊件中常发生复杂的、不均匀的反应和变化、内应力组织的变化和局部硬脆性倾向等缺陷。对可焊性良好的钢材,焊接后焊缝处的性质应尽可能与母材一致,这样才能获得焊接牢固可靠、硬脆倾向小的效果。

钢材的可焊性能主要受其化学成分及含量的影响。当含碳量超过0.3%后,钢的可焊性变差。锰、硅、钒等对钢的可焊性能也都有影响。其他杂质含量增多,也会使可焊性能下降,特别是硫能使焊缝处产生热裂纹并硬脆,这种现象称为热脆性。由于焊接件在使用过程中要求的主要力学性能是强度、塑性、韧性和耐疲劳性,因此,对性能影响最大的焊接缺陷是焊件中的裂纹、缺口和因硬化而引起的塑性和冲击韧性的降低。

采取焊前预热和焊后热处理的方法,可以使可焊性较差的钢材的焊接质量得以提高。此外,正确选用焊接材料和焊接工艺,也是提高焊接质量的重要措施。

## 六、钢材的强化

### 1. 钢材的冷加工及时效

钢材在常温下,以超过其屈服强度但不超过抗拉强度的应力进行加工,产生一定塑性变形,屈服强度、硬度提高,而塑性、韧性及弹性模量降低,这种现象称为冷加工强化。冷加工的主要目的是提高钢材的屈服强度、节约钢材。但冷加工往往导致塑性、韧性及弹性模量的降低。工程中常用的冷加工形式有冷拉、冷拔和冷轧。以冷拉和冷拔应用最为广泛。

以钢材的冷拉为例,如图7-9所示,图中OABCD为未经冷拉时的应力—应变曲线。将试件拉至超过屈服点B的K点,然后卸去荷载,由于试件已经产生塑性变形,所以曲线沿KO'下降而不能回到原点。此时若将试件立即重新拉伸,则新的应力应变曲线为O'KCD虚线,即K点称为新的屈服点,屈服强度得到了提高,而塑性、韧性降低。

钢材经冷拉后若不是立即重新拉伸,而是将试件在常温下存放15~20d或加热至100~200℃保持2h左右,然后重新拉伸,则应力应变曲线将成为O'KK$_1$C$_1$D$_1$,钢材的屈服强度、硬度进一步提高,抗拉强度也得到提高,而塑性和韧性进一步降低,这种现象称为时效。前者称为自然时效,后者称为人工时效。钢材的时效是普遍而长期的过程,未经冷加工的钢材同样存在时效现象,但经冷加工后时效可迅速发展。

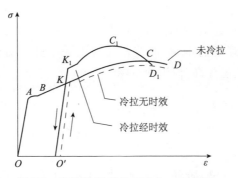

图 7-9 钢筋冷拉时效后应力—应变图

在建筑工程中,对于承受冲击、振动荷载的钢材,不得采用冷加工钢材。因焊接的热影响会降低钢材的性能,因此冷加工钢材的焊接必须在冷加工前进行,不得在冷加工后进行焊接。

**2. 热处理**

热处理是按照一定的制度对钢材进行加热、保温、冷却,以使钢材性能按要求而改变的过程。热处理可改变钢的晶体组织及显微结构,或消除由于冷加工在材料内部产生的内应力,从而改变钢材的力学性能。常用处理方法有以下4种:

(1)淬火

将钢材加热到 723~910℃ 以上(依含碳量而定),保温使其晶体组织完全转变后,立即在水或油中淬冷。淬火后的钢材,硬度大为提高,塑性和韧性明显下降。

(2)回火

将淬火后的钢材在 723℃ 以下的温度范围内重新加热,保温后按一定速度冷却至室温。回火可消除淬火产生的内应力,恢复塑性和韧性,但硬度下降。根据加热温度可分为高温回火(500~650℃)、中温回火(300~500℃)和低温回火(150~300℃)。加热温度越高,硬度降低越多,塑性和韧性恢复越好。在淬火后随即采用高温回火,称为调质处理。经调质处理的钢材,在强度、塑性和韧性方面均有改善。

(3)退火

将钢材加热到 723~910℃ 以上(依含碳量而定),然后在退火炉中保温,缓慢冷却。退火能消除钢材中的内应力,改善钢的显微结构,细化晶粒,以达到降低硬度、提高塑性和韧性的目的。冷加工后的低碳钢,常在 650~700℃ 的温度下进行退火,提高其塑性和韧性。

(4)正火

正火也称正常化处理,将钢材加热到对 723～910℃或更高温度,然后在空气中冷却。正火处理后的钢材,能获得均匀细致的显微结构,与退火处理相比较,钢材的强度和硬度提高,但塑性下降。

## 七、钢材的组成对其性质的影响

### 1. 钢材的组成

钢是铁碳合金,除铁、碳外,由于原料、燃料、冶炼过程等因素使钢材中存在大量的其他元素,如硅、氧、硫、磷、氮等,合金钢是为了改性而有意加入一些元素,如锰、硅、钒、钛等。

钢材中铁和碳原子结合有 3 种基本形式:固溶体、化合物和机械混合物。固溶体是以铁为溶剂,碳为溶质所形成的固体溶液,铁保持原来的晶格,碳溶解其中;化合物是 Fe、C 化合成化合物($Fe_3C$),其晶格与原来的晶格不同;机械混合物是由上述固溶体与化合物混合而成。所谓钢的组织就是由上述的单一结合形式或多种形式构成的,具有一定形态的聚合体。钢材的基本组织有铁素体、渗碳体和珠光体 3 种。

(1)铁素体是碳在铁中的固溶体,由于原子之间的空隙很小,对 C 的溶解度也很小,接近于纯铁,因此它赋予钢材以良好的延展性、塑性和韧性,但强度、硬度很低。

(2)渗碳体是铁和碳组成的化合物 $Fe_3C$,含碳量达 6.67%,性质硬而脆,是碳钢的主要强度组分。

(3)珠光体是铁素体和渗碳体的机械混合物,其强度较高,塑性和韧性介于上述二者之间。

### 2. 化学成分对钢材性质的影响

(1)碳

碳是决定钢材性质的主要元素。

碳对钢材力学性质影响如图 7-10 所示。随着含碳量的增加,钢材的强度和硬度相应提高,而塑性和韧性相应降低。当含碳量超过 1%时,钢材的极限强度开始下降。此外,含碳量过高还会增加钢的冷脆性和时效敏感性,降低抗大气腐蚀性和可焊性。

(2)磷、硫

磷与碳相似,能使钢的屈服点和抗拉强度提高,塑性和韧性下降,显著增加钢的冷脆性,磷的偏析较严重,焊接时焊缝容易产生冷裂纹,所以磷是降低钢材

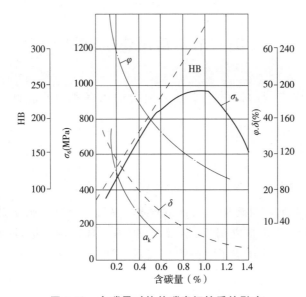

图 7-10　含碳量对热轧碳素钢性质的影响

$\sigma_b$—抗拉强度；$\alpha_k$—冲击韧性；HB—硬度；$\delta$—伸长率；$\psi$—断面收缩率

可焊性的元素之一。因此在碳钢中，磷的含量有严格的限制，但在合金钢中，磷可改善钢材的抗大气腐蚀性，也可作为合金元素。

硫在钢材中以 FeS 形式存在，FeS 是一种低熔点化合物，当钢材在红热状态下进行加工或焊接时，FeS 已熔化，使钢的内部产生裂纹，这种在高温下产生裂纹的特性称为热脆性。热脆性大大降低了钢的热加工性和可焊性。此外，硫偏析较严重，降低了冲击韧性、疲劳强度和抗腐蚀性，因此在碳钢中，硫也要严格限制其含量。

（3）氧、氮

氧和氮都能部分溶于铁素体中，大部分以化合物形式存在，这些非金属夹杂物，降低了钢材的力学性质，特别是严重降低了钢的韧性，并能促进时效，降低可焊性，所以在钢材中氧和氮都有严格的限制。

（4）硅、锰

硅和锰是在炼钢时为了脱氧去硫而有意加入的元素。由于硅与氧的结合能力很大，因而能夺取氧化铁中的氧形成二氧化硅进入钢渣中，其余大部分硅溶于铁素体中，当含量较低时（<1%），可提高钢的强度，对塑性、韧性影响不大。锰对氧和硫的结合力分别大于铁对氧和硫的结合力，因此锰能使有害的 FeO、FeS 分别形成 MnO、MnS 而进入钢渣中，其余的锰溶于铁素体中，使晶格歪扭阻止滑移变形，显著地提高了钢的强度。

## 第三节　常用建筑钢材

建筑工程中应用的钢材主要分为钢结构用钢和钢筋混凝土结构用钢两大类。

### 一、钢结构用钢

**1. 碳素结构钢**

碳素结构钢是普通碳素结构钢的简称。在各类钢中,碳素结构钢产量最大,用途最广泛,多轧制成钢板、钢带、型钢等。现行国家标准《碳素结构钢》(GB 700—2006)具体规定了它的牌号表示方法、技术要求、试验方法、检验规则等。

(1)牌号表示方法

钢的牌号由代表屈服强度的字母、屈服强度数值、质量等级符号、脱氧方法符号等 4 部分按顺序组成。其中,字母"Q"代表屈服强度;字母"A、B、C、D"分别为质量等级;字母"F"表示沸腾钢、字母"Z"表示镇静钢、字母"TZ"表示特殊镇静钢,"Z"和"TZ"在钢的牌号中可以省略。

(2)技术要求

1)钢的牌号和化学成分应符合表 7-1。

表 7-1　钢的化学成分

| 牌号 | 统一数字代号[a] | 等级 | 厚度(或直径, mm) | 脱氧方法 | 化学成分(质量分数,%)≤ | | | | |
|---|---|---|---|---|---|---|---|---|---|
| | | | | | C | Si | Mn | P | S |
| Q195 | U11952 | — | — | F、Z | 0.12 | 0.30 | 0.50 | 0.035 | 0.040 |
| Q215 | U12152 | A | — | F、Z | 0.15 | 0.35 | 1.20 | 0.045 | 0.050 |
| | U12155 | B | | | | | | | 0.045 |
| Q235 | U12352 | A | — | F、Z | 0.22 | 0.35 | 1.40 | 0.045 | 0.050 |
| | U12355 | B | | | 0.20[b] | | | | 0.045 |
| | U12358 | C | | Z | 0.17 | | | 0.040 | 0.040 |
| | U12359 | D | | TZ | 0.17 | | | 0.035 | 0.035 |

（续）

| 牌号 | 统一数字代号 | 等级 | 厚度（或直径，mm） | 脱氧方法 | 化学成分（质量分数，%）≥ | | | | |
|---|---|---|---|---|---|---|---|---|---|
| | | | | | C | Si | Mn | P | S |
| Q275 | U12752 | A | — | F、Z | 0.24 | 0.35 | 1.50 | 0.045 | 0.050 |
| | U12755 | B | ≤40 | Z | 0.21 | | | 0.045 | 0.045 |
| | | | >40 | | 0.22 | | | | |
| | U12758 | C | — | Z | 0.20 | | | 0.040 | 0.040 |
| | U12759 | D | | TZ | | | | 0.035 | 0.035 |

注：1. 表中为镇静钢、特殊镇静钢牌号的统一数字；沸腾钢牌号的统一数字代号如下：

Q195F——U11950；

Q215AF——U12150，Q215BF——U12153；

Q235AF——U12350，Q235BF——U12353；

Q275AF——U12750。

2. 经需方同意，Q235B 的碳含量不可大于 0.22%。

2）力学性能

钢材的拉伸和冲击性能应符合表 7-2，弯曲性能符合表 7-3。

表 7-2  钢材的拉伸和冲击性能

| 牌号 | 等级 | 屈服强度 $R_{eH}(N/mm^2)$≥ 厚度（或直径，mm） | | | | | 抗拉强度 $R_m$ $(N/mm^2)$ | 断后伸长率 A(%)≥ 厚度（或直径，mm） | | | | | 冲击试验（V型缺口） | |
|---|---|---|---|---|---|---|---|---|---|---|---|---|---|---|
| | | ≤16 | >16~40 | >40~60 | >60~100 | >100~150 | >150~200 | | ≤40 | >40~60 | >60~100 | >100~150 | >150~200 | 温度（℃） | 冲击吸收功（纵向,J）≥ |
| Q195 | — | 195 | 185 | — | — | — | — | 315~430 | 33 | — | — | — | — | — | — |
| Q215 | A | 215 | 205 | 195 | 185 | 175 | 165 | 335~450 | 31 | 30 | 29 | 27 | 26 | — | — |
| | B | | | | | | | | | | | | | +20 | 27 |
| Q235 | A | 235 | 225 | 215 | 215 | 195 | 185 | 370~500 | 26 | 25 | 24 | 22 | 21 | — | — |
| | B | | | | | | | | | | | | | +20 | 27 |
| | C | | | | | | | | | | | | | 0 | |
| | D | | | | | | | | | | | | | −20 | |
| Q275 | A | 275 | 265 | 255 | 245 | 225 | 215 | 410~540 | 22 | 21 | 20 | 18 | 17 | — | — |
| | B | | | | | | | | | | | | | +20 | 27 |
| | C | | | | | | | | | | | | | 0 | |
| | D | | | | | | | | | | | | | −20 | |

表 7-3 钢材的弯曲性能

| 牌号 | 试样方向 | 冷弯试验 180° $B=2a$ 钢材厚度(或直径,mm) | |
|---|---|---|---|
| | | ≤60 | >60～100 |
| | | 弯心直径 $d$ | |
| Q195 | 纵 | 0 | — |
| | 横 | 0.5$a$ | |
| Q215 | 纵 | 0.5$a$ | 1.5$a$ |
| | 横 | $a$ | 2$a$ |
| Q235 | 纵 | $a$ | 2$a$ |
| | 横 | 1.5$a$ | 2.5$a$ |
| Q275 | 纵 | 1.5$a$ | 2.5$a$ |
| | 横 | 2$a$ | 3$a$ |

(3)性能和应用

碳素结构钢的牌号越高,含碳量越高,强度和硬度也越高,但塑性和冲击韧性均降低,冷弯性能也变差。

普通建筑工程中使用的 Q235 号钢最多,Q215 号钢和 Q275 号钢次之。Q195 及 Q215 号钢强度低,塑性和韧性好,易于冷弯加工,常用作钢钉、铆钉、螺栓及铁丝等。

Q275 号钢,强度高但塑性和韧性较差,可焊性也差,不易焊接和冷弯加工,可用于轧制钢筋、作螺栓配件等,更多地用于机械零件和工具等。

2. 低合金高强度结构钢

低合金高强度结构钢是在碳素结构钢的基础上,添加少量的一种或几种合金元素(总含量＜5%)的一种结构钢。现行国家标准《低合金刚强度结构钢》(GB/T 1591—2008)具体规定了它的牌号表示方法、技术要求、试验方法、检验规则等。

(1)牌号表示方法

钢的牌号由代表屈服强度的汉语拼音字母、屈服强度数值、质量等级符号 3 个部分组成。例如:Q345D。其中字母"Q"代表屈服强度;数字"345"代表屈服强度数值,单位 MPa;字母"D"表示质量等级为 D。

(2)技术要求

1)牌号及化学成分

钢的牌号及化学成分应符合表 7-4 的规定。

## 第七章 建筑钢材

表7-4 钢的化学成分

| 序号 | 质量等级 | 化学成分(质量分数,%) | | | | | | | | | | | | |
|---|---|---|---|---|---|---|---|---|---|---|---|---|---|---|
| | | C | Si | Mn | P | S | Nb ≤ | V ≤ | Ti ≤ | Cr ≤ | Ni ≤ | Cu ≤ | N ≤ | Mo ≤ | B ≤ | Als ≥ |
| Q345 | A | ≤0.20 | ≤0.50 | ≤1.70 | 0.035 | 0.035 | | | | | | | | | | — |
| | B | | | | 0.035 | 0.035 | | | | | | | | | | — |
| | C | | | | 0.030 | 0.030 | 0.07 | 0.15 | 0.20 | 0.30 | 0.50 | 0.30 | 0.012 | 0.10 | | — |
| | D | | | | 0.030 | 0.025 | | | | | | | | | | 0.015 |
| | E | 1.80 | | | 0.025 | 0.020 | | | | | | | | | | |
| Q390 | A | ≤0.02 | ≤0.50 | ≤0.10 | 0.035 | 0.035 | | | | | | | | | | — |
| | B | | | | 0.035 | 0.035 | | | | | | | | | | — |
| | C | | | | 0.030 | 0.030 | 0.07 | 0.20 | 0.20 | 0.30 | 0.50 | 0.30 | 0.015 | 0.10 | | — |
| | D | | | | 0.030 | 0.025 | | | | | | | | | | 0.015 |
| | E | | | | 0.025 | 0.20 | | | | | | | | | | |
| Q420 | A | ≤0.02 | ≤0.50 | ≤0.10 | 0.035 | 0.035 | | | | | | | | | | — |
| | B | | | | 0.035 | 0.035 | | | | | | | | | | — |
| | C | | | | 0.030 | 0.030 | 0.07 | 0.20 | 0.20 | 0.30 | 0.80 | 0.30 | 0.015 | 0.20 | | — |
| | D | | | | 0.030 | 0.025 | | | | | | | | | | 0.015 |
| | E | | | | 0.025 | 0.20 | | | | | | | | | | |
| Q460 | A | ≤0.02 | ≤0.60 | ≤1.80 | 0.035 | 0.035 | | | | | | | | | | |
| | B | | | | 0.030 | 0.030 | 0.11 | 0.20 | 0.20 | 0.30 | 0.80 | 0.55 | 0.015 | 0.20 | 0.004 | 0.015 |
| | C | | | | 0.030 | 0.025 | | | | | | | | | | |
| Q500 | A | ≤0.18 | ≤0.60 | ≤1.80 | 0.035 | 0.035 | | | | | | | | | | |
| | B | | | | 0.030 | 0.030 | 0.11 | 0.12 | 0.20 | 0.60 | 0.80 | 0.55 | 0.015 | 0.20 | 0.004 | 0.015 |
| | C | | | | 0.030 | 0.025 | | | | | | | | | | |
| Q550 | C | ≤0.18 | ≤0.60 | ≤2.00 | 0.035 | 0.035 | | | | | | | | | | |
| | D | | | | 0.030 | 0.025 | 0.11 | 0.12 | 0.20 | 0.80 | 0.80 | 0.80 | 0.015 | 0.30 | 0.004 | 0.015 |
| | E | | | | 0.025 | 0.020 | | | | | | | | | | |
| Q620 | C | ≤0.18 | ≤0.60 | ≤2.00 | 0.030 | 0.030 | | | | | | | | | | |
| | D | | | | 0.030 | 0.025 | 0.11 | 0.12 | 0.20 | 1.00 | 0.80 | 0.80 | 0.015 | 0.30 | 0.004 | 0.015 |
| | E | | | | 0.025 | 0.020 | | | | | | | | | | |
| Q690 | C | ≤0.18 | ≤0.60 | ≤2.00 | 0.035 | 0.035 | | | | | | | | | | |
| | D | | | | 0.030 | 0.025 | 0.11 | 0.12 | 0.20 | 1.00 | 0.80 | 0.08 | 0.015 | 0.30 | 0.004 | 0.015 |
| | E | | | | 0.025 | 0.020 | | | | | | | | | | |

注:1. 型材料及棒材P、S含量可提高0.005%,其中A级钢上限可为0.045%;
    2. 当细化晶粒元素组合加入时,20(Nb+V+Ti)≤0.22%,20(Mo+Cr)≤0.30%。

2)力学性能

钢材的拉伸和冲击性能应符合表7-5和表7-6,弯曲性能符合表7-7。

表 7-5　钢材的拉伸性能

| 牌号 | 质量等级 | 下屈服强度（直径、边长）($R_{eL}$, MPa) | | | | | | | | | 抗拉强度（直径、边长）($R_m$, MPa) | | | | | | | 断后伸长率（A, %）公称厚度（直径、边长） | | | | | |
|---|---|---|---|---|---|---|---|---|---|---|---|---|---|---|---|---|---|---|---|---|---|---|---|
| | | ≤16mm | >16~40mm | >40~63mm | >63~80mm | >80~100mm | >100~150mm | >150~200mm | >200~250mm | >250~400mm | ≤40mm | >40~63mm | >63~80mm | >80~100mm | >100~150mm | >150~250mm | >250~400mm | ≤40mm | >40~63mm | >63~100mm | >100~150mm | >150~250mm | >250~400mm |
| Q345 | A | ≥345 | ≥335 | ≥325 | ≥315 | ≥305 | ≥285 | ≥275 | ≥265 | — | 470~630 | 470~630 | 470~630 | 470~630 | 450~600 | — | — | ≥20 | ≥19 | ≥19 | ≥18 | ≥17 | — |
| | B | | | | | | | | | | | | | | | | | | | | | | |
| | C | | | | | | | | | ≥265 | | | | | | | | | | | | | |
| | D | | | | | | | | | | | | | | | | | | | | | | |
| | E | | | | | | | | | | | | | | | | | ≥17 | | | | | |
| Q390 | A | ≥390 | ≥370 | ≥350 | ≥330 | ≥330 | ≥310 | — | — | — | 490~650 | 490~650 | 490~650 | 490~650 | 470~620 | — | — | ≥20 | ≥19 | ≥19 | ≥18 | — | — |
| | B | | | | | | | | | | | | | | | | | | | | | | |
| | C | | | | | | | | | | | | | | | | | ≥21 | ≥20 | ≥20 | ≥19 | — | — |
| | D | | | | | | | | | | | | | | | | | | | | | | |
| | E | | | | | | | | | | | | | | | | | | | | | | |
| Q420 | A | ≥420 | ≥400 | ≥380 | ≥360 | ≥360 | ≥340 | — | — | — | 520~680 | 520~680 | 520~680 | 520~680 | 500~650 | — | — | ≥19 | ≥18 | ≥18 | ≥18 | — | — |
| | B | | | | | | | | | | | | | | | | | | | | | | |
| | C | | | | | | | | | | | | | | | | | | | | | | |
| | D | | | | | | | | | | | | | | | | | | | | | | |
| | E | | | | | | | | | | | | | | | | | | | | | | |

第七章　建筑钢材

（续）

| 牌号 | 质量等级 | 拉伸试验 | | | | | | | | | | | | | | |
|---|---|---|---|---|---|---|---|---|---|---|---|---|---|---|---|---|
| | | 以下公称厚度（直径、边长）下屈服强度（R$_{eL}$，MPa） | | | | | | 以下公称厚度（直径、边长）抗拉强度（R$_m$，MPa） | | | | | 断后伸长率（A，%）公称厚度（直径、边长） | | | |
| | | ≤16mm | >16~40mm | >40~63mm | >63~80mm | >80~100mm | >100~150mm | >150~200mm | >200~250mm | >250~400mm | ≤40mm | >40~63mm | >63~80mm | >80~100mm | >100~150mm | >150~250mm | >250~400mm |
| | | | | | | | | | | | | | | ≤40mm | >40~63mm | >63~100mm | >100~150mm | >150~250mm |

| 牌号 | 质量等级 | ≤16mm | >16~40mm | >40~63mm | >63~80mm | >80~100mm | >100~150mm | >150~200mm | >200~250mm | >250~400mm | ≤40mm 抗拉 | >40~63mm | >63~80mm | >80~100mm | ≤40mm A% | >40~63mm | >63~100mm |
|---|---|---|---|---|---|---|---|---|---|---|---|---|---|---|---|---|---|
| Q460 | C D E | ≥460 | ≥440 | ≥420 | ≥400 | ≥400 | ≥380 | — | — | — | 550~720 | 550~720 | 530~700 | — | ≥17 | ≥16 | ≥16 |
| Q500 | C D E | ≥500 | ≥480 | ≥470 | ≥450 | ≥440 | — | — | — | — | 610~770 | 600~750 | 590~730 | 540~730 | ≥17 | ≥17 | — |
| Q550 | C D E | ≥550 | ≥530 | ≥520 | ≥500 | ≥490 | — | — | — | — | 670~830 | 620~810 | 600~790 | 590~780 | ≥16 | ≥16 | — |
| Q620 | C D E | ≥620 | ≥600 | ≥590 | ≥570 | — | — | — | — | — | 710~880 | 690~880 | 670~860 | — | ≥15 | ≥15 | — |
| Q690 | C D E | ≥690 | ≥670 | ≥660 | ≥640 | — | — | — | — | — | 770~940 | 750~920 | 730~900 | — | ≥14 | ≥14 | — |

注：1. 当屈服不明显时，可测量 R$_{p0.2}$ 代替下屈服强度；
2. 宽度≥600mm 扁平材，拉伸试验取横向试样；宽度<600mm 的扁平材、型材及棒材取纵向试样，断后伸长率最小值相应提高1%（绝对值）；
3. 厚度>250~400mm 的数值适用于扁平材。

表 7-6　钢材的冲击性能

| 牌号 | 质量等级 | 试验温度（℃） | 冲击吸收能量（$KV_2$/J） 公称厚度（直径、边长） | | |
|---|---|---|---|---|---|
| | | | 12～150mm | >150～250mm | >250～400mm |
| Q345 | B | 20 | ≥34 | ≥27 | — |
| | C | 0 | | | |
| | D | −20 | | | 27 |
| | E | −40 | | | |
| Q390 | B | 20 | ≥34 | — | — |
| | C | 0 | | | |
| | D | −20 | | | |
| | E | −40 | | | |
| Q420 | B | 20 | ≥34 | — | — |
| | C | 0 | | | |
| | D | −20 | | | |
| | E | −40 | | | |
| Q460 | C | 0 | ≥34 | — | — |
| | D | −20 | | | |
| | E | −40 | | | |
| Q500、Q550 Q620、Q690 | C | 0 | ≥55 | — | — |
| | D | −20 | ≥47 | — | — |
| | E | −40 | ≥31 | — | — |

表 7-7　钢材的弯曲性能

| 牌号 | 试样方向 | 180°弯曲试验 [d＝弯曲直径，a＝试样厚度（直径）] 钢材厚度（直径、边长） | |
|---|---|---|---|
| | | ≤16mm | >16～100mm |
| Q345 Q390 Q420 Q460 | 宽度≥60mm 扁平材，拉伸试验取横向试样。宽度＜60mm 的扁平材、型材及棒材取纵向试样 | 2a | 3a |

（3）性能和应用

低合金高强度结构钢具有较高的强度，良好的塑性、韧性、良好的焊接性、耐蚀性和冷成形性，适于冷弯和焊接。广泛用于桥梁、锅炉、高压容器和输油管等。

3. 型钢

建筑中的主要承重结构，常使用各种规格的型钢，来组成各种形式的钢结构。型钢由于截面形式合理，材料在截面上的分布对受力有利，且构件间的连接方便。所以，型钢是钢结构中采用的主要钢材。钢结构用钢的钢种和牌号，主要根据结构的重要性、荷载特征、结构形式、应力状态、连接方法、钢材厚度和工作环境等因素选择。对于承受动力荷载或振动荷载的结构、处于低温环境的结构，应选择韧性好、脆性临界温度低的钢材。对于焊接结构应选择焊接性能好的钢材。我国钢结构用热轧型钢主要采用的是碳素结构钢和低合金高强度结构钢。

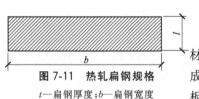

图 7-11 热轧扁钢规格

$t$—扁钢厚度；$b$—扁钢宽度

（1）热轧扁钢

热轧扁钢是截面为矩形并稍带钝边的长条钢材，主要由碳素结构钢或低合金高强度结构钢制成。在建筑工程中多用作一般结构构件，如连接板、栅栏、楼梯扶手等。扁钢的截面为矩形，其厚度为 3～60mm，宽度为 10～150mm。截面图及标注符号如图 7-11 所示。

扁钢的截面尺寸、允许偏差应符合表 7-8 的规定。

表 7-8 热轧扁钢的尺寸允许偏差（mm）

| 宽 度 | | | 厚 度 | | |
| --- | --- | --- | --- | --- | --- |
| 尺寸 | 允许偏差 | | 尺寸 | 允许偏差 | |
| | 普通级 | 较高级 | | 普通级 | 较高级 |
| 10～50 | +0.5<br>−1.0 | +0.3<br>−0.9 | 3～16 | +0.3<br>−0.5 | +0.2<br>−0.4 |
| >50～75 | +0.6<br>−1.3 | +0.4<br>−1.2 | | | |
| >75～100 | +0.9<br>−1.8 | +0.7<br>−1.7 | >16～60 | +1.5%<br>−30% | +1.0%<br>−2.5% |
| >100～150 | +1.0%<br>−2.0% | +0.8%<br>−1.8% | | | |

（2）热轧工字钢

热轧工字钢也称钢梁，是截面为工字形的长条钢材，主要由碳素结构钢轧制而成。其规格以腰高(h)×腿宽(b)×腰厚(d)的毫米数表示,如"工 160×88×6",即表示腰高为 160mm,腿宽为 88mm,腰厚为 6mm 的工字钢。工字钢规格也可用型号表示,型号表示腰高的厘米数,如工 16 号。腰高相同的工字钢,如有几种不同的腿宽和腰厚,需在型号右边加 a 或 b 或 c 予以区别,如 32a、32b、32c 等。热轧工字钢的规格范围为 10~63 号。工字钢广泛应用于各种建筑钢结构和桥梁,主要用在承受横向弯曲的杆件。

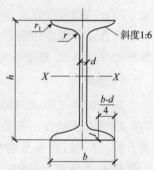

图 7-12 热轧工字钢界面

$h$—高度;$b$—腿宽度;$d$—腰厚度;
$t$—平均腿厚度;$r$—内圆弧半径;
$r_1$—腿端圆弧半径

热轧工字钢的截面图形及标注符号如图 7-12 所示。

热轧工字钢的高度 h、腿宽度 b、腰厚度 d 尺寸允许偏差应符合表 7-9 的规定。

表 7-9 热轧工字钢截面尺寸允许偏差(mm)

| 型号 | 允许偏差 | | |
|---|---|---|---|
| | 高度 h | 腿宽度 b | 腰厚度 d |
| ≤14 | ±2.0 | ±2.0 | ±0.5 |
| >14~18 | | ±2.5 | |
| >18~30 | ±3.0 | ±3.0 | ±0.7 |
| >30~40 | | ±3.5 | ±0.8 |
| >40~63 | ±40 | ±4.0 | ±0.9 |

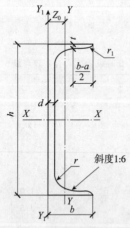

图 7-13 热轧槽钢截面

$h$—高度;$b$—腿宽度;$d$—腰厚度;
$t$—平均腿厚度;$r$—内圆弧半径;
$r_1$—腿端圆弧半径

(3)热轧槽钢

热轧槽钢是截面为凹槽形的长条钢材,主要由碳素结构钢轧制而成。其规格表示方法同工字钢。如 120×53×5,表示腰高为 120mm、腿宽为 53mm,腰厚为 5mm 的槽钢,或称 12 号槽钢。腰高相同的槽钢,如有几种不同的腿宽和腰厚,也需在型号右边加上 a 或 b 或 c 予以区别,如 25a、25b、25c 等。热轧槽钢的规格范围为 5~40 号。

槽钢主要用于建筑钢结构和车辆制造等,30 号以上可用于桥梁结构作受拉力的杆件,也可用作工业厂房的梁、柱等构件。槽钢常常和工字钢配合使用。

热轧槽钢的截面图示及标注符号如图 7-13 所示。热轧槽钢的高度 h、腿宽度 b、腰厚度 d 尺寸允许偏差应符合表7-10的规定。

表7-10 热轧槽钢截面尺寸允许偏差(mm)

| 型号 | 允许偏差 | | |
|---|---|---|---|
| | 高度 h | 腿宽度 b | 腰厚度 d |
| 5～8 | ±1.5 | ±1.5 | ±0.4 |
| >8～14 | ±2.5 | ±2.0 | ±0.5 |
| >14～18 | | ±2.5 | ±0.6 |
| >18～30 | ±3.0 | ±3.0 | ±0.7 |
| >30～40 | | ±3.5 | ±0.8 |

(4)热轧等边角钢

热轧等边角钢(俗称角铁),是两边互相垂直成角形的长条钢材,主要由碳素结构钢轧制而成。其规格以边宽×边宽×边厚的毫米数表示。如30×30×3,即表示边宽为30mm、边厚为3mm的等边角钢。也可用型号表示,型号是边宽的厘米数,如3号。型号不表示同一型号中不同边厚的尺寸,因而在合同等单据上应将角钢的边宽、边厚尺寸填写齐全,避免单独用型号表示。热轧等边角钢图7-14热轧等边角钢截面。

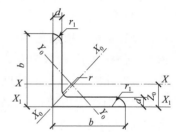

图7-14 热轧等边角钢截面
b—边宽度；d—边厚度；
r—内圆弧半径；$r_1$—边端内圆弧半径

等边角钢的边宽度b、边厚度d尺寸允许偏差应符合表7-11的规定。

表7-11 等边角钢截面尺寸允许偏差(mm)

| 型号 | 允许偏差 | |
|---|---|---|
| | 高度 h | 腿宽度 b |
| 2～5.6 | ±0.8 | ±0.4 |
| 6.3～9 | ±1.2 | ±0.6 |
| 10～14 | ±1.8 | ±0.7 |
| 16～20 | ±2.5 | ±1.0 |

### 4. 钢板

钢板是用轧制方法生产的,宽厚比很大的矩形板状钢材。按工艺不同,钢板有热轧和冷轧两大类。按钢板的公称厚度划分,钢板有薄板(0.1～4mm);中板(>4～20mm);厚板(>20～60mm);特厚板(>60mm)。

(1) 热轧钢板

热轧钢板按边缘状态分为切边和不切边两类;按精度又有普通精度和较高精度之分。热轧钢板的厚度为 0.35～200mm,宽度≥600mm,按不同的厚度和宽度,规定了定尺的长度。钢板也可供应宽度为 10～50mm 倍数的任何尺寸、长度为 100mm 或 50mm 倍数的任何尺寸。但厚度小于等于 4mm 的钢板,最小长度≥1.2m;厚度>4mm的钢板,最小长度≥2m。

热轧钢板按所用的钢种,通常有碳素结构钢、优质碳素结构钢和低合金高强度结构钢 3 类,热轧合金结构钢钢板也有多种产品供应。钢板所用钢的牌号和材质要求,均应满足相关标准的规定。

(2) 冷轧钢板

冷轧钢板是以热轧钢板或钢带为原料,在常温下经冷轧机轧制而成。冷轧钢板的公称厚度,一般为 0.2～5mm,宽度≥600mm。按边缘状态,分为切边和不切边冷轧钢板;按轧制精度,分为普通精度和较高精度。

冷轧钢板所用的钢种,除碳素结构钢和低合金高强度结构钢之外,还有硅钢、不锈钢等。

(3) 钢带

厚度较薄、宽度较窄,以卷状供应的钢板,称为钢带。钢带的厚度,一般为 0.1～4mm;0.02～0.1mm 厚的称薄钢带,0.02mm 以下的称超薄钢带。按钢带的宽度,≤600mm 的为窄钢带,>600mm 的为宽钢带。

按轧制工艺不同,钢带分为热轧和冷轧两类。按边缘状态,分为切边和不切边钢带;按精度又有普通精度和较高精度之分。

(4) 镀层薄钢板

镀层薄钢板,是为提高钢板的耐腐蚀性,以满足某些使用的特殊要求,在具有良好深冲性能的低碳钢钢板表面,施以有电化学保护作用的金属或合金的镀层产品。

1) 镀锡薄板,旧称马口铁,是在 0.1～0.32mm 的钢板上热镀或电镀纯锡。镀锡薄板的表面光亮,耐腐蚀性高,锡焊性良好,能在表面进行精美印刷。

2) 镀锌薄板,俗称白铁皮,是一种经济而有效的防腐蚀措施产品。镀锌薄板的一般厚度为 0.35～3mm,有热镀法和电镀法之分。热镀法的镀锌薄板,每面用锌量一般为 60～300g/$m^2$,抗蚀性较强;电镀法薄板,每面用锌量 10～50g/$m^2$,多用于涂漆的部件。

3）镀铝钢板，是镀纯铝或含硅5％～10％的铝合金的钢板。镀铝钢板，能抗$SO_2$、$H_2S$和$NO_2$等气体的腐蚀，抗氧化性和热反射性也很好。

4）镀铅—锡合金钢板，主要是指镀有含锡5％～20％的铅—锡合金镀层的钢板。这种钢板具有优越的耐蚀性，特别是能抗石油制品的腐蚀，还具有深冲成形的润滑性及可焊性等。

### 5. 钢管

钢管按制造方法不同，分为无缝钢管和焊接钢管两大类。钢管的制造工艺更新很快，采用的钢种和成品的规格都在不断增多。这不仅满足各类输送管道结构需要，也拓宽了建筑结构用管材的选择范围。

（1）焊接钢管

焊接钢管，是以带钢经过弯曲成型、连续焊接和精整3个基本工序制成。随着优质带钢连轧工艺的进步，焊接及检验技术的提高，焊接钢管得到较快的发展与提高。

1）焊管用钢的牌号。标准对制管用钢的规定，碳素结构钢为Q195、Q215A、Q215B、Q235A、Q235B 5个牌号；低合金高强度结构钢为Q295A、Q295B、Q345A、Q345B 4个牌号；还可用经供需双方议定的适合制管工艺的其他钢材。

2）焊管的种类。焊管按壁厚分为普通钢管和加厚钢管两种。焊管采用电阻焊或埋弧焊的方法制造。公称外径≤323.9mm的管，可提供镀锌钢管。根据需方要求，经供需双方议定，钢管端部可加工螺纹。

3）焊管的规格尺寸。应以管的公称外径及公称壁厚表示其规格；对公称外径168.3mm及以下的管，可用公称口径来表示。按《低压流体输送用焊接钢管》（GB/T 3091—2008）中定型的尺寸，公称直径为6～1626mm，共41种；公称壁厚为2～25mm，计26个。按公称外径大小，从同一的厚度系列中选定一个或几个值。焊管的通常长度，电阻焊钢管为4～12m，埋弧焊钢管为3～12m。

4）焊管的标记。标准中规定了焊管的统一标记，应依次写出下列内容的代号或数值："用钢的牌号、是否镀锌、公称外径×公称壁厚×长度、焊接方法、执行标准号。"其中镀锌管写Zn，不镀锌管写空白；焊接方法的代号，电阻焊代号为ERW，埋弧焊用SAW。

5）对焊管的技术要求。焊管应保证尺寸允许偏差、椭圆度和弯曲度的限值、理论质量、表面质量、力学性能和工艺性能符合标准规定。其中工艺性能，要求弯曲试验和压扁试验；力学性能的项目和指标，应符合表7-12的规定。此外，要求焊管应逐根进行液压试验，在规定的时间和压力下不发生渗漏。制造厂可用涡流探伤和超声波探伤代替液压试验。

表 7-12 焊接钢管的力学性能

| 牌号 | 抗拉强度 $\sigma_s$(MPa)⩾ | 屈服点 $\sigma_s$(MPa)⩾ | | 伸长率 $\sigma_s$(%)⩾ | |
| --- | --- | --- | --- | --- | --- |
| | | t⩽16mm | t>16mm | D⩽168.3 | D>168.3 |
| Q195 | 315 | 195 | 185 | | |
| Q215A、Q215B | 335 | 215 | 205 | 15 | 20 |
| Q235A、Q235B | 370 | 235 | 225 | | |
| Q295A、Q295B | 390 | 295 | 275 | 13 | 18 |
| Q345A、Q345B | 470 | 345 | 325 | | |

注:1. 表中 D 为公称外径,单位为 mm。对于 D⩽114.3 的管,不测 $\sigma_s$;对于 D>114.3 的管,$\sigma_s$ 的测值供参考,不作交货条件。t 为钢管壁厚;
    2. 采用其他牌号钢制造的管,力学性能指标由供需双方商定。

(2)无缝钢管

无缝钢管,是将管坯加热、穿孔、轧薄、均整、定径等工序制成。由于采用近代化的制管设备和工艺,增强了无缝管与焊接管竞争的能力,正以其组织均匀、尺寸精确、品种规格多样化等优势,与焊接钢管产品并驾齐驱。

结构用无缝钢管的现行标准为《结构用无缝钢管》(GB/T 8162—2008),现将其中的要求简介如下:

1)无缝管的品种。结构用无缝钢管,按生产工艺不同分为热轧和冷轧两大类,热轧管包括热挤压和热扩,冷轧管包括冷轧和冷拔。按采用的钢种和牌号的不同,结构用无缝钢管有:优质碳素结构钢 10、15、20、25、35、45、20Mn、25Mn 八个牌号,低合金高强度结构钢,合金结构钢的 33 个牌号[详见《结构用无缝钢管》(GB/T 8162—2008)中所列]。按对外径和壁厚的精度要求,此类管又分为普通级和高级两类。

2)无缝管的规格尺寸。管的外径和壁厚符合《无缝钢管尺寸、外形、重量及允许偏差》(GB/T 17395—2008)的规定,即外径分为标准化、非标准化为主和特殊用途钢管 3 大系列,壁厚则确立了同一的系列。具体的外径和壁厚,选用时应详查《无缝钢管尺寸、外形、重量及允许偏差》(GB/T 17395—2008)。无缝管的通常长度,热轧(挤、扩)管为 3~12m,冷拔(轧)管为 2~10.5m。

3)对无缝管的技术要求。包括尺寸偏差、弯曲度、质量偏差、用钢的冶炼及制坯方法、交货状态、化学成分和力学性能等,《结构用无缝钢管》(GB/T 8162—2008)均作出规定。其中,钢的化学成分应符合所属钢种的标准,钢管的化学成分在允许偏差之内。关于力学性能,热轧状态或热处理(正火或回火)状态交货的优碳钢、低合金钢管的纵向力学性能,见表 7-13;合金结构钢用热处理毛坯制成试样测出的纵向力学性能,以及钢管退火或高温回火供应状态布氏硬度,详见

《结构用无缝钢管》(GB/T 8162—2008)。

表 7-13 优碳钢、低合金钢无缝管力学性能

| 牌号 | 抗拉强度 $\sigma_b$(MPa)≥ | 屈服点 $\sigma_s$(MPa)≥ | | | 伸长率 $\sigma_s$(%)≥ | 压扁试验平板间距 H(mm) |
|---|---|---|---|---|---|---|
| | | S≤16 | 16<S<30 | S>30 | | |
| 10 | 335 | 205 | 195 | 185 | 24 | 3/3D |
| 20 | 390 | 245 | 235 | 225 | 20 | 2/3D |
| 35 | 510 | 305 | 295 | 285 | 17 | — |
| 45 | 590 | 335 | 325 | 315 | 14 | — |
| Q345 | 490 | 325 | 315 | 305 | 21 | 7/8D |

注：1. D 为无缝钢管外径，S 为管的壁厚，单位均为 mm；
　　2. 压扁试验的 H 值应同时≥5S。

## 二、钢筋混凝土用钢

钢筋混凝土结构用钢材包括钢筋、钢棒、钢丝和钢绞线。

**1. 钢筋**

(1)热轧钢筋

经热轧成型并自然冷却的钢筋，称为热轧钢筋。热轧钢筋按外形分为热轧光圆钢筋和热轧带肋钢筋两类。

1)热轧光圆钢筋

热轧光圆钢筋的横截面通常为圆形，且表面光滑。现行国家标准《钢筋混凝土用钢 第1部分：热轧光圆钢筋》(GB 1499.1—2008)具体规定了它的牌号表示方法、技术要求、试验方法、检验规则等。

①分级和牌号

钢筋牌号的构成及其含义见表 7-14。

表 7-14 钢筋牌号的构成及含义

| 产品名称 | 牌号 | 牌号构成 |
|---|---|---|
| 热轧光圆钢筋 | HPB235 HPB300 | 由 HPB＋屈服强度特征值构成 |

②技术要求

a. 牌号和化学成分

钢筋牌号及化学成分(熔炼分析)应符合表 7-15 的规定。

表 7-15　钢筋牌号及化学成分（熔炼分析）

| 牌号 | 化学成分（质量分数，%）≤ | | | | |
|---|---|---|---|---|---|
| | C | Ai | Mn | P | S |
| HPB235 | 0.22 | 0.30 | 0.65 | 0.045 | 0.050 |
| HPB300 | 0.25 | 0.55 | 1.50 | | |

b. 力学性能

钢筋的屈服强度 $R_{eL}$、抗拉强度 $R_m$、断后伸长率 A、最大力总伸长率 $A_{gt}$ 等力学性能特征值应符合表 7-16 的规定。

表 7-16　力学性能

| 牌号 | $R_d$(MPa) | $R_m$(MPa) | A(%) | $A_{gt}$(%) | 冷弯试验 180°<br>d—弯芯直径<br>a 钢筋公称直径 |
|---|---|---|---|---|---|
| | ≥ | | | | |
| HPB235 | 235 | 370 | 25.0 | 10.0 | d=a |
| HPB300 | 300 | 420 | | | |

③应用

热轧光圆钢筋的强度较低，但塑性及焊接性能很好，便于各种冷加工，因而广泛用作普通钢筋混凝土构件的受力筋及各种钢筋混凝土结构的构造筋。

2）热轧带肋钢筋

热轧带肋钢筋的横截面通常为圆形，且表面上有两条对称的纵肋和沿长度方向均匀分布的横肋。按横肋的纵截面形状分为月牙肋钢筋（图 7-15）和等高肋钢筋（图 7-16）。月牙肋钢筋的纵横肋不相交，而等高肋钢筋的纵横肋相交。

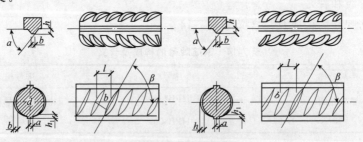

图 7-15　月牙肋钢筋表面及截面形状

d—钢筋内径；a—横肋斜角；h—横肋高；β—横肋与轴线夹角；
$h_1$—纵肋高度；a—纵肋顶宽；l—横肋间距；b—横肋顶宽

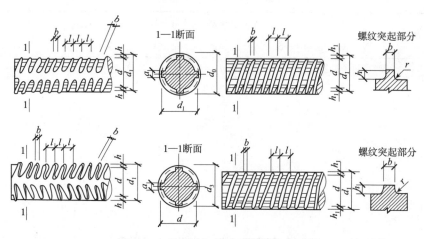

图 7-16 等高肋钢筋表面及截面形状

$d$—钢筋内径；$a$—纵肋宽度；$h$—横肋高度；$b$—横肋顶宽；
$h_1$—纵肋高度；$l$—横肋间距；$r$—横肋根部圆弧半径

现行国家标准《钢筋混凝土用钢 第 2 部分：热轧带肋钢筋》(GB 1499.2—2007)具体规定了它的牌号表示方法、技术要求、试验方法、检验规则等。

①分类和牌号

钢筋牌号的构成及其含义见表 7-17。

表 7-17 钢筋牌号的构成

| 类别 | 牌号 | 牌号构成 |
| --- | --- | --- |
| 普通热轧钢筋 | HRB335 | 由 HRB＋屈服强度特征值构成 |
| | HRB400 | |
| | HRB500 | |
| 细晶粒热轧钢筋 | HRBF335 | 由 HRBD＋屈服强度特征值构成 |
| | HRBF400 | |
| | HRBF500 | |

②技术要求

a. 化学成分

钢筋化学成分应符合表 7-18 的规定。

表 7-18 钢筋化学成分

| 牌号 | 化学成分(质量分数,%)≤ | | | | | |
|---|---|---|---|---|---|---|
| | C | Si | Mn | P | S | Ccq |
| HRB335<br>HRBF335 | | | | | | 0.52 |
| HRB400<br>HRBF400 | 0.25 | 0.80 | 1.60 | 0.045 | 0.045 | 0.54 |
| HRB500<br>HRBF500 | | | | | | 0.55 |

b. 力学性能

钢筋的屈服强度 $R_{eL}$、抗拉强度 $R_m$、断后伸长率 A、最大力总伸长率 $A_{gt}$ 等力学性能特征值应符合表 7-19 的规定。

表 7-19 钢筋的力学性能

| 牌号 | $R_{el}$(MPa) | $R_m$(MPa) | A(%) | $A_{gl}$(%) |
|---|---|---|---|---|
| | 不小于 | | | |
| HRB335<br>HRBF335 | 335 | 455 | 17 | |
| HRB400<br>HRBF400 | 400 | 540 | 16 | 7.5 |
| HRB500<br>HRBF500 | 500 | 630 | 15 | |

③应用

HRB335 和 HRB400 钢筋强度较高,塑性和焊接性能也较好,故广泛用作大、中型钢筋混凝土结构的受力钢筋。HRB500 钢筋强度高,但塑性和焊接性能较差,可用作预应力钢筋。

(2)冷轧带肋钢筋

冷轧带肋钢筋是以碳素结构钢或低合金热轧圆盘条为母材,经冷轧(通过轧钢机轧成表面有规律变形的钢筋)或冷拔(通过冷拔机上的孔模,拔成一定截面尺寸的细钢筋)减径后在其表面冷轧成三面(或二面)有肋的钢筋,提高了钢筋和混凝土之间的黏结力。与热轧圆盘条相比较,冷轧带肋钢筋的强度提高了17%左右。冷轧带肋钢筋的直径范围为4～12mm。三面肋钢筋表面及截面形状如图7-17所示。现行国家标准《冷轧带肋钢筋》(GB 13788—2008)具体规定了它的牌号表示方法、技术要求、试验方法、检验规则等。

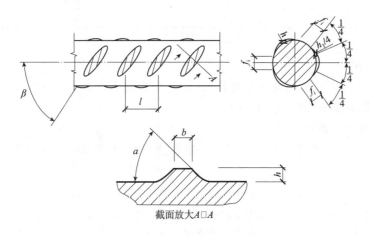

图 7-17　三面肋钢筋表面及截面形状

$\alpha$—横肋斜角;$\beta$—横肋与钢筋轴线夹角;$h$—横肋中点高;
$l$—横肋间距;$b$—横肋顶宽;$f_i$—横肋间隙

①分类及牌号

冷轧带肋钢筋分为 CRB550、CRB650、CRB800、CRB970 4 个牌号。

②力学性能

钢筋的力学性能符合表 7-20 规定。

表 7-20　钢筋的力学性能

| 牌号 | $R_{p0.2}$(MPa) $\geqslant$ | $R_m$(MPa) $\geqslant$ | 伸长率(%)$\geqslant$ | | 弯曲试验 180° | 反复弯曲次数 | 应力松弛初始应力相当于公称抗拉力强度的70% |
| --- | --- | --- | --- | --- | --- | --- | --- |
| | | | $A_{11.3}$ | $A_{1cc}$ | | | 1000h 松弛率(%)$\leqslant$ |
| CRB550 | 500 | 550 | 8.0 | — | D=3d | — | — |
| CRB650 | 585 | 650 | — | 4.0 | — | 3 | 8 |
| CRB800 | 720 | 800 | — | 4.0 | — | 3 | 8 |

(续)

| 牌号 | $R_{p0.2}$(MPa) ≥ | $R_m$(MPa) ≥ | 伸长率(%)≥ $A_{11.3}$ | $A_{1cc}$ | 弯曲试验 180° | 反复弯曲次数 | 应力松弛初始应力相当于公称抗拉力强度的70%<br>1000h松弛率(%)≤ |
|---|---|---|---|---|---|---|---|
| CRB970 | 875 | 370 | — | 4.0 | — | 3 | 8 |

注：表中 D 为弯心直径，d 为钢筋公称直径。

③应用

CRB550 为普通混凝土用钢筋，其他牌号适用于作为小型预应力构件的预应力钢筋、箍筋、构造钢筋、网片等。

(3) 低碳钢热轧圆盘条

热轧盘条是热轧型钢中截面尺寸最小的一种，大多通过卷线机卷成盘卷供应，故称盘条或盘圆。低碳钢热轧圆盘条由屈服强度较低的碳素结构钢轧制，是目前用量最大、使用最广的线材，适用于非预应力钢筋、箍筋、构造钢筋、吊钩等。热轧圆盘条又是冷拔低碳钢丝的主要原材料，用热轧圆盘条冷拔而成的冷拔低碳钢丝可作为预应力钢丝，用于小型预应力构件(如多孔板等)或其他构造钢筋、网片等。热轧盘条的直径范围为 5.5～14.0mm。常用的公称直径为 5.5、6.0、6.5、7.0、8.0、9.0、10.0、11.0、12.0、13.0、14.0mm。

(4) 钢筋混凝土用余热处理钢筋

钢筋混凝土用余热处理钢筋是指低合金高强度结构钢经热轧后立即穿水，进行表面控制冷却，然后利用芯部余热自身完成回火处理所得的成品钢筋。其性能均匀，晶粒细小，在保证良好塑性、焊接性能的条件下，屈服点约提高 10%，用作钢筋混凝土结构的非预应力钢筋、箍筋、构造钢筋，可节约材料并提高构件的安全可靠性。余热处理月牙肋钢筋的级别为Ⅲ级，强度等级代号为 KL400(其中"K"表示"控制")。余热处理钢筋的直径范围为 8～40mm。推荐的公称直径为 8、10、12、16、20、25、32、40mm。

2. 预应力混凝土用钢棒

现行国家标准《预应力混凝土用钢棒》(GB/T 5223.3—2005)具体规定了它的牌号表示方法、技术要求、试验方法、检验规则等。

(1) 分类及代号

按钢棒表面形状分为光圆钢棒(P)、螺旋槽钢棒(HG)、螺旋肋钢棒(HR)和带肋钢棒(R)4 种。

(2) 技术要求

钢棒应进行弯曲试验(螺旋槽钢棒、带肋钢棒除外),其抗拉强度、延伸强度性能符合表7-21的规定;伸长特性要求(包括延性级别和相应伸长率)应符合表7-22。

表7-21　钢棒的公称直径、横截面积及性能

| 表面形状类型 | 公称直径 $D_n$ (mm) | 公称横截面积 $S_n$ (mm²) | 横截面积 $S$ (mm²) 最小 | 横截面积 $S$ (mm²) 最大 | 每米参考重量 (g/m) | 抗拉强度 $R_m$ (MPa) ≥ | 规定非比例延伸强度 $R_{p0.2}$ (MPa) ≥ | 弯曲性能 性能要求 | 弯曲性能 弯曲半径 (mm) |
|---|---|---|---|---|---|---|---|---|---|
| 类型 | 6 | 28.3 | 26.8 | 29.0 | 222 | | | | 15 |
| | 7 | 38.5 | 36.3 | 39.5 | 302 | | | 反复弯曲 ≥4次/180° | 20 |
| | 8 | 50.3 | 47.5 | 51.5 | 394 | | | | 20 |
| | 10 | 78.5 | 74.1 | 80.4 | 616 | | | | 25 |
| | 11 | 95.0 | 93.1 | 97.4 | 746 | | | 弯曲160°~180°后弯曲处无裂纹 | 弯芯直径为钢棒公称直径的10倍 |
| | 12 | 113 | 106.8 | 115.8 | 887 | | | | |
| | 13 | 133 | 130.3 | 136.3 | 1 044 | | | | |
| | 14 | 154 | 145.6 | 157.8 | 1 209 | | | | |
| | 16 | 201 | 190.2 | 206.0 | 1 578 | | | | |
| 螺旋槽 | 7.1 | 40 | 39.0 | 41.7 | 314 | | | — | |
| | 9 | 64 | 62.4 | 66.5 | 205 | | | | |
| | 10.7 | 90 | 87.5 | 93.6 | 707 | 对所有规格钢棒 | 对所有规格钢棒 | | |
| | 12.6 | 125 | 121.5 | 129.9 | 981 | 1 080 | 930 | | 15 |
| 螺旋肋 | 6 | 28.3 | 26.8 | 29.0 | 222 | 1 230 | 1 080 | 反复弯曲 ≥4次/180° | 20 |
| | 7 | 38.5 | 36.3 | 39.5 | 302 | 1 420 | 1 280 | | 20 |
| | 8 | 50.3 | 47.5 | 51.5 | 384 | 1 570 | 1 420 | | 25 |
| | 10 | 78.5 | 74.1 | 80.4 | 616 | | | 弯曲160°~180°后弯曲处无裂纹 | 弯芯直径为钢棒公称直径的10倍 |
| | 12 | 113 | 106.8 | 115.8 | 888 | | | | |
| | 14 | 154 | 145.6 | 157.8 | 1 209 | | | | |
| 带肋 | 6 | 28.3 | 26.8 | 29.0 | 222 | | | | |
| | 8 | 50.3 | 47.5 | 51.5 | 394 | | | | |
| | 10 | 78.5 | 74.1 | 80.4 | 616 | | | — | |
| | 12 | 113 | 106.8 | 115.8 | 887 | | | | |
| | 14 | 154 | 145.6 | 157.8 | 887 | | | | |
| | 16 | 201 | 190.2 | 205.0 | 1 578 | | | | |

表 7-22　伸长特性要求

| 延性级别 | 最大力总伸长率(Agt) | 断后伸长率(A%) |
| --- | --- | --- |
| 延性 35 | 3.5% | ≥7.0 |
| 延性 25 | 2.5% | ≥5.0 |

注：1. 日常检验可有断后伸长率，仲裁试验以最大总伸长率为准；
　　2. 最大力伸长率标距 $L_0=200mm$；
　　3. 断后伸长率标距 $L_0$ 为钢棒公称直径的 8 倍，$L_0=8d$。

（3）应用

预应力混凝土用钢棒具有强度高、韧性良好、低松弛性、与混凝土握裹力强及良好的焊接性能等特点，特别适用于预应力混凝土构件，广泛用于港口、水利工程、桥梁、铁路轨枕及高层建筑管桩基础等工程。

### 3. 预应力混凝土用钢丝、钢绞线

（1）钢丝

预应力混凝土用钢丝是用牌号为 60～80 号的优质碳素钢盘条，经酸洗、冷拉或冷拉再回火等工艺制成。根据《预应力混凝土用钢丝》(GB/T 5223—2002)规定，钢丝按加工状态分为冷拉钢丝（代号 WCD）与消除应力钢丝。消除应力钢丝按松弛性能又分为低松弛级钢丝（代号为 WLR）和普通松弛级钢丝（代号 WNR）两类。预应力混凝土用钢丝按外形分为光圆钢丝（代号 P）、螺旋肋钢丝（代号 H）和刻痕钢丝（代号 I）3 种。现行国家标准《预应力混凝土用钢丝》(GB/T 5223—2002)具体规定了它的技术要求、试验方法、检验规则等。

预应力混凝土用钢丝质量稳定、安全可靠、强度高、无接头、施工方便，主要用于大跨度的屋架、薄腹梁、吊车梁或桥梁等大型预应力混凝土构件，还可用于轨枕、压力管道等预应力混凝土构件。

（2）钢绞线

预应力混凝土用钢绞线是由冷拉光圆钢丝及刻痕钢丝捻制的用于预应力混凝土结构的钢绞线。《预应力混凝土用钢绞线》(GB/T 5224—2003)规定，钢绞线分为标准型钢绞线、刻痕钢绞线和模拔钢绞线 3 种。标准型钢绞线是由冷拉光圆钢丝捻制成的钢绞线；刻痕钢绞线是由刻痕钢丝捻制成的钢绞线；模拔钢绞线是捻制后再经冷拔成的钢绞线。

钢绞线按结构分为 5 类，其代号如下：

用两根钢丝捻制的钢绞线　　　　　　　　　1×2
用 3 根钢丝捻制的钢绞线　　　　　　　　　1×3
用 3 根刻痕钢丝捻制的钢绞线　　　　　　　1×3I

| 用 7 根钢丝捻制的标准型钢绞线 | 1×7 |
| 用 7 根钢丝捻制又经模拔的钢绞线 | (1×7)C |

这些产品均属预应力混凝土专用产品,具有强度高、安全可靠、柔性好、与混凝土握裹力强等特点,主要用于薄腹梁、吊车梁、电杆、大型屋架、大型桥梁等预应力混凝土结构中。

## 第四节  建筑钢材的运输、储存

建筑钢材由于质量大、长度长,运输前必须了解所运建筑钢材的长度和单捆重量,以便安排运输车辆和起重机。

建筑钢材应按不同的品种、规格分别堆放。在条件允许的情况下,建筑钢材应尽可能存放在库房或料棚内(特别是有精度要求的冷拉、冷拔等钢材),若采用露天存放,则料场应选择地势较高而又平坦的地面,经平整、夯实、预设排水沟道、安排好垛底后方能使用。为避免因潮湿环境而引起的钢材表面锈蚀现象,雨、雪季节建筑钢材要用防雨材料覆盖。

施工现场堆放的建筑钢材应注明"合格""不合格""在检""待检"等产品质量状态,注明钢材生产企业名称、品种规格、进场日期及数量等内容,并以醒目标志标明,工地应由专人负责建筑钢材收货和发料。

# 第八章 墙体材料

在一般房屋建筑中,墙体材料是主体材料。墙体材料主要是指砖、砌块、墙板等,起承重、传递重量、围护、隔断、防水、保温、隔声等作用,而且墙体的重量占整个建筑物重量的40%~60%。因而,墙体材料是建筑工程中非常重要的材料之一。

用于墙体的材料种类较多,根据墙体在房屋建筑中的作用不同,所选用的材料也应有所不同。建筑物的外墙,因其外表面要受外界气温变化的影响及风吹、雨淋、冰雪和大气的侵蚀作用,故对于外墙材料的选择除应满足承重要求外,还要考虑保温、隔热、坚固、耐久、防水、抗冻等方面的要求;对于内墙则应考虑选择防潮、隔声、质轻的材料。

## 第一节 砌 墙 砖

砌墙砖按规格、孔洞率及孔的大小,分为普通砖、多孔砖和空心砖;按工艺不同,又分为烧结砖和非烧结砖。

### 一、烧结砖

**1. 烧结普通砖**

(1)分类和规格

1)按主要原料分为粘土砖(N)、页岩砖(Y)、煤矸石砖(M)和粉煤灰砖(F)。

2)按颜色不同分为红砖和青砖。控制砖窑中为氧化气氛焙烧,烧出来的砖为红砖;若控制窑内为还原性气氛焙烧,烧出来的砖则为青砖。青砖较红砖抗碱蚀性好,耐久性好。

3)按火候分为正火砖、欠火砖和过火砖。过火砖色深,敲击时声音清脆,吸水率低,强度高,并有一定的弯曲变形;欠火砖色浅,敲击声发哑,吸水能力强,强度低,耐久性差。过火砖、欠火砖都是砖的废品。

砖的外形为直角六面体,其公称尺寸为长240mm、宽115mm、高53mm。

(2)主要技术指标

现行国家标准《烧结普通砖》(GB 5101—2003)具体规定了它的技术要求、试验方法、检验规则等。

1)外观质量

砖的外观质量应符合表8-1。

表8-1 砖的外观质量

| 项目 | | 优等品 | 一等品 | 合格品 |
|---|---|---|---|---|
| 两条面高度差≤ | | 2 | 3 | 4 |
| 杂质凸出高度 | | 2 | 3 | 4 |
| 缺棱角的3个破坏尺寸不得同时> | | 5 | 20 | 30 |
| 裂纹长度≤ | 1.大面上宽度方向及其延伸到条面的长度 | 30 | 60 | 80 |
| | 2.大面上宽度方向及其延伸到顶面的长度或条顶面上水平裂纹的的长度 | 50 | 80 | 100 |
| 完整面不得少于 | | 二条面和二顶面 | 一条面和一顶面 | — |
| 颜色 | | 基本一致 | — | — |

注:1. 为装饰而施加的色差、凸凹纹、拉毛、压花等不算作缺陷;

2. 凡有下列缺陷之一者,不得称为完整面:

缺损在条面或顶上上千万的破坏尺寸同时>10mm×10mm;

条面或顶面上裂纹宽度大于1mm,其长度>30mm;

压陷、粘底、焦花在条面或顶面上的凹陷或凸出>2mm,区域尺寸同时>10mm×10mm。

2)强度

根据抗压强度,烧结普通砖分为 MU30、MU25、MU20、MU15、MU10 5 个强度等级。

测量强度试验的方法是,抽取试样数量为 10 块,加荷速度为$(5\pm0.5)$kN/s,试验后按式(8-1)和式(8-2)分别计算出强度变异系数 $\delta$ 和标准差 $S$。强度应符合表 8-2 的规定。

$$\delta = \frac{S}{\overline{f}} \tag{8-1}$$

$$S = \sqrt{\frac{1}{9}\sum_{i=1}^{10}(f_i - \overline{f})^2} \tag{8-2}$$

式中  $\delta$——砖强度变异系数,精确至 0.01;

$S$——10 块试样的抗压强度标准差,精确至 0.01MPa;

$\overline{f}$——10 块试样的抗压强度平均值,精确至 0.1MPa;

$f_i$——第 $i$ 块试样抗压强度测定值,精确至 0.01MPa。

表 8-2 强度(MPa)

| 强度等级 | 抗压强度平均 $\bar{f}$≥ | 变异系数 $\delta$≤0.21 强度标准值 $f_k$≥ | 变异系数 $\delta$>0.21 单块最小抗压强度值 $f_{min}$≥ |
| --- | --- | --- | --- |
| MU30 | 30.0 | 22.0 | 25.0 |
| MU25 | 25.0 | 18.0 | 22.0 |
| MU20 | 20.0 | 14.0 | 16.0 |
| MU15 | 15.0 | 10.0 | 12.0 |
| MU10 | 10.0 | 6.5 | 7.5 |

3)抗风化性能

抗风化性能是指在干湿变化、温度变化、冻融变化等物理因素作用下,材料不破坏并长期保持原有性质的能力。

风化指数是指日气温从正温降至负温或负温升至正温的每年平均天数与每年从霜冻之日起至消失霜冻之日止这一期间降雨总量(以 mm 计)的平均值的乘积。风化区用风化指数进行划分,风化指数≥12700 为严重风化区,风化指数<12700 为非严重风化区。严重风化区中黑龙江省、吉林省、辽宁省、内蒙古自治区和新疆维吾尔自治区地区的砖必须进行冻融试验。其他地区砖的抗风化性能符合表 8-3 规定时可不做冻融试验,否则必须进行冻融试验。

表 8-3 抗风化性能

| 砖种类 | 严重风化区 | | | | 非严重风化区 | | | |
| --- | --- | --- | --- | --- | --- | --- | --- | --- |
| | 5h沸煮吸水率(%)≤ | | 饱和系数≤ | | 5h沸煮吸水率(%)≤ | | 饱和系数≤ | |
| | 平均值 | 单块最大值 | 平均值 | 单块最大值 | 平均值 | 单块最大值 | 平均值 | 单块最大值 |
| 粘土砖 | 18 | 20 | 0.85 | 0.87 | 19 | 20 | 0.88 | 0.90 |
| 粉煤灰砖 | 21 | 23 | | | 23 | 25 | | |
| 页岩砖 煤矸石砖 | 16 | 18 | 0.74 | 0.77 | 18 | 20 | 0.78 | 0.80 |

4)泛霜

泛霜是指粘土原料中的可溶性盐类,随着砖内水分蒸发而在砖表面产生的盐析现象,一般在砖表面形成絮团状斑点的白色粉末。轻度泛霜会影响清水墙建筑外观,严重者由于盐析结晶膨胀,会导致砖体的表面粉化剥落,甚至对建筑结构造成破坏。国家标准规定优等品砖应无泛霜;一等品砖不允许出现中等泛霜现象;合格品砖不允许出现严重泛霜现象。

5)石灰爆裂

石灰爆裂是指砖内含有过烧生石灰时,过烧生石灰会在砖内吸收外界的水分,消化并产生体积膨胀,导致砖发生膨胀性破坏。《烧结普通砖》(GB 5101—2003)规定:优等品不允许出现最大破坏尺寸>2mm 的爆裂区域;一等品最大破坏尺寸>2mm 且≤10mm 的爆裂区域,每组砖样不得多于 15 处,不允许出现最大破坏尺寸>10mm 的爆裂区域;合格品最大破坏尺寸>2mm 且≤15mm 的爆裂区域,每组砖样不得多于 15 处,其中>10mm 的不得多于 7 处,不允许出现最大破坏尺寸>15mm 的爆裂区域。

6)酥砖和螺旋纹砖

酥砖指砖坯被雨水淋、受潮、受冻,或在焙烧过程中受热不均等原因,从而产生大量网状裂纹的砖,这种砖会使砖的强度和抗冻性严重降低。螺纹砖指从挤泥机挤出的砖坯上存在螺旋纹的砖。它在烧结时不易消除,导致砖受力时易产生应力集中,使砖的强度下降。工程中严禁使用酥砖和螺旋纹砖。

(3)应用

烧结普通砖具有一定的强度,较好的耐久性,是应用最久、应用范围最为广泛的墙体材料。烧结普通砖可用于砌筑承重或非承重的内外墙、柱、拱、沟道及基础等,在砌体中配制适当的钢筋或钢丝网,可以代替钢筋混凝土过梁或柱。优等品砖可用于清水墙建筑,合格品砖可用于混水墙建筑,中等泛霜的砖不能用于潮湿部位。烧结普通砖含有一定的孔隙,在砌筑墙体时会吸收砂浆中的水分使砂浆中的水泥不能正常凝结硬化。因此,在砌筑烧结普通砖时,必须预先使砖吸水润湿方可使用。

## 2. 烧结多孔砖

烧结多孔砖以粘土、页岩、煤矸石或粉煤灰为主要原料,经焙烧而成,孔洞率≥25%,砖内孔洞内径≤22mm。孔的尺寸小而数量多,主要用于承重部位的砖。简称多孔砖。

(1)分类和规格

按主要原料分为粘土砖、页岩砖、煤矸石砖、粉煤灰砖、淤泥砖和固体废弃物砖。砖的长度、宽度、高度尺寸(mm):290、240、190、180、140、115、90。

典型的孔型和孔洞排列,如图 8-1 所示。

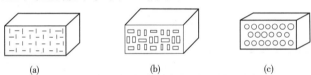

图 8-1 烧结多孔砖的孔型、孔洞排列示例
(a)矩形条孔交错排列;(b)矩形孔交错排列;(c)圆形孔有序排列

(2)主要技术指标

现行国家标准《烧结多孔砖和多孔砌块》(GB 13544—2011)具体规定了它的技术要求、试验方法、检验规则等。

1)外观质量

表 8-4　外观质量

| 项目 | 指标 | |
|---|---|---|
| 1. 完整面 | 不得少于 | 一条面和一顶面 |
| 2. 缺棱掉角的 3 个破坏尺寸 | 同时 ≤ | 30 |
| 3. 裂纹长度 | | |
| a) 大面(有孔面)上深入孔壁 15mm 以上宽度方向及其延伸到条面的长度 ≤ | | 80 |
| b) 大面(有孔面)上深入孔壁 15mm 以上长度方向及其延伸到顶面的长度 ≤ | | 100 |
| c) 条顶面上的水平裂纹 ≤ | | 100 |
| 4. 杂质在砖成砌块面上造成的凸出高度 ≤ | | 5 |

2)强度等级和密度等级

强度等级应符合表 8-5，密度等级应符合表 8-6。

表 8-5　强度等级

| 强度等级 | 抗压强度平均 $f \geqslant$ | 强度标准值 $f_k \geqslant$ |
|---|---|---|
| MU30 | 30.0 | 22.0 |
| MU25 | 25.0 | 18.0 |
| MU20 | 20.0 | 14.0 |
| MU15 | 15.0 | 10.0 |
| MU10 | 10.0 | 6.5 |

表 8-6　密度等级($kg/m^3$)

| 密度等级 | | 3 块砖或砌块干燥表现密度平均值 |
|---|---|---|
| 砖 | 砌块 | |
| — | 900 | ≤900 |
| 1000 | 1000 | 900~1000 |
| 1100 | 1100 | 1000~1100 |
| 1200 | 1200 | 1100~1200 |
| 1300 | — | 1200~1300 |

3)抗风化性能

严重风化区中黑龙江省、吉林省、辽宁省、内蒙古自治区和新疆维吾尔自治区地区的砖和以淤泥、固体废弃物为主要原料生产的砖必须进行冻融试验。其他地区砖的抗风化性能符合表 8-7 规定时可不做冻融试验，否则必须进行冻融试验。15 次冻融循环试验后，每块砖不允许出现裂纹、分层、掉皮、缺棱掉角等冻坏现象。

表 8-7 抗风化性能

| 种类 | 严重风化区 | | | | 非严重风化区 | | | |
|---|---|---|---|---|---|---|---|---|
| | 5h 沸煮吸水率(%)≤ | | 饱和系数≤ | | 5h 沸煮吸水率(%)≤ | | 饱和系数≤ | |
| | 平均值 | 单块最大值 | 平均值 | 单块最大值 | 平均值 | 单块最大值 | 平均值 | 单块最大值 |
| 粘土砖和砌块 | 21 | 23 | 0.85 | 0.87 | 23 | 25 | 0.88 | 0.90 |
| 粉煤灰砖和砌块 | 23 | 25 | | | 30 | 32 | | |
| 页岩砖和砌块 | 16 | 18 | 0.74 | 0.77 | 18 | 20 | 0.78 | 0.80 |
| 煤矸石砖和砌块 | 19 | 21 | | | 21 | 21 | | |

4) 孔型孔结构及孔洞率

烧结多孔砖的孔型孔结构及孔洞率应符合表 8-8 的规定。

表 8-8 孔型孔结构及孔洞率

| 孔型 | 孔洞尺寸(mm) | | 最小外壁厚(mm) | 最小肋厚(mm) | 孔洞率(%) | | 孔洞排列 |
|---|---|---|---|---|---|---|---|
| | 孔宽度尺寸 $b$ | 孔长度尺寸 $L$ | | | 砖 | 砌块 | |
| 矩形条孔或矩形孔 | ≤13 | ≤40 | ≥12 | ≥5 | ≥28 | ≥33 | 1. 所有孔宽应相等，孔采用单向或双向交错排列；<br>2. 孔洞排列上下、左右应对称，分布均匀，手抓孔的长度方向尺寸必须平行于砖的条面 |

注：1. 矩形孔的孔长 $L$，孔宽 $b$ 满足式 $L \geq 3b$ 时，为矩形条孔；
2. 孔 4 个角应做成过渡圆角，不得做成直尖角；
3. 如设有砌筑砂浆槽，则砌筑砂浆槽不计算在孔洞率内；
4. 规格大的砖和砌块应设置手抓孔，手抓孔尺寸为 (30~40)mm×(75~85)mm。

5) 泛霜

每块砖不允许出现严重泛霜

6) 石灰爆裂

①破坏尺寸＞2mm 且≤15mm 的爆裂区域，每组砖地多于 15 处。其中＞10mm 的不得多余 7 处。

②不允许出现破坏尺寸＞15mm 的爆裂区域。

(3) 应用

烧结多孔砖适用于多层建筑的内外承重墙体及高层框架建筑的填充墙和隔墙。

**3. 烧结空心砖**

(1) 分类和规格

按主要原料分为粘土砖、页岩砖、煤矸石砖和粉煤灰砖。

砖的外形为直角六面体,其长度、宽度、高度尺寸(mm):390、290、240、190、180(175)、140、115、90。

典型的孔型和孔洞排列,如图 8-2 所示。

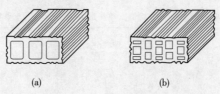

图 8-2　烧结空心砖的孔洞排列与结构示例
(a)方形孔有序排列;(b)长形、方形孔有序交错排列

(2) 主要技术指标

现行国家标准《烧结空心砖和空心砌块》(GB 13545—2003)具体规定了它的技术要求、试验方法、检验规则等。

1) 外观质量

表 8-9　外观质量

| 项目 | | 优等品 | 一等品 | 合格品 |
|---|---|---|---|---|
| 1.弯曲 | ≤ | 3 | 4 | 5 |
| 2.缺棱掉角的三个破坏尺寸不得 | 同时> | 15 | 30 | 40 |
| 3.垂直度差 | ≤ | 13 | 4 | 5 |
| 4.未贯穿裂纹长度 | ≤ | | | |
| ①大面上宽度方向及其延伸到条面的长度 | | 不允许 | 100 | 120 |
| ②大面上宽度方向或条面上水平方向的长度 | | 不允许 | 120 | 140 |
| 5.贯穿裂纹长度 | | | | |
| ①大面上宽度方向及其延伸到条面的长度 | | 不允许 | 40 | 60 |
| ②壁、肋沿长度方向、宽度方向及其水平方向的长度 | | 不允许 | 40 | 60 |
| 6.肋、壁内残缺长度 | ≤ | 不允许 | 40 | 60 |
| 7.完整面[a] | | 不少于 | 一条面和一大面 | 一条面或一大面 | — |

注:凡有下列缺陷之一者,不能称为完整面:
　　①缺损在大面、条面上造成的破坏尺寸同时大于 20mm×30mm;
　　②大面、条面上裂纹宽度大于 1mm,其长度超过 70mm;
　　③压陷、粘底、焦花在大面、条面上的凹陷或凸出超过 2mm,区域尺寸同时大于 20mm×30mm。

2）强度等级和密度等级

表 8-10　强度等级

| 强度等级 | 抗压强度/MPa | | | 密度等级范围（kg/m³） |
|---|---|---|---|---|
| | 抗压强度平均值 $\bar{f} \geqslant$ | 变异系数 $\delta \leqslant 0.21$ 强度标准值 $f_k \geqslant$ | 变异系数 $\delta > 0.21$ 单块最小抗压强度值 $f_{min} \geqslant$ | |
| MU10.0 | 10.0 | 7.0 | 8.0 | ≤1100 |
| MU7.5 | 7.5 | 5.0 | 5.8 | |
| MU5.0 | 5.0 | 3.5 | 4.0 | |
| MU3.5 | 3.5 | 2.5 | 2.8 | |
| MU2.5 | 2.5 | 1.6 | 1.8 | ≤800 |

表 8-11　密度等级 （kg/m³）

| 密度等级 | 5块密度平均值 |
|---|---|
| 800 | ≤800 |
| 900 | 801～900 |
| 1000 | 901～1000 |
| 1100 | 1001～1100 |

3）吸水率

表 8-12　吸水率(%)

| 等级 | 吸水率≤ | |
|---|---|---|
| | 粘土砖和砌块、页岩砖和砌块、煤矸石砖和砌块 | 粉煤灰砖和砌块[a] |
| 优等品 | 16.0 | 20.0 |
| 一等品 | 18.0 | 22.0 |
| 合格品 | 20.0 | 24.0 |

注：粉煤灰掺入量（体积比）<30%时，按粘土砖和砌块规定判定。

4）抗风化性能

严重风化区中黑龙江省、吉林省、辽宁省、内蒙古自治区和新疆维吾尔自治区地区的砖必须进行冻融试验。其他地区砖的抗风化性能符合表 8-3 规定时可不做冻融试验，否则必须进行冻融试验。

表 8-13 抗风化性能

| 分类 | 饱和系数≤ | | | |
| --- | --- | --- | --- | --- |
| | 严重风化区 | | 非严重风化区 | |
| | 平均值 | 单块最大值 | 平均值 | 单块最大值 |
| 粘土砖和砌块<br>粉煤灰砖和砌块 | 0.85 | 0.87 | 0.88 | 0.90 |
| 页岩砖和砌块<br>煤矸石砖和砌块 | 0.74 | 0.77 | 0.78 | 0.80 |

5) 孔洞排列及结构

表 8-14 孔洞排列及结构

| 等级 | 孔洞排列 | 孔洞排数(排) | | 孔洞率(%) |
| --- | --- | --- | --- | --- |
| | | 宽度方向 | 高度方向 | |
| 优等品 | 有序交错排列 | $b \geq 200mm \geq 7$<br>$b < 200mm \geq 7$ | ≥2 | |
| 一等品 | 有序排列 | $b \geq 200mm \geq 5$<br>$b < 200mm \geq 4$ | ≥2 | 40 |
| 合格品 | 有序排列 | ≥3 | — | |

注:$b$ 为宽度的尺寸。

6) 泛霜

《烧结空心砖和空心砌块》(GB 13545—2003)规定:优等品砖应无泛霜;一等品砖不允许出现中等泛霜现象;合格品砖不允许出现严重泛霜现象。

7) 石灰爆裂

《烧结空心砖和空心砌块》(GB 13545—2003)规定:优等品不允许出现最大破坏尺寸>2mm 的爆裂区域;一等品最大破坏尺寸>2mm 且≤10mm 的爆裂区域,每组砖样不得多于 15 处,不允许出现最大破坏尺寸>10mm 的爆裂区域;合格品最大破坏尺寸>2mm 且≤15mm 的爆裂区域,每组砖样不得多于 15 处,其中>10mm 的不得多于 7 处,不允许出现最大破坏尺寸>15mm 的爆裂区域。

(3) 应用

烧结空心砖,自重较轻,强度不高,因而多作非承重墙。另外,空心砖透气性好,平衡水分低,有利于调节室内湿度,使居室环境更为舒适。并且由于其良好的绝热隔声性能,可使墙体厚度减小,使有效面积增加,降低建筑物自重,从而可节省建筑的结构材料消耗,降低基础造价,使建筑物的抗震性能提高。

## 二、非烧结砖

### 1. 蒸压灰砂砖

利用天然粉砂和石灰加水混拌,压制成型,在高压蒸汽的作用下硬化而成的砖,称作蒸压灰砂砖,常简称为灰砂砖。

灰砂砖所用天然粉砂的有效成分是石英,靠高温水热的介质条件,与石灰起反应,生成水化硅酸钙($CaSiO_3$),硬结后产生强度。这种反应只在砂粒表面进行,因而砂子又起着填充和集料作用。

灰砂砖是压力成型,又不经焙烧,因此其组织均匀密实,无干缩或烧缩现象,外形光洁整齐,可以轻易制成各种颜色。

(1) 规格

砖的公称尺寸:长度 240 mm,宽度 115mm,高度 53mm。

(2) 主要技术要求

现行国家标准《蒸压灰砂砖》(GB 11945—1999)具体规定了它的技术要求、试验方法、检验规则等。

1) 外观质量

表 8-15 外观质量

| 项目 | | | 指标 | | |
|---|---|---|---|---|---|
| | | | 优等品 | 一等品 | 合格品 |
| 尺寸允许偏差(mm) | 长度 | L | ±2 | | |
| | 宽度 | B | ±2 | ±2 | ±3 |
| | 高度 | H | ±1 | | |
| 缺棱掉角 | 个数,不多于(个) | | 1 | 1 | 2 |
| | 最大尺寸(mm)≤ | | 10 | 15 | 20 |
| | 最小尺寸(mm)≤ | | 5 | 10 | 10 |
| | 对应高度差(mm)≤ | | 1 | 2 | 3 |
| 裂纹 | 条数,不多于(条) | | 1 | 1 | 2 |
| | 大面上宽度方向及其延伸到条面的长度(mm)≤ | | 20 | 50 | 70 |
| | 大面上长度方向及其延伸到顶面上的长度或条、顶面水平裂纹的长度(mm)≤ | | 30 | 70 | 100 |

2)强度等级

根据抗压强度和抗折强度分为 MU25、MU20、MU15、MU10 4 级。

3)力学性能

表 8-16　力学性能(MPa)

| 强度级别 | 抗压强度 | | 抗折强度 | |
| --- | --- | --- | --- | --- |
| | 平均值≥ | 单块值≥ | 平均值≥ | 单块值≥ |
| MU25 | 25.0 | 20.0 | 5.0 | 4.0 |
| MU20 | 20.0 | 16.0 | 4.0 | 3.2 |
| MU15 | 15.0 | 12.0 | 3.3 | 2.6 |
| MU10 | 10.0 | 8.0 | 2.5 | 2.0 |

注:优等品的强度级别≥MU15。

4)抗冻性

表 8-17　抗冻性指标

| 强度级别 | 冻后抗压强度(MPa),平均值≥ | 单块砖的干质量损失(%)≤ |
| --- | --- | --- |
| MU25 | 20.0 | 2.0 |
| MU20 | 16.0 | 2.0 |
| MU15 | 12.0 | 2.0 |
| MU10 | 8.0 | 2.0 |

注:优等品的强度级别≥MU15。

(3)性能和应用

1)耐热性、耐酸性差、抗流水冲刷能力差

灰砂砖应避免用于长期受热在 200℃ 以上及承受急冷、急热或有酸性介质侵蚀的建筑部位。灰砂砖在潮湿环境中,其强度变化不明显,但砖中的氢氧化钙等组分在流动水作用下会流失,所以灰砂砖不能用于有流水冲刷的部位。

2)与砂浆黏结力差

灰砂砖的表面光滑,与砂浆黏结力差。在砌筑时必须采取相应的措施,如增加构造措施,选用高黏度的专用砂浆。

3)灰砂砖收缩值较大

灰砂砖砌体的收缩值比烧结黏土砖砌体约大 1 倍,砌体易因收缩过大而开裂。严禁使用干砖或含水饱和砖,灰砂砖不宜与烧结砖或其他品种砖同层混砌。

MU25、MU20、MU15 的砖可用于基础及其他建筑;MU10 的砖仅可用于防潮层以上的建筑。

2. 粉煤灰砖

粉煤灰砖是以粉煤灰、石灰为主要原料,掺加适量石膏和集料,经坯料制备、压制成型、高压或常压蒸汽养护而成。以高压蒸汽养护制成的蒸压粉煤灰砖,因处在饱和蒸汽压的境遇下,粉煤灰中的活性成分与石灰的反应充分,强度及其他性能,均优于以常压蒸汽养护的蒸养粉煤灰砖。

(1)规格

砖的公称尺寸:长度 240 mm,宽度 115mm,高度 53mm。

(2)主要技术要求

现行国家标准《粉煤灰砖》(JC 239—2001)具体规定了它的技术要求、试验方法、检验规则等。

1)外观质量

表 8-18　外观质量(mm)

| 项目 | 指标 | | |
| --- | --- | --- | --- |
|  | 优等品 | 一等品(B) | 合格品(C) |
| 尺寸允许偏差: |  |  |  |
| 长 | ±2 | ±3 | ±4 |
| 宽 | ±2 | ±3 | ±4 |
| 高 | ±1 | ±2 | ±3 |
| 对应高度差≤ | 1 | 2 | 3 |
| 缺棱掉角的最小破坏尺寸≤ | 10 | 15 | 20 |
| 完整面 | 不少于 | 二条面和一顶面或二顶面和一条面 | 一条面和一顶面 | 一条面和一顶面 |
| 裂纹长度≤ |  |  |  |
| a.大面上宽度方向的裂纹(包括延伸到条面上的长度) | 30 | 50 | 70 |
| b.其他裂纹 | 50 | 70 | 100 |
| 层裂 | 不允许 | | |

注:在条面或顶面上破坏面的两个尺寸同时>10mm 和 20mm 看为非完整面。

2)强度等级

强度等级分为 MU30、MU25、MU20、MU15、MU10。去抗压抗折强度指标见表 8-18。

表 8-19　粉煤灰砖强度指标(MPa)

| 强度等级 | 抗压强度 | | 抗折强度 | |
| --- | --- | --- | --- | --- |
| | 10块平均值≥ | 单块值≥ | 10块平均值≥ | 单块值≥ |
| MU30 | 30.0 | 24.0 | 6.2 | 5.0 |
| MU25 | 25.0 | 20.0 | 5.0 | 4.0 |
| MU15 | 15.0 | 12.0 | 3.3 | 2.6 |
| MU10 | 10.0 | 8.0 | 2.5 | 2.0 |

3）抗冻性

表 8-20　粉煤灰砖抗冻性

| 强度等级 | 抗压强度(MPa),平均值≥ | 砖的干质量损失(％),单块值≤ |
| --- | --- | --- |
| MU30 | 24.0 | |
| MU25 | 20.0 | |
| MU20 | 16.0 | 2.0 |
| MU15 | 12.0 | |
| MU10 | 8.0 | |

4）干燥收缩

现行国家标准《粉煤灰砖》(JC 239—2001)规定干燥收缩值：优等品和一等品应≤0.65mm/m；合格品应应≤0.75mm/m。

（3）应用

粉煤灰砖，可用于一般的工业与民用建筑的墙体和基础。但用于基础或用于易受冻融作用和干湿交替作用的建筑部位，必须使用一等砖和优等砖。长期受热高于200℃，受急冷急热交替作用或有酸性侵蚀的部位，不得使用粉煤灰砖。

# 第二节　砌　　块

砌块是比砖大的人造块材，外形多为直角六面体，也有各种异形的。砌块系列中主规整的长度、宽度或高度，有一项或一项以上分别＞365mm、240mm或115mm，但高度不大于长度或宽度的6倍，长度不超过高度的3倍。按砌块系列中主规格高度划分，150～380mm的为小型砌块，380～980mm的为中型砌块，＞980mm的为大型砌块。按砌块的孔洞率划分，＞25％的为空心砌块，25％以下为实心砌块。

区别砌块的品种，除名称中注明大、中、小型和空心、实心外，尤其要冠以所用原材料和工艺类别。

## 一、混凝土小型空心砌块

混凝土小型空心砌块,是指以水泥混凝土、硅酸盐混凝土制造的,主规格高度>115mm 且<380mm,空心率≥25%的砌块。

发展空心砌块,可以减轻墙体自重,改善建筑功能,提高工效和降低造价。以粉煤灰、煤渣、煤矸石等工业废渣加少量石灰、石膏磨细做胶结料,以浮石、火山渣、煤渣做集料,制成的砌块,可进一步降低自重,改善热工性能,并对合理利用地方资源及工业废料有重要意义。而混凝土小型空心砌块,又具有原料普遍、制造简捷,结构形式灵活多样和经济适用等诸多优点,已成为我国建筑砌块中重点发展的主要品种。

供墙体用的混凝土小型空心砌块,按其形状和用途的不同,可分为结构型砌块、构造型砌块、装饰砌块和功能砌块等。列举其典型者如图 8-3 所示。

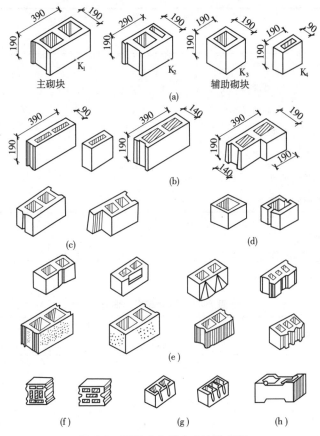

图 8-3 混凝土小型空心砌块示例
(a)承重墙用砌块;(b)非承重墙用砌块;(c)门窗框用砌块;(d)柱用砌块;
(e)装饰砌块;(f)绝热砌块;(g)吸声砌块;(h)抗震砌块

## 1. 普通混凝土小型空心砌块

普通混凝土小型空心砌块,是将水泥、砂、石、水拌和,经成型、养护,以近代的工艺和设备制成,属承重的结构型砌块。

(1) 规格

普通混凝土小型空心砌块主规格尺寸为 390mm×190mm×190mm;空心率应≥25%;最小外壁厚应≥30mm,最小肋厚应≥25mm。

(2) 主要技术指标

现行国家标准《普通混凝土小型空心砌块》(GB8239—1997)具体规定了它的技术要求、试验方法、检验规则等。

1) 外观质量

表 8-21 外观质量

| 项 | 目 | | 优等品(A) | 一等品(B) | 合格品(C) |
|---|---|---|---|---|---|
| 尺寸允许偏差 | | 长度(mm) | ±2 | ±3 | ±3 |
| | | 宽度(mm) | ±2 | ±3 | ±3 |
| | | 高度(mm) | ±2 | ±3 | ±3 |
| 外观质量 | | 弯曲(mm) | ≤2 | ≤2 | ≤2 |
| | 缸棱掉角 | 个数(个) | 0 | ≤2 | ≤2 |
| | | 3个方向投影尺寸最小值(mm) | 0 | ≤20 | ≤30 |
| | 裂纹延伸的投影尺寸累计(mm) | | 0 | 20 | 30 |

2) 强度等级

按其强度等级分为 MU3.5、MU5.0、MU7.5、MU10.0、MU15.0、MU20。见表 8-22。

表 8-22 强度等级(MPa)

| 强度等级 | 抗折强度 | |
|---|---|---|
| | 平均值≥ | 单块最小值≥ |
| MU3.5 | 3.5 | 2.8 |
| MU5.0 | 5.0 | 4.0 |
| MU7.5 | 7.5 | 6.0 |
| MU10.0 | 10.0 | 8.0 |
| MU15.0 | 15.0 | 12.0 |
| MU20.0 | 20.0 | 16.0 |

3) 相对含水量

因砌块对含水率变化敏感,致使其体积变化显著,产品标准中按使用地区所处环境的湿度不同,提出试块出厂的相对含水率指标,见表 8-23。

表 8-23  相对含水率

| 使用地区(的平均相对湿度) | 潮湿(>70%) | 中等(50%~75%) | 干燥(<50%) |
| --- | --- | --- | --- |
| 相对含水率(%)≤ | 45 | 40 | 35 |

4) 抗渗性和抗冻性

用于清水墙时砌块应保证的抗渗性,是按《混凝土小型空心砌块试验方法》(GB/T 4111—1997)中规定的方法,对一组 3 块试样检测,其水面下降高度,均≤10mm。对于采暖地区,指最冷月份的平均气温低于或等于-5℃的地区,保证砌块的抗冻性指标:若处于一般环境为 F15,若处于干湿交替环境为 F25,其强度损失≤25%,质量损失≤5%。

(3) 应用

普通混凝土小型空心砌块,适用于各种工业与民用建筑的单层及多层砌体结构的房屋建筑。18 层以下住宅可采用的配筋混凝土小型空心砌块体系,已确立并列为推广项目。由于砌块的绝热性较差,用于外围护墙时,应采用与保温材料构成的复合墙体。砌块墙体的隔声性能,可满足一般要求。为保证砌块建筑的抗震性,需采取多种结构措施。

**2. 轻集料混凝土小型空心砌块**

轻集料混凝土小型空心砌块,是以轻集料为主要原料,以水泥为胶凝材料制成。砌块所用的轻集料,可为各种符合技术要求的陶粒或天然轻集料,也可用自然煤矸石、煤渣等工业废料。各种轻集料的最大粒径,均不宜大于 10mm。与普通混凝土小型空心砌块相比,轻集料混凝土砌块的表观密度低、空心率大,可降低墙体自重和改善建筑功能,属非承重为主的结构型砌块。

(1) 规格

轻集料混凝土小型空心砌块主规格尺寸为 390mm×190mm×190mm;按其孔的排数,分为单排孔、双排孔、三排孔和四排孔。

(2) 主要技术指标

现行国家标准《轻集料混凝土小型空心砌块》(GB/T 15229—2011)具体规定了它的技术要求、试验方法、检验规则等。

1) 外观质量

表 8-24 外观质量和尺寸偏差

| 项目 | | 指标 |
|---|---|---|
| 尺寸偏差(mm) | 长度 | ±3 |
| | 宽度 | ±3 |
| | 高度 | ±3 |
| 最小外壁厚(mm) | 用于承重墙体≥ | 30 |
| | 用于非承重墙体≥ | 20 |
| 肋厚(mm) | 用于承重墙体≥ | 25 |
| | 用于非承重墙体≥ | 20 |
| 缺棱掉角 | 个数(块)≤ | 2 |
| | 三个方向投影的最大值(mm)≤ | 20 |
| 裂缝延伸的累计尺寸(mm)≤ | | 30 |

2)密度等级和强度等级

砌块密度等级分为 8 级：700、800、900、1000、1100、1200、1300、1400。除自然煤矸石掺量不小于砌块质量 35％的砌块外，其他砌块的最大密度等级为 1200，见表 8-25。

表 8-25 密度等级

| 密度等级 | 干表现密度范围 |
|---|---|
| 700 | ≥610,≤700 |
| 800 | ≥710,≤800 |
| 900 | ≥810,≤900 |
| 1000 | ≥910,≤1000 |
| 1100 | ≥1010,≤1100 |
| 1200 | ≥1110,≤1200 |
| 1300 | ≥1210,≤1300 |
| 1400 | ≥1310,≤1400 |

砌块强度等级分为 5 级：MU2.5、MU3.5、MU5.0、MU7.5、MU10.0。砌块的抗压强度和密度等级范围见表 8-26。

表 8-26　强度等级

| 强度等级 | 抗压强度（MPa） | | 密度等级范围（kg/m²） |
|---|---|---|---|
| | 平均值 | 最小值 | |
| MU2.5 | ≥2.5 | ≥2.0 | ≤800 |
| MU3.5 | ≥3.5 | ≥2.8 | ≤1000 |
| MU5.0 | ≥5.0 | ≥4.0 | ≤1200 |
| MU7.5 | ≥7.5 | ≥6.0 | ≤1200[a] ≤1300[b] |
| MU10.0 | ≥10.0 | ≥8.0 | ≤1200[a] ≤1400[b] |

注:1. 当砌块的抗压强度同时满足 2 个强度等级或 2 个以上强度等级要求时,应以满足要求的最高强度等级为准;

2. 除自然煤矸石掺量不小于砌块质量 35% 以外的其他砌块;

3. 自然煤矸石掺量不小于砌块质量 35% 的砌块。

3)吸水率、干缩率和相对含水量

轻集料混凝土小型空心砌块吸水率应不大于 18%,干燥收缩率应不大于 0.065%,相对含水率见表 8-27 的规定。

表 8-27　相对含水率

| 干燥收缩率（%） | 相对含水率(%) | | |
|---|---|---|---|
| | 潮湿地区 | 中等湿度地区 | 干燥地区 |
| <0.03 | ≤45 | ≤40 | ≤35 |
| ≥0.03,≤0.05 | ≤40 | ≤35 | ≤30 |
| >0.045,≤0.065 | ≤35 | ≤30 | ≤25 |

注:1. 相对含水率为砌块出厂含水率与吸水率之比。

$$W = \frac{w_1}{w_2} \times 100$$

式中:$W$——砌块的相对含水率,用百分数表示(%);

$w_1$——砌块出厂时的含水率,用百分数表示(%);

$w_2$——砌块的吸水率,用百分数表示(%)。

2. 使用地区的湿度条件:

潮湿地区——年平均相对湿度大于 75% 的地区;

中等湿度地区——年平均相对湿度 50%～75% 的地区;

干燥地区——年平均相对湿度小于 50% 的地区。

4）抗冻性

表 8-28 抗冻性

| 环境条件 | 抗冻标号 | 质量损失率（%） | 强度损失率（%） |
|---|---|---|---|
| 温和与夏热冬暖地区 | D15 | ≤5 | ≤25 |
| 夏热冬冷地区 | D25 | | |
| 寒冷地区 | D35 | | |
| 严寒地区 | D50 | | |

注：环境条件应符合 GB 50176 的规定。

5）碳化系数和软化系数

轻集料混凝土小型空心砌块碳化系数不小于 0.8；软化系数不小于 0.8。

(3) 应用

强度等级≤MU5.0 级、密度等级≤1200 级的轻集料混凝土小型空心砌块，适用于框架结构的填充墙、内浇外砌结构的围护墙和各自承重隔墙。强度等级≥MU5.0 级、密度等级≤1400 级的砌块，也适用于单层或多层建筑的承重墙。应按砌块的强度等级、密度等级，以及砌块所用混凝土的类别和孔型等因素合理选用。

## 二、蒸压加气混凝土砌块

蒸压加气混凝土砌块，是以钙质材料（水泥、石灰等）和硅质材料（砂、矿渣、粉煤灰等）以及加气剂（铝粉）等，经配料、搅拌、浇注、发气（由化学反应形成孔隙）、预养切割、蒸汽养护等工艺过程制成的多孔硅酸盐砌块。

### 1. 规格尺寸

表 8-29 规格尺寸(mm)

| 长度 $L$ | 宽度 $B$ | | | 高度 $H$ | | | |
|---|---|---|---|---|---|---|---|
| 600 | 100 150 240 | 120 180 250 | 125 200 300 | 200 | 240 | 250 | 300 |

注：如需要其他规格，可由供需双方协商解决。

### 2. 主要技术指标

(1) 外观质量和尺寸偏差

表8-30 尺寸偏差和外观

| 项目 | | | 指标 | |
|---|---|---|---|---|
| | | | 优等品(A) | 合格品(B) |
| 尺寸偏差(mm) | 长度 | L | ±3 | ±4 |
| | 宽度 | B | ±1 | ±2 |
| | 高度 | H | ±1 | ±2 |
| 缺棱掉角 | 最小尺寸(mm)≤ | | 0 | 30 |
| | 最大尺寸(mm)≤ | | 0 | 70 |
| | 大于以上尺寸的缺棱掉角个数(个)≤ | | 0 | 2 |
| 斜纹长度 | 贯穿一棱二面的裂纹长度不得大于裂纹所在面的裂纹方向尺寸总和的 | | 0 | 1/3 |
| | 任一面上的裂纹长度不得大于裂纹方向尺寸的 | | 0 | 1/2 |
| | 大于以上尺寸的裂纹条数(条)≤ | | 0 | 2 |
| 爆裂、粘膜和损坏深度(mm)≤ | | | 10 | |
| 平面弯曲 | | | 不允许 | |
| 表面疏松、层裂 | | | 不允许 | |
| 表面油污 | | | 不允许 | |

(2) 抗压强度和干密度分级

蒸压加气混凝土砌块强度级别分为 A1.0,A2.0,A2.5,A3.5,A5.0,A7.5,A10 七个级别。砌块的抗压强度应符合表 8-31 的规定。

表8-31 抗压强度(MPa)

| 强度级别 | 立方体抗压强度 | |
|---|---|---|
| | 平均值≥ | 单组最上值≥ |
| A1.0 | 1.0 | 0.8 |
| A2.0 | 2.0 | 1.6 |
| A2.5 | 2.5 | 2.0 |
| A3.5 | 3.5 | 2.8 |
| A5.0 | 5.0 | 4.0 |
| A7.5 | 7.5 | 6.0 |
| A10.0 | 10.0 | 8.0 |

蒸压加气混凝土砌块干密度级别分为 B03、B04、B05、B06、B07、B08 6 个级别。砌块的干密度应符合表 8-32。

表 8-32　干密度（kg/m³）

| 干密度级别 | | B03 | B04 | B05 | B06 | B07 | B08 |
|---|---|---|---|---|---|---|---|
| 干密度 | 优等品（A）≤ | 300 | 400 | 500 | 600 | 700 | 800 |
| | 合格品（B）≤ | 325 | 425 | 525 | 625 | 725 | 825 |

表 8-33　强度级别

| 干密度级别 | | B03 | B04 | B05 | B06 | B07 | B08 |
|---|---|---|---|---|---|---|---|
| 强度级别 | 优等品（A） | A1.0 | A2.0 | A3.5 | A5.0 | A7.5 | A10.0 |
| | 合格品（B） | | | A2.5 | A3.5 | A5.0 | A7.5 |

（3）蒸压加气混凝土砌块的孔隙率较高，抗冻性能较差、保温性较好，出釜时含水率较高，干缩值较大。砌块的干燥收缩、抗冻性和导热系数（干态）应符合表 8-34 的规定。

表 8-34　干燥收缩、抗冻性和导热系数

| 干密度级别 | | | B03 | B04 | B05 | B06 | B07 | B08 |
|---|---|---|---|---|---|---|---|---|
| 干燥收缩值ª | 标准法（mm/m）≤ | | | | 0.50 | | | |
| | 快速法（mm/m）≤ | | | | 0.80 | | | |
| 抗冻性 | 质量损失（%）≤ | | | | 5.0 | | | |
| | 冻后强度（MPa）≥ | 优等品（A） | 0.8 | 1.6 | 2.8 | 4.0 | 6.0 | 8.0 |
| | | 合格品（B） | | | 2.0 | 2.8 | 4.0 | 6.0 |
| 导热系数[干态,W/(m·k)]≤ | | | 0.10 | 0.12 | 0.14 | 0.16 | 0.18 | 0.20 |

注：规定采用标准法、快速法测定砌块干燥收缩值，若测定结果发生矛盾不能判定时，则以标准测定的结果为准。

### 3. 应用

干表观密度 500kg/m³、强度 3.5 级的蒸压加气混凝土砌块，可用于 3 层以下、总高度不超过 10m 的横墙承重房屋；干表观密度 700kg/m³、强度 5.0 级的砌块，可用于 5 层以下、总高度≤16m 的横墙承重房屋。采用横墙承重的结构方案，横墙间距不宜＞4.2m，尽可能使横墙对正贯通，每层应设置现浇钢筋混凝土

圈梁,以保证房屋有较好的空间整体刚度。

建筑物的基础,处于浸水、高湿和化学侵蚀环境,承重制品表面温度高于80℃的部位,均不得采用加气混凝土砌块。加气混凝土外墙面,应做饰面防护措施。

### 三、粉煤灰砌块

粉煤灰砌块,是以粉煤灰、石灰、石膏和集料等为原料,加水搅拌、振动成型、蒸汽养护而制成的密实砌块。

#### 1. 规格尺寸

粉煤灰块的主规格外形尺寸为:880mm×380mm×240mm 和 880mm×430mm×240mm。

#### 2. 主要技术指标

现行国家标准《粉煤灰砌块》(JC 238—1991)(1996)具体规定了它的技术要求、试验方法、检验规则等。

(1) 外观质量和尺寸允许偏差

表 8-35 粉煤灰外观质量和尺寸允许偏差(mm)

| | 项目 | | 指标 | |
|---|---|---|---|---|
| | | | 一等品(B) | 合格品(C) |
| 外观质量 | 表面疏松 | | 不允许 | |
| | 任一面上的裂缝长度,不得大于裂缝方向砌块尺寸的 | | 1/3 | |
| | 石灰团、石膏团 | | 直径>5 的,不允许 | |
| | 粉煤灰团、空洞和爆裂 | | 直径>30 的,不允许 | 直径>50 的,不允许 |
| | 局部突起高≤ | | 10 | 15 |
| | 翘曲≤ | | 6 | 8 |
| | 缺棱掉角在长、宽、高 3 个方面上投影的最大值≤ | | 30 | 50 |
| | 高低差 | 长度方向 | 6 | 8 |
| | | 宽度方向 | 4 | 6 |
| 尺寸允许偏差 | | 长度 | +4,-6 | +5,-10 |
| | | 高度 | +4,-6 | +5,-10 |
| | | 宽度 | ±3 | ±6 |

(2) 抗压强度、碳化后强度、抗冻性能和密度

表 8-36　粉煤灰砌块的性能

| 项目 | 指标 | |
| --- | --- | --- |
|  | 10 级 | 13 级 |
| 抗压强度(MPa) | 3 块试件平均值≥10.0,单块最小值 8.0 | 3 块试件平均值≥13.0,单块最小值 10.5 |
| 人工碳化后强度(MPa) | ≥6.0 | ≥7.5 |
| 密度(kg/m$^3$) | 不超过产品密度 10% | |
| 抗冻性 | 冻融循环结束后,外观无明显疏松、剥落或裂缝;强度损失≤20% | |

(3) 干缩性能

以干缩值为指标,一等品≤0.75mm/m;合格品≤0.90mm/m。

**3. 应用**

粉煤灰砌块的主要原料,煤渣占 55% 左右,粉煤灰占 30% 多,对利用工业废料有重要意义。加入的石灰与粉煤灰中的活性成分,由于在水湿条件下反应,生成硅酸盐类产物,所以粉煤灰砌块实为硅酸盐混凝土制品的一种。它的表观密度<1900kg/m$^3$,属于轻混凝土的范畴,适用于一般建筑的墙体和基础。只要砌块的工艺过关,管理严格,产品性能稳定,在建筑设计时,结合房屋构造和装饰采取必要的措施,该砌块建筑的耐久性还是可靠的。

# 第三节　板　　材

## 一、轻质墙板

**1. 石膏板**

(1) 纸面石膏板

纸面石膏板具有轻质、较高的强度、防火、隔声、保温和低收缩率等物理性能,而且还具有可锯、可刨、可钉、可用螺钉紧固等良好的加工使用性能。

纸面石膏板是以建筑石膏为主要原料,并掺入一些纤维和外加剂所组成的芯材,和与芯材牢固地结合在一起的护面纸组成的建筑板材。主要包括普通纸面石膏板(代号 P)、防火纸面石膏板(代号 H)和防水纸面石膏板(代号 S)3 个品种。

纸面石膏板的质量要求和性能指标应满足标准《纸面石膏板》(GB/T9775—2008)的要求。纸面石膏板常用规格为：

长度：1500mm、1800mm、2100mm、2400mm、244mm、2700mm、3000mm、3300mm、3600mm 和 366mm。

宽度：600mm、900mm、1200mm 和 1220mm。

厚度：9.5mm、12.0mm、15.0mm、18.0mm、21.0mm 和 25.0mm。

纸面石膏板的性能指标应满足表 8-37 要求。

表 8-37　纸面石膏板性能要求

| 板材厚度 (mm) | 单位面积质量 ($kg·m^{-2}$) | 断裂荷载(N)≥ | | 吸水率 | 表面吸水量 | 遇火稳定性 |
|---|---|---|---|---|---|---|
| | | 纵向 | 横向 | | | |
| 9.5 | 9.5 | 360 | 140 | ≤10.0%（仅适用于耐水纸面石膏板和耐水耐火纸面石膏板） | ≤160g/m²（仅适用于耐水纸面石膏板和耐水耐火纸面石膏板） | ≥20min（仅适用于耐水纸面石膏板和耐水耐火纸面石膏板） |
| 12.0 | 12.0 | 460 | 180 | | | |
| 15.0 | 15.0 | 580 | 220 | | | |
| 18.0 | 18.0 | 700 | 270 | | | |
| 21.0 | 21.0 | 810 | 320 | | | |
| 25.0 | 25.0 | 970 | 380 | | | |

普通纸面石膏板适用于建筑物的围护墙、内隔墙和吊顶。在厨房、厕所以及空气相对湿度经常＞70%的潮湿环境中使用时，必须采用相对防潮措施。防水纸面石膏板的纸面经过防水处理，而且石膏芯材也含有防水成分，因而适用于湿度较大的房间墙面。由于它有石膏外墙衬板、耐水石膏衬板两种，可用于卫生间、厨房、浴室等贴瓷砖、金属板、塑料面砖墙的衬板。

(2)纤维石膏板

纤维石膏板是以石膏为主要原料，以木质刨花、玻璃纤维或纸筋等为增强材料，经铺浆、脱水、成型、烘干等加工而成。按板材结构分为单层纤维石膏板(均质板)和 3 层纤维石膏板；按用途分为复合板、轻质板(表观密度为 450～700kg/m³)和结构板(表观密度为 1100～1200 kg/m³)等不同类型。其规格尺寸为：长度 1200～3000mm；宽度 600～1220mm；厚度 10mm、12mm。导热系数为 0.18～0.19W/(m·K)。

与纸面石膏板相比，纤维石膏板的优点是：纤维石膏板强度高；易于安装，板体密实，不易损坏，可开槽，可锯可钉性好，螺钉拔出力强，密度高，隔声较好；无纸面，耐火性能好，表面不会燃烧；充分利用废纸资源。但纤维石膏板也存在表观密度较大，板上划线较难，表面不够滑度，价格较高，投资较大等不足。

(3) 石膏空心板

石膏空心板是以石膏或化学石膏为主要材料，加入少量增强纤维，并以水泥、石灰、粉煤灰等为辅胶结料，经浇注成型、脱水烘干制成。石膏空心板的特点是表面平整光滑、洁白，板面不用抹灰，只在板与板之间用石膏浆抹平，并可在上喷刷或贴各种饰面材料，而且防滑性能好，质量轻，可切割、锯、钉，空心部位还可预埋电线和管件，安装墙体时可以不用龙骨，施工简单。

石膏空心条板规格尺寸：长度为2500～3000mm，宽度为500～600mm，厚度为60～90mm。一般有7孔或9孔的条形板材。表观密度为600～900kg/$m^3$，抗折强度为2～3MPa，导热系数0.20W/(m·K)，隔声指数≥30dB，耐火限1～2.5h。适用于高层建筑、框架轻板建筑及其他各类建筑的非承重内隔墙。

**2. 纤维水泥板**

纤维水泥平板是以水泥和某些纤维材料为原料，经过制浆、成坯、养护等工序而制成的一种板材。按照所用纤维的不同，纤维水泥平板分为石棉水泥平板、混合纤维水泥平板和无石棉纤维水泥板；按所用水泥的不同分为普通水泥板、低碱度水泥板；按产品的密度不同又可分为高密度板、中密度板和轻板等几种。其中高密度板又称加压板，是在板坯成型后经再次加压而形成的，中密度板则未经过再次加压，而轻板则是指那些原料中添加有轻集料，成型又未经再次加压而成的板材。常见规格：长度为1200～2800mm，宽度为800～1200mm，厚度为4mm、5mm和6mm。

纤维水泥平板具有防潮、防水、防霉、防蛀及可加工等一系列优点。高密度板由于强度高、干缩值小、抗渗性和抗冻性好等特点，经过表面处理后，可用作建筑物外墙的面板，而中密度板和轻板则主要用于做隔墙。

**3. 玻璃纤维增强水泥轻质多孔隔墙条板**

玻璃纤维增强水泥轻质多孔隔墙条板（俗称GRC条板）是以水泥为胶凝材料，以玻璃纤维为增强材料，外加细集料和水，经过不同生产工艺而形成的一种具有若干个圆孔的条形板，具有轻质、高强、隔热、可锯、可钉、施工方便等优点。产品主要用于工业和民用建筑的内隔墙。

GRC轻质多孔隔墙条板的型号按板的厚度分为90型、120型，按板型分为普通板、门框板、窗框板、过梁板。图8-4和图8-5所示为一种企口与开孔形式的外形和断面示意图。

# 第八章 墙体材料

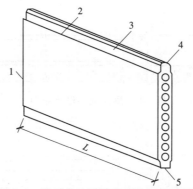

图 8-4 轻质多孔隔墙条板外形示意图
1—板端；2—板边；3—接缝槽；4—榫头；5—榫槽

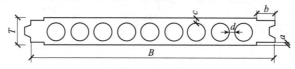

图 8-5 GRC 轻质多孔隔墙条板断面示意图

GRC 轻质多孔隔墙条板可采用不同企口和开孔形式，但均应符合表 8-38 要求。

表 8-38 产品型号及规格尺寸(mm)

| 型号 | 长度($L$) | 宽度($B$) | 厚度($T$) | 接缝槽深($a$) | 接缝槽宽($b$) | 壁厚($c$) | 孔间肋厚($d$) |
| --- | --- | --- | --- | --- | --- | --- | --- |
| 90 | 2500～3000 | 600 | 90 | 2～3 | 20～30 | ≥10 | ≥20 |
| 120 | 2500～3500 | 600 | 120 | 2～3 | 20～30 | ≥10 | ≥20 |

GRC 轻质隔墙板具有重量轻、强度高、防潮、耐火、保温、隔音好、施工简便、可加工等特点，广泛适用于高层建筑的分室、分户及厨房、卫生间等非承重隔墙。

**4. 蒸压加气混凝土条板**

蒸压加气混凝土板是由石英砂或粉煤灰、石膏、铝粉、水和钢筋等制成的轻质板材。板中含有大量微小的、非连通的气孔，孔隙率达 70%～80%，因而具有自重轻、绝热性好、隔声吸声等特性。该板材还具有较好的耐火性与一定的承载能力。石英砂或粉煤灰和水是生产蒸压加气混凝土板的主要原料，对制品的物理力学性能起关键作用；石膏作为掺和料可改善料浆的流动性与制品的物理性能。铝粉是发气剂，与 $Ca(OH)_2$ 反应起发泡作用；钢筋起增强作用，以提高板材的抗弯强度。在工业和民用建筑中被广泛用于屋面板和隔墙板。

(1) 品种及规格

蒸压加气混凝土板的品种有屋面板，外墙板，隔墙板等(图 8-6、图 8-7、图 8-8)。加气混凝土墙板的规格见表 8-39。

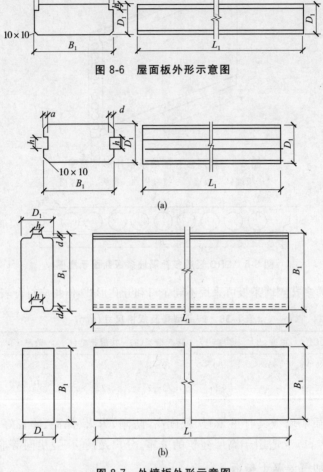

图 8-6 屋面板外形示意图

(a)

(b)

图 8-7 外墙板外形示意图
（a）竖向外墙板外形；(b）横向外墙板外形示意图

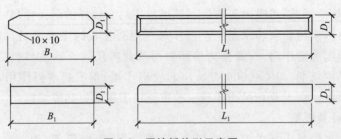

图 8-8 隔墙板外形示意图

表 8-39  加气混凝土墙板规格(mm)

| 品种 | 代号 | 产品公称尺寸 | | | 产品制作尺寸 | | | 槽 | |
|---|---|---|---|---|---|---|---|---|---|
| | | 长度(L) | 宽度B | 厚度D | 长度$L_1$ | 宽度$B_1$ | 厚度$D_1$ | 高度h | 宽度d |
| 屋面板 | JWB | 1800～6000 | 500 600 | 150 170 180 200 240 250 | L－20 | B－2 | D | 40 | 15 |
| 外墙板 | JQB | 1500～6000 | 500 600 | 150 170 180 200 2400 250 | 竖向:L 横向:L－20 B－2 | D | 30 | 30 | |
| 隔墙板 | JGB | 按设计要求 | 500 600 | 75 100 120 | 按设计要求 | B－2 | D | — | — |

(2)等级

蒸压加气混凝土板按加气混凝土干体积密度分为 05、06、07、08 级。

蒸压加气混凝土板按尺寸允许偏差和外观分为:优等品(A)、一等品(B)和合格品(C)3 个等级。

(3)性能

加气混凝土墙板性能应符合表 8-40 要求。

表 8-40  加气混凝土墙板性能

| 项目 | 指标 |
|---|---|
| 蒸压加气混凝土性能 | 应符合《蒸压加气混凝土砌块》(GB/T 11968—2006)的规定 |
| 钢筋 | 应符合《钢筋混凝土用钢 第 2 部分:热轧带肋钢筋》(GB/T 1499.2—2007)的规定 |
| 钢筋网或焊接骨架的焊点强度 | 应符合《混凝土结构工程施工质量验收规范》(GB/T 50204—2002)的规定 |
| 钢筋涂层防腐能力 | ≥8 级 |

(续)

| 项目 | | 指标 |
|---|---|---|
| 板内钢筋粘着力(MPa) | 05级 | ≥0.8 |
| | 07级 | ≥1.0 |
| 单筋黏着力(MPa) | 05级<br>06级<br>07级 | ≥0.5 |

蒸压加气混凝土条板内部含有大量微小的非连通气孔,孔隙率可达70%~80%。因而自身质量轻,隔热保温性能好,同时还具有较好的耐火性及一定的承载能力,可作为建筑内墙板及外墙板。

## 二、复合墙体

### 1. 复合墙体的特点及形式

复合墙体是由不同功能的材料分层复合而成,因而能充分发挥各种不同功能材料的功效。它在预制的墙板中占有很大的比例。复合墙体用材料主要有保温隔热材料和面层材料。

保温隔热材料种类繁多,基本上可归纳为无机和有机两大类。复合墙体的保温隔热有3种形式:一是将保温隔热材料放在内、外面层材料的中间的夹芯式的复合墙体;二是将保温隔热材料设置在两侧;三是将保温隔热材料设置在板的一侧,这样可以有效的防止墙体内部结露。面层材料分为非金属和金属两大类。

复合墙体材料按其使用功能来分主要有3大类:墙面板材料、保温吸声材料和墙体龙骨材料。由这3种材料组成的复合墙体具有以下特点:

(1)充分地发挥了各类材料的优点,在保证墙体符合设计的保温、吸声性能要求的前提下,使得墙体的质量减轻、厚度减小。

(2)墙体是通过现场组装来实现的,不受季节温度变化的影响。

(3)施工方便、快速。由于采用较大幅面的薄板材、轻质的保温板,降低了工人的劳动强度,缩短了施工周期。

(4)对于将来改变建筑的室内隔墙的布局有利。

(5)为设计人员根据建筑的使用功能和风格,较为灵活地运用复合墙体材料提供了可能。

复合墙体的层间连接方式可以分为粘结和非粘结两大类。

粘结式主要是通过胶粘剂使面层与芯层相连接,或通过某些水泥质隔热材料中的水泥使面层与芯层相连接非粘结式的连接是通过板肋或通过金属连接件将面层与芯层连成一体的。

### 2. 钢筋混凝土类夹芯复合板

钢筋混凝土类夹芯复合板使用岩棉代替聚苯乙烯泡沫塑料作保温隔热材料。钢筋混凝土类夹芯复合板总厚为250mm,其中内侧作为承重的混凝土结构层为150mm厚,岩棉保温层为50mm厚,外侧的混凝土保护层为50mm厚。钢筋混凝土类夹芯复合板可达到490mm厚砖墙的保温效果,具有节省建筑采暖能耗的作用。

### 3. 大型轻质复合墙板

大型轻质复合墙板是用面层材料、骨架和填充材料复合而成的一种轻质墙板。按其不同的组成材料及构造可分为轻质龙骨薄板类的复合墙板和水泥钢丝网架类复合墙板两大类。

轻质龙骨薄板类的复合墙板主要以纸面石膏和纤维增强水泥等各种轻质薄板为面层材料,以轻钢龙骨为骨架,中间为空气层或填充聚苯泡沫板、岩棉板等保温吸声材料,现场拼装而成大型轻质板材。

水泥钢丝网架类的复合墙板则是以聚合物水泥砂浆为面层材料,以镀锌细钢丝焊接而成的空间网架为骨架,中间填充聚苯泡沫板,或岩棉板作保温吸声材料,现场复合拼装而成的大型轻质墙板(如泰柏板)等。

大型轻质复合墙板具有质量轻、保温好、布局灵活、施工方便等特点,既适用于外墙,也可用于内墙、内隔墙。

(1)轻质龙骨薄板类复合墙板

轻钢龙骨纸面石膏板隔墙板是这类墙板中比较典型的。它是以纸面石膏板为面层材料,以轻钢龙骨为骨架,中间填充或不填保温材料,在现场拼装而成的轻质复合隔墙板。石膏板轻钢龙骨复合墙板按使用功能可分为普通复合墙板、防火复合墙板及防水复合墙板3种。有保温或隔声要求时,可在复合墙板中间填充岩棉板、聚苯泡沫板或珍珠岩保温芯板。

(2)钢丝网水泥类夹芯复合板。

钢丝网水泥类夹芯复合板,是一类半预制与现场复合相结合的墙体材料,这类复合板可用于各种自承重墙体,在低层建筑中也可用作承重墙体。泰柏板是这类墙板中比较典型的。是由三维空间焊接钢丝网架和泡沫塑料(聚苯乙烯)芯组成,而后喷涂或抹水泥砂浆制成的一种轻质板材。泰柏板强度高、重量轻、不碎裂,具有隔热、隔声、防火、防震、防潮和抗冻等优良性能。适用于民用、商业和工业建筑作墙体、地板及屋面等。钢丝网水泥类夹芯复合板适合作多、高层建筑,特别是大开间的框架建筑的外墙和内隔墙,以及承重的外保温复合墙的保温层,低层框架建筑的承重内外墙和保温要求较高的屋面板,旧房改造和楼房接层的内外墙体与屋面工程。

### 三、节能型墙体材料

#### 1. 植物纤维墙体材料

植物纤维墙体材料是由秸秆、谷糠、锯末等植物纤维添加其他原料经特殊工艺合成的轻体、高强、防火、防水、保温、隔音的新型墙体材料。由于其资源循环利用、利废再生、环保节能、廉价高效和工厂化生产、干式拼装施工、规模化建设等特点,将在大力提倡"生态环境型建筑"和"环保节能"型建筑的今天,获得广泛的发展空间。

植物纤维墙体材料是以植物纤维为原材料的一种新型节能建筑材料。其特点主要表现在以下几个方面:绿色环保;节能利废,可实行清洁化施工;可再生利用,不污染环境。

植物纤维墙体材料种类:

(1) 稻草(麦秸)板。将干燥的稻草或麦秸热压成密实的板芯,在板芯两面及四个侧边用胶贴上一层完整的面纸,经加热固化而成。稻草(麦秸)板质轻,保温隔热性能好,隔音好,具有足够的强度和刚度,可以单板使用,且适于用作非承重的内隔墙、天花板、厂房望板及复合外墙的内壁板。

(2) 稻壳板。稻壳板是以稻壳与合成树脂为原料,经配料、混合、铺装、热压而成的中密度平板。稻壳板可作为内隔墙及室内各种隔断板、壁橱(柜)隔板等。

(3) 蔗渣板。蔗渣板是以甘蔗渣为原料,经加工、混合、铺装、热压成形而成的平板。蔗渣板具有质轻、吸声、易加工(可钉、锯、刨、钻)和可装饰等特点。可用作内隔墙、天花板、门心板、室内隔断板和装饰板等。

#### 2. 相变储能墙体材料

相变储能材料是在发生相变的过程中,可以吸收环境的热(冷)量,并在需要时向环境释放出热(冷)量,从而达到控制周围环境温度的目的。相变储能建筑材料是通过向传统建筑材料中加入相变材料制成的具有较高热容的轻质建筑材料,具有较大的潜热储存能力。

相变储能材料根据其相变形式、相变过程可以分为固—固相变、固—液相变、固—气相变和液—气相变材料。

相变储能墙板根据不同的建材基体可以将其分为3类:一是以石膏板为基材的相变储能石膏板,主要用作外墙的内壁材料;二是以混凝土材料为基材的相变储能混凝土,主要用作外墙材料;三是用保温隔热材料为基材,来制备高效节能型建筑保温隔热材料。

通过用相变储能建筑材料构筑的建筑围护结构,可以降低室内温度波动,提高舒适度,使建筑供暖或空调不用或者少用能量,提高能源利用效率,并降低能源的运行费用。

## 第四节　墙体材料的运输与储存

### 1. 运输

由于墙体材料数量多、份量重,有时还是夜间装运,所以在运输途中和装卸货物时极易出现破损情况,必须加强运输和装卸管理,严禁上下抛掷。应采用绑扎、隔垫等手法,尽量减少墙体材料之间的空隙,注意轻拿轻放,使用翻斗车装卸砌墙砖和砌块,以免损坏,保证出厂产品的完整性。

### 2. 储存

墙体材料应按不同的品种、规格和等级分别堆放,垛身要稳固,计数必须方便。有条件时,墙体材料可存放在料棚内,若采用露天存放,则堆放的地点必须坚实、平坦和干净,场地四周应预设排水沟,垛与垛之间应留有走道,以利搬运。堆放的位置既要考虑到不影响建筑物的施工和道路通畅,又要考虑到不要离建筑物太远,以免造成运输距离过长或二次搬运。空心砌块堆放时孔洞应朝下,雨雪季节墙体材料宜用防雨材料覆盖。

# 第九章 防水材料

## 第一节 沥　　青

### 一、概述及分类

**1. 概述**

沥青是由高分子碳氢化合物及其非金属衍生物组成的复杂混合物。在常温下呈固态、半固态和液态，颜色为黑色或深褐色，不溶于水而几乎全溶于二硫化碳的非晶态有机材料。沥青是憎水性材料，且构造致密，具有良好的防水性；能抵抗一般酸、碱、盐类等侵蚀性液体和气体的侵蚀，具有较强的抗腐蚀性；能紧密黏附于矿物材料的表面，具有很好的黏结力；同时，它还具有一定的塑性，能适应基材的变形。因此，沥青被广泛应用于防水、防潮、防腐工程及道路工程、水工建筑等。

**2. 分类**

沥青种类很多，按产源可分为地沥青和焦油沥青两大类。

（1）地沥青分为天然沥青和石油沥青。天然沥青是石油在自然条件下，长时间经受各种地球物理作用而形成的，在自然界中主要以沥青脉、沥青湖及浸泡在多孔岩石或沙土中而存在；石油沥青是由提炼石油的残留物制成的沥青，其中包含石油中所有的组分。

（2）焦油沥青分为煤沥青和页岩沥青。煤沥青由煤焦油蒸馏后的残留物质制取的沥青；页岩沥青是由页岩焦油蒸馏后的残留物制取的沥青。

### 二、石油沥青

石油沥青是由石油原油经蒸馏等炼制工艺提炼出各种轻质油（汽油、煤油、柴油等）和润滑油后的残余物，经再加工后的产物。石油沥青的化学成分很复杂，它是由许多高分子碳氢化合物及其非金属（主要为氧、硫、氮等）衍生物组成的复杂混合物。

1. **分类及组分**

(1)分类

1)石油沥青按原油的成分不同,分为石蜡基沥青、沥青基沥青和混合基沥青。

2)按石油加工方法不同,分为残留沥青、蒸馏沥青、氧化沥青、裂解沥青和调和沥青。

3)按用途不同,又分为道路石油沥青、建筑石油沥青和普通石油沥青。

(2)组分

为了便于研究,通常将其中的化合物按化学成分和物理性质比较接近的,划分为若干组分(又称组丛)。沥青主要组分包括油分、树脂、地沥青质,沥青中各组分的含量多少会影响沥青的一系列性质。

1)油分

油分为流动的粘稠状液体,颜色为无色至浅黄色,密度为 $0.6\sim1.0g/cm^3$,分子量为 $100\sim500$,是沥青分子中分子量最低的化合物,能溶于大多数有机溶剂,但不溶于酒精。在石油沥青中,油分的含量为 $40\%\sim60\%$。它在170℃下较长时间加热可挥发。油分增加石油沥青流动性,含量多时,沥青流动时内部阻力较小,软化点降低,温度稳定性差。

2)树脂

树脂为粘稠状半固体,颜色为红褐色至黑褐色,密度为 $1.0\sim1.10 g/cm^3$,分子量为 $650\sim1000$,能溶于大多数有机溶剂,但在酒精和丙酮中难溶解或溶解度很低,熔点低于100℃。在石油沥青中,树脂的含量为 $15\%\sim30\%$。树脂增加沥青良好的粘滞性、塑性和可流动性,影响盐度和粘结力,改善了石油沥青对矿物材料的侵润性,有利于石油沥青的可乳化性。

3)地沥青质

地沥青质为硬、脆的无定形不溶性固体,颜色为深褐色至黑色,密度为 $1.1\sim1.15g/cm^3$,分子量为 $2000\sim6000$。易溶于大多数有机溶剂,不溶于酒精、石油醚和汽油。在石油沥青中,地沥青质含量为 $10\%\sim30\%$。地沥青质是决定石油沥青热稳定性和粘性的重要组分,含量越多,软化点越高,也越硬、越脆。

2. **石油沥青的技术要求**

建筑石油沥青按针入度不同分为10号、30号和40号3个牌号。其技术要求及试验方法符合《建筑石油沥青》(GB/T 494—2010)的规定,见表9-1。

表 9-1 建筑石油沥青技术要求

| 项目 | 质量指标 | | | 实验方法 |
|---|---|---|---|---|
| | 10号 | 30号 | 40号 | |
| 针入度(25℃,100g,5s,1/10mm) | 10~25 | 26~35 | 36~50 | |
| 针入度(46℃,100g,5s,1/10mm) | 报告[a] | 报告[a] | 报告[a] | GB/T4509 |
| 针入度(0℃,200g,5s,1/10mm)≥ | 3 | 6 | 6 | |
| 延迟(25℃,5cm/min,cm)≥ | 1.5 | 2.5 | 3.5 | GB/T4508 |
| 软化点(环球法,℃)≥ | 95 | 75 | 60 | GB/T4507 |
| 溶解度(三氯乙烯,%)≥ | | 99.0 | | GB/T11148 |
| 蒸发后质量变化(163℃,5h,%)≤ | | 1 | | GB/T11964 |
| 蒸发后25℃针入度比[b](%)≥ | | 65 | | GB/T4509 |
| 闪点(开口杯法,℃)≥ | | 260 | | GB/T267 |

注:1. 报告应为实测值;
    2. 测定蒸发损失后样品的25℃针入度与原25℃针入度之比乘以100后,所得的百分比,称为蒸发后针入度比。

重交通道路石油沥青按针入度分为 AH-130、AH-110、AH-90、AH-70、AH-50、AH-30 6个牌号。其技术要求及试验方法符合《重交通道路石油沥青》(GB/T 15180—2010)的规定,见表9-2。

表 9-2 重交通道路石油沥青技术要求

| 项目 | 质量指标 | | | | | | 实验方法 |
|---|---|---|---|---|---|---|---|
| | AH-130 | AH-110 | AH-90 | AH-70 | AH-50 | AH-30 | |
| 针入度(25℃,100g,5s,1/10mm) | 120~140 | 100~120 | 80~100 | 60~80 | 40~60 | 20~40 | GB/T4509 |
| 延度(15℃,cm)≥ 不小于 | 100 | 100 | 100 | 100 | 80 | 报告[a] | GB/T4508 |
| 软化点(℃) | 38~52 | 40~53 | 42~55 | 44~57 | 45~58 | 50~65 | GB/T4507 |
| 溶解度(%)≥ | 99.0 | 99.0 | 99.0 | 99.0 | 99.0 | 99.0 | GB/T11148 |
| 闪电(℃)≥ | | | 230 | | | 260 | GB/T367 |
| 密度(25℃,kg/m³) | | | 报告 | | | | GB/T8928 |
| 蜡含量(%)≤ | 3.0 | 3.0 | 3.0 | 3.0 | 3.0 | 3.0 | SH/T0425 |
| 薄膜烘箱实验(163℃,5h) | | | | | | | GB/T5304 |
| 质量变化(%)≤ | 1.3 | 1.2 | 1.0 | 0.8 | 0.6 | 0.5 | GB/T5304 |
| 针入度比(%)≤ | 45 | 48 | 50 | 55 | 58 | 60 | GB/T4509 |
| 延度(15℃,cm)≤ | 100 | 50 | 40 | 30 | 报告[a] | 报告[a] | GB/T4508 |

注:报告应为实测值。

### 3. 石油沥青的技术性质

**(1) 黏滞性**

黏滞性是指石油沥青在外力或自重作用下抵抗变形的性能。粘滞性的大小,反映了胶团之间吸引力的大小,即反映了胶体结构的致密程度。黏滞性的大小与组分及温度有关,若地沥青质含量较高,又有适量树脂,而油分含量较少时,则黏滞性较大;在一定温度范围内,当温度升高时,则黏滞性随之降低,反之则增大。

对于液体沥青,表征沥青黏滞性的指标是粘度,它表示液体沥青在流动时的内部阻力。测试方法是液体沥青在一定温度(25℃或60℃)条件下,经规定直径(3.5mm或10mm)的孔漏下50mL所需的时间(s)。黏滞度大时,表示沥青的稠度大,黏性高。

对于半固体沥青、固体沥青,表征粘滞性的指标是针入度,是指某种特定温度下的相对黏度,可看作是常温下的树脂黏度。测试方法是在温度为25℃的条件下,以质量100g的标准针下沉,用经5s沉入沥青中的深度(每0.1mm称1度)来表示。针入度值大,说明沥青流动性大,粘滞性越小。针入度范围在5~200度之间。它是很重要的技术指标,是沥青划分牌号的主要依据。

**(2) 塑性**

塑性是指石油沥青在受外力作用时产生变形而不破坏,去除外力后仍能保持变形后形状的性能,沥青能被制成性能良好的柔性防水材料,在很大程度上取决于这种性质。石油沥青中树脂含量大,其他组分含量适当,则塑性较高。温度及沥青膜层厚度也影响塑性,温度升高,则塑性增大;膜层增厚,则塑性也增大。在常温下,沥青的塑性较好,对振动和冲击作用有一定承受能力,因此常将沥青铺作路面。

沥青的塑性用延度(延伸度)表示,常用沥青延度仪来测定。具体测试是将沥青制成8字形试件,试件中间最窄处横断面积为$1cm^2$。一般在25℃水中,以每分钟5cm的速度拉伸,至拉断时试件的伸长值即为延度。延度越大,说明沥青的塑性越好,变形能力强,在使用中能随建筑物的变形而变形,且不开裂。

**(3) 温度敏感性**

温度敏感性是指石油沥青的粘滞性和塑性随温度升降而变化的性质。由于沥青是一种高分子非晶态热塑性物质,故没有固定的熔点。温度敏感性大的沥青,在温度降低时,很快变成脆硬的物体,受外力作用极易产生裂缝以致破坏,这种状态称为玻璃态;而当温度升高时即成为液体流淌,失去防水能力,这种状态称为黏流态。因此,温度敏感性是评价沥青质量的重要指标。

沥青的温度敏感性通常用软化点表示。软化点是指沥青材料由固体状态转变为具有一定流动性膏体的温度。软化点可通过环球法试验测定。将沥青试样装入规定尺寸的铜环中,上置规定尺寸和质量的钢球,放在水或甘油中,以每分钟升高5℃的速度加热,至沥青软化下垂达25.4mm时的温度(℃),即为沥青软化点。软化点高,说明沥青的耐热性好,但软化点过高,又不易加工;软化点低,夏季易产生变形,甚至流淌。

沥青的温度敏感性大,则其黏滞性和塑性随温度的变化幅度就大。而工程中希望沥青材料具有较高的温度稳定性,因此,实际应用中,一是选用温度敏感性较小的沥青,二是通过加入滑石粉、石灰石粉等矿物填料,来减小其温度敏感性。

另外,沥青的脆点是反映温度敏感性的另一个指标,它是指沥青从高弹态转到玻璃态过程中的某一规定状态的相应温度,该指标主要反映沥青的低温变形能力。寒冷地区应用的沥青应考虑沥青的脆点。沥青的软化点愈高,脆点愈低,则沥青的温度敏感性越小。

(4)大气稳定性

大气稳定性是指石油沥青在热、阳光、水分和空气等大气因素作用下,性能保持稳定的能力,即沥青的抗老化性能。在自然气候的作用下,沥青的化学组分和性能都会发生变化,低分子物质将逐渐转变为高分子物质,即油分和树脂逐渐减小,地沥青质逐渐增多。流动性和塑性逐渐减小,硬脆性逐渐增大,直至脆裂,甚至完全松散而失去黏结力,这种现象称为老化。

石油沥青的大气稳定性以加热蒸发损失百分率和加热前后针入度比来评定。其测定方法是:先测定沥青试样的质量及其针入度,然后将试样置于烘箱中,在160℃下加热蒸发5h待冷却后再测定其质量及针入度。计算出蒸发损失质量占原质量的百分数,称为蒸发损失百分率;测得蒸发后针入度占原针入度的百分数,称为蒸发后针入度比。蒸发损失百分数愈小、蒸发后针入度比愈大,则表示沥青的大气稳定性愈好,即"老化"愈慢。

(5)溶解度

溶解度指石油沥青在三氯乙烯、四氯化碳或苯中溶解的百分率,以表示石油沥青中有效物质的含量,即纯净程度。

(6)闪点和燃点

闪点(也称闪火点)是指加热沥青至挥发出的可燃气体,与空气的混合物在规定条件下与火焰接触,初次闪火有蓝色闪光时的沥青温度(℃)。

燃点(也称着火点)指加热沥青产生的气体与空气的混合物,与火焰接触能持续燃烧5s以上,此时沥青的温度即为燃点(℃)。燃点温度约比闪点温度约高10℃。

闪点和燃点的高低表明沥青引起火灾或爆炸的可能性大小,在运输、储存和加热使用时应予以注意。沥青加热温度不允许超过闪点,更不能达到燃点。

#### 4. 应用

选用沥青材料时,应根据工程性质、当地气候条件及所处工作环境来选用不同品种和牌号的沥青。选用的基本原则是:在满足粘性、塑性和温度敏感性等主要性质的前提下,尽量选用牌号较大的沥青。牌号较大的沥青,耐老化能力强,从而保证沥青有较长的使用年限。

道路石油沥青的粘度低、塑性好,主要用于配制沥青混凝土和沥青砂浆,用于道路路面和工业厂房地面等工程。建筑石油沥青的粘性较大、耐热性较好、塑性较差,主要用于生产防水卷材、防水涂料、防水密封材料等,广泛应用于建筑防水工程及管道防腐工程。防水防潮石油沥青的质地较软,温度敏感性较小,适于做卷材涂复层。

### 三、煤沥青

煤沥青是生产焦炭和煤气的副产物。烟煤在干馏过程中的挥发物质,经冷凝而成黑色黏性液体称为煤焦油,再经分馏加工提取轻油、中油、重油及蒽油之后所得残余即为煤沥青。

#### 1. 分类及组分

根据蒸馏程度不同,煤沥青分为低温沥青、中温沥青和高温沥青 3 种。土木工程中所采用的煤沥青多为黏稠或半固体的低温沥青。煤沥青的主要组分为油分、脂胶、游离碳等,还含有少量酸和碱的物质。

#### 2. 技术要求

煤沥青的技术要求应符合表 9-3。

表 9-3　煤沥青的技术要求

| 指标名称 | 低温沥青 | | 中国沥青 | | 高温沥青 | |
| --- | --- | --- | --- | --- | --- | --- |
| | 1号 | 2号 | 1号 | 2号 | 1号 | 2号 |
| 软化点(℃) | 35~45 | 46~75 | 80~90 | 75~95 | 95~100 | 95~120 |
| 甲苯不溶物含量(%) | — | — | 15~35 | ≤25 | ≥24 | — |
| 灰分(%) | — | — | — | ≤0.3 | ≤0.5 | ≤0.3 |
| 水分(%) | — | — | ≤5.0 | ≤5.0 | ≤4.0 | ≤5.0 |
| 喹啉不溶物(%) | — | — | ≤10 | — | — | — |
| 结焦值(%) | — | — | ≥45 | — | ≥52 | — |

注:1. 水分只作生产操作中控制坐标,不作质量考核依据;
　　2. 沥青喹啉不溶物含量每月至少测定一次。

### 3. 技术性质

（1）温度敏感性较大。其组分中所含可溶性树脂多，由固态或黏稠态转变为黏流态（或液态）的温度间隔较窄，夏天易软化流淌，冬天易脆裂。

（2）大气稳定性较差，易老化。所含挥发性成分和化学稳定性差的成分较多，在热、阳光、氧气等长期综合作用下，煤沥青的组成变化较大，易硬脆。

（3）塑性较差。所含游离碳较多，容易因变形而开裂。

（4）因为含表面活性物质较多，所以与矿料表面黏附力较强。

（5）防腐性好。因含有酚、蒽等有毒性和臭味的物质，防腐能力较强，故适用于木材的防腐处理。但防水性不如石油沥青，因为酚易溶于水。施工中要遵守有关操作和劳保规定，防止中毒。

### 4. 应用

煤沥青的性质与石油沥青的性质差别很大，在工程上不准将两者混合使用，否则易出现分成、成团、沉淀、变质等现象影响到工程质量。

煤沥青主要用于铺路、配制粘合剂与防腐剂，也有的用于地面防潮、地下防水等方面。

## 四、改性沥青

凡对沥青进行氧化、乳化、催化，或者掺入树脂或橡胶，使沥青的性质发生不同程度的改善而得到的沥青产品称为改性沥青。改性沥青主要用于生产防水材料。

### 1. 橡胶改性沥青

往石油沥青中掺入适量的橡胶，如天然橡胶、氯丁橡胶、丁基橡胶、丁苯橡胶或再生橡胶，使沥青的高温变形变小，常温弹性较好，低温塑性较好，提高强度、延伸率和耐老化性。这种改性沥青可用来制作防水卷材、密封材料或防水涂料。

### 2. 树脂改性沥青

往石油沥青中掺入适量的合成树脂，如聚乙烯、聚丙烯或酚醛树脂等，可改善和提高沥青的耐热性、耐寒性、粘结性能和不透气性，这种沥青称为树脂改性沥青。

### 3. 橡胶和树脂共混改性沥青

往石油沥青中掺入适量的橡胶，如天然橡胶、氯丁橡胶、丁基橡胶、丁苯橡胶或再生橡胶，使沥青具有橡胶的特性，改善了沥青的气密性、低温柔性、耐光性、耐气候性、耐燃烧性和耐化学腐蚀性。这种改性沥青可用来制作防水卷材、密封材料或防水涂料。

**4. 矿物填料改性沥青**

往沥青中加入适量的矿物填充料,如石灰粉、滑石粉、云母粉或硅藻土等,以改善沥青的耐热性,提高粘结力,减小沥青的温度敏感性。

# 第二节 防 水 卷 材

卷材是一种用来铺贴在屋面或地下防水结构上的防水材料。防水卷材分为有胎卷材和无胎卷材两类,凡用厚纸、石棉布、玻璃布、棉麻织品等作为胎料,浸渍石油沥青、改性石油沥青或合成高分子聚合物等制成的卷状材料,称有胎卷材(亦称浸渍卷材);以沥青、橡胶或树脂为主体材料,配入填充料改性材料等添加料,经混炼、压延或挤出成型而制得的卷材称无胎卷材。

防水卷材按其基材种类分为沥青基防水卷材、改性沥青防水卷材和合成高分子防水卷材3大类。目前我国最常见的防水卷材是改性沥青防水卷材类。

## 一、防水卷材的基本性能要求

防水卷材要满足建筑防水工程的要求,必须具备以下性能:

(1)耐水性:指在受水的作用和被润湿后其性能基本不变,在压力水作用下具有不透水性。常用不透水性、吸水性等指标表示。

(2)温度稳定性:指在一定温度变化下保持原有性能的能力。即在高温下不流淌、不起泡、不滑动,低温下不脆裂的性能。常用耐热度、耐热性等指标表示。

(3)机械强度、延伸性和抗断裂性:指防水卷材能承受一定的力和变形或在一定变形条件下不断裂的性能。常用拉力、拉伸强度和断裂伸长率等指标表示。

(4)柔韧性:指在低温条件下保持柔韧性能,以保证施工和使用的要求。常用柔度、低温弯折等指标表示。

(5)大气稳定性:指在阳光、空气、水及其他介质长期综合作用的情况下,抵抗侵蚀的能力。常用耐老化性、热老化保持率等指标表示。

## 二、沥青防水材料

凡用原纸或玻璃布、石棉布、棉麻织品等胎料浸渍石油沥青制成的卷状材料,称为有胎卷材,通常称之为油毡。将石棉、橡胶粉等掺入沥青材料中,经碾压制成的卷状材料称为辊压卷材。这两种卷材通称沥青防水卷材。

**1. 油纸及油毡**

油纸是以熔化的低软化点的沥青浸渍原纸所制成的一种无涂盖层的纸胎防水卷材。

油毡是用较高软化点的热沥青涂盖油纸的两面，然后再涂或撒隔离材料所制成的一种纸胎防水卷材。

(1)分类

油毡按卷重和物理性能分为Ⅰ型、Ⅱ型、Ⅲ型。

表 9-4　卷重

| 类型 | Ⅰ | Ⅱ | Ⅲ |
| --- | --- | --- | --- |
| 卷重(kg/卷)≥ | 17.5 | 22.5 | 28.5 |

(2)物理性能

《石油沥青纸胎油毡》(GB 326—2007)规定其物理性能。

表 9-5　物理性能

| 项目 | | 指标 | | |
| --- | --- | --- | --- | --- |
| | | Ⅰ型 | Ⅱ型 | Ⅲ型 |
| 单位面积浸涂材料总量(g/cm²)≥ | | 600 | 750 | 100 |
| 不透水性 | 压力(MPa)≥ | 0.02 | 0.02 | 0.10 |
| | 保持时间(min)≥ | 20 | 30 | 30 |
| 吸水率(%)≤ | | 3.0 | 2.0 | 1.0 |
| 耐热度 | | (85±2)℃,2h涂盖层无滑动、流淌和集中性气泡 | | |
| 拉力(纵向,N/50mm)≥ | | 240 | 270 | 340 |
| 柔度 | | (18±2)℃,绕φ20mm棒或弯板无裂纹 | | |

注：本题准Ⅲ型产品物理性能要求为强制性的，其余为推荐性的。

(3)用途

Ⅰ型、Ⅱ型油毡适用于辅助防水、保护隔离层、临时性建筑防水、防潮及包装等；Ⅲ型油毡适用于屋面工程的多层防水。

(4)运输和贮存

运输与贮存时，不同类型、规格的产品应分别堆放，不应混杂。避免日晒雨淋，并注意通风。卷材应在 45℃ 以下立方，其高度不应超过两层。在政策运输、贮存条件下，贮存期自生产之日起为 1 年。

**2. 其他有胎卷材**

沥青玻璃布油毡是以玻璃纤维织成的布作胎基，直接用高软化点沥青浸涂玻璃布两面,撒上滑石粉或云母粉而成。这种油毡是工程中常用的防水卷材,也常用于金属管道(热管道除外)防腐保护层等。

其他有胎卷材还有以麻布、合成纤维等为胎基,经浸渍、涂敷、撒布制成的石油沥青麻布油毡、沥青玻璃纤维油毡等。它们的性能均好于纸胎沥青油毡,更适合用于地下防水、屋面防水层、化工建筑防腐工程等。

### 三、高聚物改性沥青防水卷材

高聚物改性沥青防水卷材是以合成高分子聚合物改性沥青为涂盖层,纤维织物或纤维毡为胎体,粉状、粒状、片状或薄膜材料为覆盖面材料制成的可卷曲片状防水材料。

高聚物改性沥青防水卷材克服了传统沥青防水卷材温度稳定性差、延伸率小的不足,具有高温不流淌、低温不脆裂、拉伸强度高、延伸率较大等优异性能。常见的有弹性体改性沥青防水卷材、塑性体改性沥青防水卷材和橡胶树脂共混改性沥青防水卷材等。

根据卷材的不同性质可采用热熔法、冷粘法、自粘法施工。

**1. 弹性体改性沥青防水卷材(SBS改性沥青防水卷材)**

弹性体改性沥青防水卷材,是在石油沥青中加入SBS进行改性的卷材,以玻纤毡、聚酯毡等增强材料为胎体,以SBS改性石油沥青为浸渍涂盖层,上面撒以细砂、矿物粒(片)料或覆盖聚乙烯膜,下表面撒以细砂或覆盖聚乙烯膜(塑料薄膜为防粘隔离层),经过选材、配料、共熔、浸渍、复合成形、卷曲等工序加工而成的一种柔性防水卷材。

(1)类型与规格

1)类型

按胎基分为聚酯毡(PY)、玻纤毡(G)、玻纤增强聚酯毡(PYG)。

按上表面隔离材料分为乙烯膜(PE)、细砂(S)、矿物颗粒(M)。

按下表面隔离材料分为细砂(S)、聚乙烯膜(PE)。

按材料性能分为Ⅰ型和Ⅱ型。

2)规格

卷材公称宽度为1000mm。

聚酯毡卷材公称厚度为3mm、4mm、5mm。

玻纤毡卷材公称厚度为3mm、4mm。

玻纤增强聚酯毡卷材公称厚度为5mm。

每卷卷材公称面积为$7.5m^2$、$10m^2$、$15m^2$。

(2)材料性能

《弹性体改性沥青防水卷材》(GB 18242—2008)规定卷材的材料性能符合表 9-6 的规定。

表 9-6 材料的性能

| 序号 | 项目 | | | 指标 I | | 指标 II | | |
|---|---|---|---|---|---|---|---|---|
| | | | | PY | G | PY | G | PYG |
| 1 | 可溶物含量(g/cm³) ≥ | 3mm | | 2100 | | | | — |
| | | 4mm | | 2900 | | | | — |
| | | 5mm | | | | 3500 | | |
| | | 实验现象 | | — | 胎基不燃 | — | 胎基不燃 | — |
| 2 | 耐热性 | ℃ | ≤mm | 90 | | 105 | | |
| | | | | 2 | | | | |
| | | 实验现象 | | 无流淌、滴落 | | | | |
| 3 | 低温柔性 | | | −20 | | −25 | | |
| | | | | 无裂缝 | | | | |
| 4 | 不透水性 30min | | | 0.3MPa | 0.2MPa | 0.3MPa | | |
| 5 | 拉力 | 最大峰拉力(N/50mm) | ≥ | 500 | 350 | 800 | 500 | 900 |
| | | 最高峰拉力(N/50mm) | ≥ | — | — | — | — | 800 |
| | | 实验现象 | | 拉伸过程中,试件中都无沥青涂盖层开裂或与胎基分离现象 | | | | |
| 6 | 延伸率 | 最大峰时延伸率(%) ≥ | | 30 | | 40 | | — |
| | | 最二峰时延伸率(%) ≥ | | — | | — | | 15 |
| 7 | 浸水后质量增加(%) ≤ | PE、S | | 1.0 | | | | |
| | | M | | 2.0 | | | | |
| 8 | 老热化 | 拉力保持率(%) ≥ | | 90 | | | | |
| | | 延伸率保持率(%) ≥ | | 80 | | | | |
| | | 低温柔性 | | −15 | | −20 | | |
| | | | | 无裂缝 | | | | |
| | | 尺寸变化率(%) ≤ | | 0.7 | — | 0.7 | | 0.3 |
| | | 质量损失(%) ≤ | | 1.0 | | | | |

（续）

| 序号 | 项目 | | 指标 I | | 指标 II | | |
|---|---|---|---|---|---|---|---|
| | | | PY | G | PY | G | PYG |
| 9 | 渗油性 | 张数 ≤ | | | 2 | | |
| 10 | 接缝剥离强度(N/mm) ≥ | | | | 1.5 | | |
| 11 | 钉杆撕裂强度[a](N) ≥ | | — | | | | 300 |
| 12 | 矿物粒料粘附性[b](g) ≤ | | | | 2.0 | | |
| 13 | 卷材下表面沥青涂盖层厚度[c](mm)≥ | | | | 1.0 | | |
| 14 | 人工气候加速老化 | 老化 | 无滑动、流淌、滴落 | | | | |
| | | 拉力保持率(%) ≥ | 80 | | | | |
| | | 低温柔性(℃) | −15 | | −20 | | |
| | | | 无裂缝 | | | | |

注：1. 仅适用于单层机械固定施工方式卷材；
    2. 仅适用于矿物粒料表面的卷材；
    3. 仅适用于热熔施工的卷材。

(3)卷材特点

1)可溶物含量高，可制成厚度大的产品，具有塑料和橡胶特性。

2)聚酯胎基有很高的延伸率、拉力、耐穿刺能力和耐撕裂能力；玻纤胎成本低，尺寸稳定性好，但拉力和延伸率低。

3)具有良好耐高温和耐低温性能，能适应建筑物因变形而产生的应力，抵抗防水层断裂。

4)具有优良的耐水性。由于改性沥青防水卷材采用的胎基以聚酯毡、玻纤毡为主，吸水性小，涂盖料延伸率高、厚度大，可以承受较高水的压力。

5)具有优良的耐老化和耐久性，耐酸、碱侵蚀及微生物腐蚀。

6)施工方便，可以选用冷粘结、热粘结、自粘结，可以叠层施工。

7)可选择性、配套性强，不同涂盖料、不同的胎基和覆盖料，具有不同特点和功能，可根据需要进行合理选择和搭配。

8)卷材表面可撒布彩砂、板岩、反光铝膜等，既增加抗紫外线的耐老化性，又美化环境。

(4)应用

弹性体改性沥青防水卷材主要使用于工业与民用建筑的屋面和地下防水工程。玻纤增强聚酯毡卷材可用于机械固定单层防水。玻纤毡卷材使用与多层防水中的底层防水。外露使用上表面隔离材料为不透明的矿物颗粒的防水卷材。

地下工程防水采用表面隔离材料为细砂的防水卷材。

**2. 塑性体改性沥青防水卷材(APP 改性沥青防水卷材)**

塑性体改性沥青防水卷材,是指采用 APP(无规聚丙烯)塑性材料作为沥青的改性材料,属塑性体沥青防水卷材中的一种。该类卷材也使用玻纤毡或聚酯毡两种胎基,以 APP 改性沥青为预浸涂盖层,上表面撒以细砂、矿物粒(片)料或覆盖聚乙烯膜,下表面撒以细砂或覆盖聚乙烯膜而成的沥青防水卷材。

(1)类型与规格

1)类型

按胎基分为聚酯毡(PY)、玻纤毡(G)、玻纤增强聚酯毡(PYG)。

按上表面隔离材料分为乙烯膜(PE)、细砂(S)、矿物颗粒(M)。

按下表面隔离材料分为细砂(S)、聚乙烯膜(PE)。

按材料性能分为Ⅰ型和Ⅱ型。

2)规格

卷材公称宽度为 1000mm。

聚酯毡卷材公称厚度为 3mm、4mm、5mm。

玻纤毡卷材公称厚度为 3mm、4mm。

玻纤增强聚酯毡卷材公称厚度为 5mm。

每卷卷材公称面积为 $7.5m^2$、$10m^2$、$15m^2$。

(2)材料性能

《塑性体改性沥青防水卷材》(GB 18243—2008)规定卷材的材料性能符合表 9-7 的规定。

表 9-7 材料的性能

| 序号 | 项目 | | 指标 | | | | |
| --- | --- | --- | --- | --- | --- | --- | --- |
| | | | Ⅰ | | Ⅱ | | |
| | | | PY | G | PY | G | PYG |
| 1 | 可溶物含量($g/cm^3$) ≥ | 3mm | 2100 | | | | — |
| | | 4mm | 2900 | | | | — |
| | | 5mm | | | 3500 | | |
| | | 实验现象 | — | 胎基不燃 | — | 胎基不燃 | |
| 2 | 耐热性 | ℃ | 110 | | 130 | | |
| | | ≤mm | | | 2 | | |
| | | 实验现象 | | | 无流淌、滴落 | | |

(续)

| 序号 | 项目 | | 指标 | | | | |
|---|---|---|---|---|---|---|---|
| | | | I | | II | | |
| | | | PY | G | PY | G | PYG |
| 3 | 低温柔性 | | −7 | | −15 | | |
| | | | 无裂缝 | | | | |
| 4 | 不透水性 30min | | 0.3MPa | | 0.2MPa | | 0.3MPa |
| 5 | 拉力 | 最大峰拉力(N/50mm) ≥ | 500 | 350 | 800 | 500 | 900 |
| | | 最高峰拉力(N/50mm) ≥ | — | — | — | — | 800 |
| | | 实验现象 | 拉伸过程中,试件中都无沥青涂盖层开裂或与胎基分离现象 | | | | |
| 6 | 延伸率 | 最大峰时延伸率(%) ≥ | 25 | | 40 | | — |
| | | 最二峰时延伸率(%) ≥ | — | | — | | 15 |
| 7 | 浸水后质量增加(%) ≤ | PE、S | 1.0 | | | | |
| | | M | 2.0 | | | | |
| 8 | 老热化 | 拉力保持率(%) ≥ | 90 | | | | |
| | | 延伸率保持率(%) ≥ | 80 | | | | |
| | | 低温柔性 | −2 | | −10 | | |
| | | | 无裂缝 | | | | |
| | | 尺寸变化率(%) ≤ | 0.7 | — | 0.7 | — | 0.3 |
| | | 质量损失(%) ≤ | 1.0 | | | | |
| 9 | 接缝剥离强度(N/mm) ≥ | | 1.0 | | | | |
| 10 | 钉杆撕裂强度[a](N) ≥ | | — | | | | 300 |
| 11 | 矿物粒料粘附性[b](g) ≤ | | 2.0 | | | | |
| 12 | 卷材下表面沥青涂盖层厚度[c](mm) ≥ | | 1.0 | | | | |
| 13 | 人工气候加速老化 | 老化 | 无滑动、流淌、滴落 | | | | |
| | | 拉力保持率(%) ≥ | 80 | | | | |
| | | 低温柔性(℃) | −2 | | −10 | | |
| | | | 无裂缝 | | | | |

注:1. 仅适用于单层机械固定施工方式卷材;
  2. 仅适用于矿物粒料表面的卷材;
  3. 仅适用于热熔施工的卷材。

(3) 卷材特点

1) 高性能。对于静态和动态撞击以及撕裂具有非凡的抵抗能力,在弹性沥青配合下,聚酯胎基可使防水卷材承受支撑物的重复性运动不产生永久变形。

2) 耐老化性。材料以塑性为主,对恶劣气候和老化作用具备强有效的抵抗力,确保在各种气候下工程质量的永久性。

3) 美观性。除抵御外界破坏(紫外线污染)的保护作用外,还可产生各种颜色的产品,能够完美地与周围环境融为一体。

(4) 应用

这种防水卷材具有多功能性,适用于新、旧建筑工程,腐殖土下防水层,碎石下防水层,地下墙防水等。广泛用于工业与民用建筑的屋面和地下防水工程,以及道路、桥梁建筑的防水工程,尤其适用于紫外线辐射强烈及炎热地区屋面。

### 3. 其他改性沥青卷材

氧化沥青防水卷材是以氧化沥青或优质氧化沥青作为浸涂材料,以无纺玻纤毡、加纺玻纤毡、黄麻布、铝箔或玻纤铝箔复合为胎体加工制造而成。该卷材造价低,具有很好的低温柔韧性。

丁苯橡胶改性沥青防水卷材是采用低软化点氧化石油沥青浸渍原纸,然后以催化剂和丁苯橡胶改性沥青加填料涂盖两面,再洒以撒布料所制成的防水卷材。该类卷材适用于一般建筑物的防水、防潮,同时在温度 $-15℃$ 以上均可施工。

再生胶改性沥青防水卷材是由废橡胶粉掺入石油沥青,经高温脱硫为再生胶,再掺入填料经炼胶机混炼,以压延机压延而成的一种质地均匀的无胎体防水材料。该类卷材具有延伸性较大、低温柔性较好、耐腐蚀性强、耐水性及耐热稳定性良好等特点。其价格低廉,适用于屋面或地下接缝和满堂铺设的防水层,尤其适用于基层沉降较大或沉降不均匀的建筑物变形缝处的防水。

自粘性改性沥青防水卷材是以自粘性改性沥青为涂盖材料,以无纺玻纤毡、加纺玻纤毡、无纺聚酯布为胎体,在浸涂胎体后,下表面用隔离纸覆盖,上表面用具有保护功能的隔离材料覆面,使用时只需揭开隔离纸便可铺贴,稍加压力就能粘贴牢固。它具有良好的低温柔韧性和施工方便等特点,适合寒冷地区建筑物的防水。

橡塑改性沥青聚乙烯胎防水卷材是以橡胶和无规聚丙烯为改性剂掺入沥青作浸渍涂盖材料,以高密度聚乙烯膜为胎体,经辊炼、辊压等工序而成。该卷材既有橡胶的高弹性和延伸性,又有塑料的强度和可塑性,综合性能优异。加上胎体本身有良好的防水性和延伸性,一般单层防水已有足够的防水能力。其施工方便,冷粘热熔均可,不污染环境,对基层伸缩和局部变形的适应能力强,适应于建筑物屋面、地下室、立交桥、水库、游泳池等工程的防水、防渗和防潮。

铝箔橡塑改性沥青防水卷材是以橡胶和聚氯乙烯复合改性石油沥青作浸渍涂盖材料,聚酯毡或麻布或玻纤毡为胎体,聚乙烯膜为底面隔离材料,软质银白色铝箔为表面保护层,经共熔、浸渍、复合、冷却等工序而成。该产品具有橡塑改性沥青防水卷材的众多优点,综合性能良好,再加上水密性、耐候性和阳光反射性良好的铝箔作保护层,增强耐老化能力,使用温度为$-10\sim 85℃$。该卷材施工方便,冷粘热熔均可,不污染环境,而且低温柔韧性好,在较低温度下也可施工,适用于工业和民用建筑屋面的单层外露防水层。

### 四、合成高分子防水材料

合成高分子防水卷材是以合成橡胶、合成树脂或它们两者的共混体为基料,加入适量的化学助剂和填充料等,经混炼、压延或挤出等工序加工而制成的可卷曲的片状防水材料。

#### 1. 高分子防水材料的分类及规格

表9-8 分类

| 分类 | | 代号 | 主要原材料 |
| --- | --- | --- | --- |
| 均质片 | 硫化橡胶类 | JL1 | 三元乙丙橡胶 |
| | | JL2 | 橡塑共混 |
| | | JL3 | 氯丁橡胶、氯磺化聚乙烯、氯化聚乙烯等 |
| | 非硫化橡胶类 | JF1 | 三元乙丙橡胶 |
| | | JF2 | 橡塑共混 |
| | | JF3 | 氯化聚乙烯 |
| | 树脂类 | JS1 | 聚氯乙烯等 |
| | | JS2 | 乙烯醋酸乙烯共聚物、聚乙烯等 |
| | | JS3 | 乙烯醋酸乙烯共聚物与改性沥青共混等 |
| 复合片 | 硫化橡胶类 | FL | (三元乙丙、丁基、氯丁橡胶、氯磺化聚乙烯等)/织物 |
| | 非硫化橡胶类 | FF | (氯化聚乙烯、三元乙丙、丁基、氯丁橡胶、氯磺化聚乙烯等)/织物 |
| | 树脂类 | FS1 | 聚氯乙烯/织物 |
| | | FS2 | (聚乙烯、乙烯醋酸乙烯黄聚物)/织物 |

(续)

| 分类 | | 代号 | 主要原材料 |
|---|---|---|---|
| | 硫化橡胶类 | ZJL1 | 三元乙丙/自粘料 |
| | | ZJL2 | 橡塑共混/自粘料 |
| | | ZJL3 | (氯丁橡胶、氯磺化聚乙烯、氯化聚乙烯等)/自粘料 |
| | | ZFL | (三元乙丙、丁基、氯丁橡胶、氯磺化聚乙烯等)/织物/自粘料 |
| 自粘片 | 硫化橡胶类 | ZJF1 | 三元乙丙/自粘料 |
| | | ZJF2 | 橡塑共混/自粘料 |
| | | ZJF3 | 氯化聚乙烯/自粘料 |
| | | ZFF | (氯化聚乙烯、三元乙丙、丁基、氯丁橡胶、氯磺化聚乙烯等)/织物/自粘料 |
| | 树脂类 | ZJS1 | 聚氯乙烯/自粘料 |
| | | ZJS2 | (乙烯醋酸乙烯共聚物、聚乙烯)/自粘料 |
| | | ZJS3 | 乙烯醋酸乙烯共聚物与改性沥青共混等/自粘料 |
| | | ZFS1 | 聚氯乙烯/织物/自粘料 |
| | | ZFS2 | (聚氯乙烯、乙烯醋酸乙烯共聚物等)/织物/自粘料 |
| 异形片 | 树脂类(防排水保护板) | YS | 高密度聚乙烯,改性聚丙烯,高抗冲聚苯乙烯等 |
| 点(条)粘片 | 树脂类 | DS1/TS1 | 聚氯乙烯/织物 |
| | | DS2/TS2 | (乙烯醋酸乙烯共聚物、聚乙烯等)/织物 |
| | | DS3/TS3 | 乙烯醋酸乙烯共聚物与改性沥青共混物等/织物 |

表9-9 规格尺寸

| 项目 | 厚度(mm) | 宽度(m) | 长度(m) |
|---|---|---|---|
| 橡胶类 | 1.0,1.2,1.5,1.8,2.0 | 1.0,1.1,1.2 | ≥20[a] |
| 树脂类 | >0.5 | 1.0,1.2,1.5,2.0,2.5,3.0,4.0,6.0 | |

注:橡胶类片材在每卷20m长度中允许有一处接头,且最小块长度应≥3m,并应加长15cm备作搭接;树脂类片材在每卷至少20m长度内不允许有接头;自粘片材及异型片材每卷10m长度内不允许有接头。

## 2. 材料性能

《高分子防水材料 第1部分 片材》(GB 18173.1—2012)规定了高分子防水

材料的物理性能,匀质片见表 9-10,复合片见表 9-11,自粘层见表 9-12,异型片见表 9-13,点(条)粘片见表 9-14。

表 9-10 匀质片的物理性能

| 项目 | | | 硫化橡胶类 | | | 非硫化橡胶类 | | | 树脂类 | | | 适用实验条目 |
|---|---|---|---|---|---|---|---|---|---|---|---|---|
| | | | JL1 | JL2 | JL3 | JF1 | JF2 | JF3 | JS1 | JS2 | JS3 | |
| 拉伸强度(MPa) | 常温(23℃) ⩾ | | 7.5 | 6.0 | 6.0 | 4.0 | 3.0 | 5.0 | 10 | 16 | 14 | 6.3.2 |
| | 高温(23℃) ⩾ | | 2.3 | 2.1 | 1.8 | 0.8 | 0.4 | 1.0 | 4 | 6 | 5 | |
| 拉断伸长率(%) | 常温(23℃) ⩾ | | 450 | 400 | 300 | 400 | 200 | 200 | 200 | 550 | 500 | 6.3.2 |
| | 低温(−20℃) ⩾ | | 200 | 200 | 170 | 200 | 100 | 100 | — | 350 | 200 | |
| 撕裂强度(kN/m) ⩾ | | | 25 | 24 | 23 | 18 | 10 | 10 | 40 | 60 | 60 | 6.3.3 |
| 不透水性(30min) | | | 0.3 MPa 无渗漏 | 0.3 MPa 无渗漏 | 0.2 MPa 无渗漏 | 0.3 MPa 无渗漏 | 0.2 MPa 无渗漏 | 0.2 MPa 无渗漏 | 0.3 MPa 无渗漏 | 0.3 MPa 无渗漏 | 0.3 MPa 无渗漏 | 6.3.3 |
| 低温弯折 | | | −40℃ 无裂痕 | −30℃ 无裂痕 | −30℃ 无裂痕 | −30℃ 无裂痕 | −20℃ 无裂痕 | −20℃ 无裂痕 | −20℃ 无裂痕 | −350℃ 无裂痕 | −35℃ 无裂痕 | 6.3.5 |
| 加热伸缩量(mm) | 延伸 ⩽ | | 2 | 2 | 2 | 2 | 4 | 4 | 2 | 2 | 2 | 6.3.6 |
| | 收缩 ⩽ | | 4 | 4 | 4 | 4 | 6 | 10 | 6 | 6 | 6 | |
| 热空气老化(80℃×168h) | 拉伸强度保持率(%)⩾ | | 80 | 80 | 80 | 90 | 60 | 80 | 80 | 80 | 80 | 6.3.7 |
| | 拉断伸长率保持率(%)⩾ | | 70 | 70 | 70 | 70 | 70 | 70 | 70 | 70 | 70 | |
| 耐碱性[饱和 Ca(OH)$_2$ 溶液 23℃×168h] | 拉伸强度保持率(%)⩾ | | 80 | 80 | 80 | 80 | 70 | 70 | 80 | 80 | 80 | 6.3.8 |
| | 拉断伸长率保持率(%)⩾ | | 80 | 80 | 80 | 90 | 80 | 70 | 80 | 90 | 90 | |

(续)

| 项目 | | 指标 | | | | | | | | | 适用实验条目 |
|---|---|---|---|---|---|---|---|---|---|---|---|
| | | 硫化橡胶类 | | | 非硫化橡胶类 | | | 树脂类 | | | |
| | | JL1 | JL2 | JL3 | JF1 | JF2 | JF3 | JS1 | JS2 | JS3 | |
| 臭氧老化 (40℃×168h) | 伸长率40%, 500×10$^{-a}$ | 无裂纹 | — | 无裂纹 | — | — | — | — | — | — | 6.3.9 |
| | 伸长率20%, 200×10$^{-a}$ | — | 无裂痕 | — | — | — | — | — | — | — | |
| | 伸长率20%, 100×10$^{-a}$ | — | — | 无裂痕 | — | 无裂痕 | 无裂痕 | — | — | — | |
| 人工气候老化 | 拉伸强度保持率(%)≥ | 80 | 80 | 80 | 80 | 70 | 80 | 80 | 80 | 80 | 6.3.10 |
| | 拉断伸长率保持率(%)≥ | 70 | 70 | 70 | 70 | 70 | 70 | 70 | 70 | 70 | |
| 粘结剥离强度(片材与材) | 标准试验条件 (N/mm) ≥ | | | | | 1.5 | | | | | 6.3.11 |
| | 浸水保持率 (23℃×168h, %) ≥ | | | | | 70 | | | | | |

注：1. 人工气候老化和粘结玻璃强度为推荐项目；
2. 非外露使用可以不考核臭氧老化、人工气候老化、加热伸缩量、60℃拉伸强度性能。

表9-11　复合片的物理性能

| 项目 | | 指标 | | | | 适用实验条目 |
|---|---|---|---|---|---|---|
| | | 硫化橡胶类 FL | 非硫化橡胶类 FF | 树脂类 | | |
| | | | | FS1 | FS2 | |
| 拉伸强度 (N/cm) | 常温(23℃)≥ | 80 | 60 | 100 | 60 | 6.3.2 |
| | 高温(23℃)≥ | 30 | 20 | 40 | 30 | |
| 拉断伸长率 (%) | 常温(23℃)≥ | 300 | 250 | 150 | 400 | |
| | 低温(−20℃)≥ | 150 | 50 | — | 300 | |
| 撕裂强度(N) | ≥ | 40 | 20 | 20 | 50 | 6.3.3 |

## 第九章 防水材料

(续)

| 项目 | | 指标 硫化橡胶类 FL | 指标 非硫化橡胶类 FF | 指标 树脂类 FS1 | 指标 树脂类 FS2 | 适用实验条目 |
|---|---|---|---|---|---|---|
| 不透水性(0.3MPa,30min) | | 无渗漏 | 无渗漏 | 无渗漏 | 无渗漏 | 6.3.4 |
| 低温分析 | | −35℃ 无裂痕 | −20℃ 无裂痕 | −30℃ 无裂痕 | −20℃ 无裂痕 | 6.3.5 |
| 加热伸缩量(mm) | 延伸 ≤ | 2 | 2 | 2 | 2 | 6.3.6 |
| 加热伸缩量(mm) | 收缩 ≤ | 4 | 4 | 2 | 4 | 6.3.6 |
| 热空气老化(80℃×168h) | 拉伸强度保持率(%) ≤ | 80 | 80 | 80 | 80 | 6.3.7 |
| 热空气老化(80℃×168h) | 拉断伸长率保持率(%) ≤ | 70 | 70 | 70 | 70 | 6.3.7 |
| 耐碱性[饱和Ca(OH)$_2$溶液23℃×168h] | 拉伸强度保持率(%) ≤ | 80 | 60 | 80 | 80 | 6.3.8 |
| 耐碱性[饱和Ca(OH)$_2$溶液23℃×168h] | 拉断伸长率保持率(%) ≤ | 80 | 60 | 80 | 80 | 6.3.8 |
| 臭氧老化(40℃×168h),200×10$^{-a}$,伸长率20% | | 无裂痕 | 无裂痕 | — | — | 6.3.9 |
| 人工气候老化 | 拉伸强度保持率(%) ≤ | 80 | 70 | 80 | 80 | 6.3.10 |
| 人工气候老化 | 拉断伸长率保持率(%) ≤ | 80 | 60 | 70 | 70 | 6.3.10 |
| 粘结剥离强度(片材与片材) | 标准实验条件(N/mm) ≤ | 1.5 | 1.5 | 1.5 | 1.5 | 6.3.11 |
| 粘结剥离强度(片材与片材) | 浸水保持率(23℃×168h,%) ≤ | | 70 | | 70 | 6.3.11 |
| 复合强度(FS2型表层与芯层/MPa) | | — | | 1.8 | | 6.3.12 |

注:1. 人工气候老化和粘合性能项目为推荐项目;
  2. 非外露使用可以不考虑核臭氧老化、人工气候老化、加热伸缩量、高温(60℃)拉伸强度性能。

表 9-12 自粘层性能

| 项目 | | | 指标 | 适用实验条目 |
|---|---|---|---|---|
| 低温弯折 | | | −25℃无裂痕 | 6.3.5 |
| 持粘性(min) | | ≥ | 20 | 6.3.13.1 |
| 剥离强度(N/mm) | 标准实验条件 | 片材与片材 ≥ | 0.8 | 6.3.13.2 |
| | | 片材与铝板 ≥ | 1.0 | |
| | | 片材与水泥砂浆板 ≥ | 1.0 | |
| | 热空气老化后(80℃×168h) | 片材与片材 ≥ | 1.0 | |
| | | 片材与铝板 ≥ | 1.2 | |
| | | 片材与水泥砂浆板 ≥ | 1.2 | |

表 9-13 异型片的物理性能

| 项目 | | 指标 | | | 用实验条目 |
|---|---|---|---|---|---|
| | | 膜片厚度<0.8mm | 膜片厚度0.8~1.0mm | 膜片厚度≥1.0mm | |
| 拉伸强度(N/cm) | ≥ | 40 | 56 | 72 | 6.3.2.2 |
| 拉断伸长率(%) | ≥ | 25 | 35 | 50 | |
| 抗压性能 | 抗压强度(kPa) ≥ | 100 | 150 | 300 | 6.3.14 |
| | 壳体高度压缩(%)后外观 ≥ | | 无破损 | | |
| 排水截面积(cm³) | | | 30 | | 6.3.15 |
| 热空气老化(80℃×168h)≥ | 拉伸强度保持率(%) ≥ | | 80 | | 6.3.7 |
| | 拉断伸长率保持率(%) ≥ | | 70 | | |
| 耐碱性[饱和Ca(OH)₂溶液 23℃×168h] | 拉伸强度保持率(%) ≥ | | 80 | | 6.3.8 |
| | 拉断伸长率保持率(%) ≥ | | 80 | | |

注：壳体形状和高度无具体要求，单性能指标必须满足本表规定。

表 9-14　点(条)粘片粘接部位的物理性能

| 项目 | | 指标 | | | 用实验条目 |
|---|---|---|---|---|---|
| | | DS1/TS1 | DS2/TS2 | DS3/TS3 | |
| 常温(23℃)拉伸强度(N/cm) | ≥ | 100 | 60 | | 6.3.2.1.3 |
| 常温(23℃)拉伸伸长率(%) | ≥ | 150 | 400 | | |
| 剥离强度(N/cm) | ≥ | | | | 6.3.11 |

### 3.常见高分子卷材

(1)三元乙丙橡胶防水卷材

三元乙丙橡胶防水卷材,是以乙烯、丙烯和任何一种非共轭二烯烃共聚合成的三元乙丙橡胶掺入适量的丁基橡胶、硫化剂、促进剂、软化剂和补强剂等,经密炼、拉片过滤、挤出成形等工序加工而成。这种防水卷材耐老化性好,使用寿命长;耐候性好、耐臭氧及耐化学腐蚀性强;弹性和抗拉强度高、伸长率大;具有优异的耐绝缘性能;耐低温和耐高温性能;同时施工方便。这种防水卷材广泛适用于各种工业建筑与民用建筑屋面的单层外露防水层。尤其适用于受振动、易变形建筑工程防水,如体育馆、机场等;各种地下工程的防水工程,如地下储藏室、隧道;也可用于有刚性保护层或倒置式屋面以及储水池、水库等土木建筑工程防水。

(2)聚氯乙烯(PVC)防水卷材

聚氯乙烯防水卷材系以聚氯乙烯树脂为主要成分,掺入改性材料及增塑剂、抗氧剂等,经捏合、塑化、压延、整形、冷却等主要工艺流程加工而成。其中,以煤焦油与聚氯乙烯塑脂混溶料为基料的防水卷材是 S 型;以增塑聚氯乙烯为基料的防水卷材是 P 型。这种防水卷材具有较高的拉伸和撕裂强度;耐渗透,耐化学腐蚀,耐老化;低温柔性好;良好的施工操作简便、安全、清洁、快速;同时原料丰富,防水卷材价格合理,易于选用。这种防水卷材适用于各种工业、民用新建或旧建筑混凝土屋面的修缮,大型屋面板、空心板的防水层,构筑物屋面外露或有保护层的工程防水,以及地下室、防空洞、隧道、水库、水池、堤坝等土木建筑工程防水。

(3)氯化聚乙烯防水卷材

氯化聚乙烯防水卷材,是以氯化聚乙烯树脂为主体材料,掺入适当的化学助剂和一定量的填充材料,经过配料、密炼、塑化、压延出片而成。这种防水卷材耐老化性好、强度高,又具备橡胶高弹性及延伸性好的特点,同时可制成彩色卷材,美化环境又可减少太阳辐射热的吸收,以便降低夏季室内温度。这种防水卷材广泛适用于屋面外露、非外露防水工程、地下室外防外贴法或外防内贴法施工的防水工程,以及水池、堤坝等防水工程。

(4)氯化聚乙烯－橡胶共混防水卷材

氯化聚乙烯-橡胶共混防水卷材是以氯化聚乙烯树脂与合成橡胶为主体，加入硫化剂、促进剂、稳定剂、软化剂及填料等，经塑炼、混炼、过滤、压延或挤出成型及硫化等工序制成的防水卷材。这类防水卷材既具有氯化聚乙烯的高强度和优异的耐久性，又具有橡胶的高弹性和高延伸性以及良好的耐低温性能。这种防水卷材广泛适用于屋面外露用工程防水、非外露用工程防水、地下室外防外贴法或外防内贴法施工的防水工程，常用于新建和维修各种建筑屋面、墙地下建筑及水池、水库等工程的防潮、防渗、防漏和其他土木建筑工程防水。

(5) 氯磺化聚乙烯防水卷材

氯磺化聚乙烯防水卷材是以氯磺化聚乙烯为主体材料，加入各种填料、增塑剂、稳定剂、硫化剂、促进剂、防水剂等助剂，经过配料、捏合、混炼、压延成形等工序制成。这类防水卷材的耐臭氧、耐紫外线、耐老化、耐腐蚀等性能好，且拉伸强度高、耐高低温性好、断裂伸长率高，对防水基层伸缩和开裂变形的适应性强。这种防水卷材适用于做重点工程的单层、外露防水，如屋面、工业厂房等。

(6) TPO 防水卷材

TPO 防水卷材是以聚丙烯和三元乙丙橡胶(或乙丙橡胶)为主体材料，经共聚而成的热塑性聚烯烃材料，这种热塑性聚烯烃很容易压延或挤出形成卷材。这种防水卷材具有耐候性、低温柔性等物理性能，同时具可焊接性；耐火性，阻燃性好；耐臭氧、耐紫外线、耐老化、耐腐蚀等性能好；不含增塑剂。这种防水卷材适用于用于屋面单层外防水、地下室等建筑工程防水。

## 第三节 防 水 涂 料

防水涂料是以沥青、合成高分子材料等为主体，在常温下呈一种流态或半流态物质，涂刷在建筑物表面后，固化成膜后形成有一定厚度和弹性的连续薄膜，使基层表面与水隔绝，起到防水、防潮作用的材料总称。

防水涂料能形成无接缝的完整防水膜特别适合于各种结构复杂的屋面、面积相对狭小的厕浴间、地下工程等防水施工，以及屋面渗漏维修等各种复杂、不规则部位的防水。有的防水涂料还兼具装饰功能或隔热功能。防水涂料大多采用冷施工，不必加热熬制，减少了环境污染，改善了劳动条件，并且施工方便、快捷。此外涂布的防水涂料既是防水层的主体，又是胶粘剂，因而施工质量易保证、维修也简便。只是若采用刷涂时，防水膜的厚度较难保持均匀一致。

一、分类及特点

1. 分类

我国防水涂料一般按涂料的类型和涂料成膜物质的主要成分，有两种分类方法。按涂料成膜物质的主要成分,可分成沥青类、高聚物改性沥青类及合成高分子类等。按涂料类型,可分为溶剂型、水乳型和反应型。

(1)溶剂型防水涂料干燥速度快,涂膜薄而且致密,但其易燃、易爆、有毒。所以在生产、运输和使用过程中应注意安全使用,注意防火。施工时应通风良好,保证安全。储存时应采用密封储存。

(2)水乳型防水涂料干燥较慢,一次成膜的致密性较低,其无毒、不燃。施工较安全,操作简单,可在较为潮湿的平层上施工,施工温度不宜低于5℃。其储存期不宜超过半年。

(3)反应型防水涂料可一次形成致密的、较厚的涂膜,几乎无收缩,但其有异味,生产、运输和使用过程中应注意防火。施工时需现场按照规定配方进行配料,搅拌均匀,以保证施工质量。储存时各组分应分开密封存放。

2. 特点

防水涂料大致有如下几个特点:

(1)整体防水性好。能满足各类屋面、地面、墙面的防水工程的要求。在基材表面形状复杂的情况下,如管道根、阴阳角处等,涂刷防水涂料较易满足使用要求。为了增加强度和厚度,还可以与玻璃布、无纺布等增强材料复合作用。

(2)温度适应性强。因为防水涂料的品种多,用户选择余地很大,可以满足不同地区气候环境的需要。溶剂型涂料可在负温下施工。

(3)操作方便,施工速度快。涂料可喷可刷,节点处理简单,容易操作。水乳型涂料在基材稍潮湿的条件下仍可施工。冷施工不污染环境,比较安全。

(4)易于维修。当屋面发生渗漏时,不必完全铲除整个旧防水层,只需在渗漏部位进局部修理,或在原防水层上重做一层防水处理。

二、防水涂料的基本性能

1. 固体含量

指防水涂料中所含固体比例。由于涂料涂刷后靠其中的固体成分形成涂膜,因此,固体含量多少与成膜厚度及涂膜质量密切相关。

2. 耐热度

指防水涂料成膜后的防水薄膜在高温下不发生软化变形、不流淌的性能。它反映防水涂膜的耐高温性能。

3. 柔性

指防水涂料成膜后的膜层在低温下保持柔韧性的性能。它反映防水涂料在低温下的施工和使用性能。

### 4. 不透水性

指防水涂料在一定水压（静水压或动水压）和一定时间内不出现渗漏的性能，是防水涂料满足防水功能要求的主要质量指标。

### 5. 延伸性

指防水涂膜适应基层变形的能力。防水涂料成膜后必须具有一定的延伸性，以适应由于温差、干湿等因素造成的基层变形，保证防水效果。

## 三、沥青基防水涂料

沥青基防水涂料以沥青为基料配制而成的水乳型或溶剂型防水涂料。水乳型沥青防水涂料是将石油沥青分散于水中所形成的水分散体。溶剂型沥青涂料是将石油沥青直接溶解于汽油等有机溶剂后制得的溶液。表 9-15 是主要沥青基防水涂料的性能特点及用途。

### 1. 冷底子油

用石油沥青直接溶于汽油、煤油、柴油等有机溶剂中成为溶剂型沥青涂料。因多在常温下用做防水工程的打底材料，故名冷底子油。它的黏度小，能渗入到混凝土、砂浆、木材等材料的毛细孔隙中，待溶剂挥发后，沥青颗粒留在微孔中，与基材牢固结合，使基层具有一定的憎水性，为黏结同类防水材料创造了有利条件。因为施工后形成涂膜很薄，一般不宜单独使用，往往用做沥青类卷材施工时打底的基层处理。

### 2. 水乳型沥青防水涂料

以石油沥青为基料，掺入各种改性材料，在机械强制搅拌下将沥青乳化而制得的厚质防水涂料。建筑行业标准《水乳型沥青防水涂料》(JC/T 408—2005)规定其物理、力学性能，见表 9-15。

表 9-15 水乳型沥青防水涂料性能

| 项目 | L 型 | H 型 |
| --- | --- | --- |
| 固体含量(%) | ≥45 | |
| 耐热度(℃) | 80±2 | 110±2 |
| | 无渗水、滑动、滴落 | |
| 不透水性 | 0.10MPa,30min 无渗水 | |
| 地温柔性(标准条件,℃) | −15 | 0 |
| 断裂伸长率(标准条件,%) | 600 | |

水乳型沥青防水涂料生产工艺简单,成本低。适用于一般屋面防水,厕所、浴室、厨房和卫生间地面的防水、抗渗工程,特别适合紧急抢防渗漏工程。

### 3. 膨润土沥青乳液

以优质石油沥青为基料,膨润土为分散剂,经机械搅拌而成的一种水乳型厚质沥青防水涂料。这种厚质涂料可在潮湿无积水的基层上施工,涂膜耐水性很好,黏结力强,耐热性好,不污染环境。一般和胎体增强材料配合使用,用于屋面、地下工程、厕浴间等防水防潮工程。

## 四、高聚物改性沥青防水涂料

高聚物改性沥青防水涂料是以高聚物改性沥青为基料配制而成的水乳型或溶剂型防水涂料。常用高聚物为各类橡胶或胶乳。由于高聚物的改性作用,使得改性沥青防水涂料的性能优于沥青基防水涂料。

### 1. 溶剂型再生橡胶沥青防水涂料

溶剂型再生橡胶防水涂料是以沥青为主要成分,以再生橡胶为改性剂,汽油为溶剂,添加其他填料,经热搅拌而成。它能在各种复杂表面形成无接缝的防水膜,具有一定的柔韧性和耐久性;他干燥固化快,且成膜较薄,难以成厚膜;它能够在常温及较低温度下冷施工。因为有易燃易爆的危险,所以必须安全生产并储存。它主要适用于工业及民用建筑混凝土屋面的防水层;楼层厕、浴、厨房间防水;旧油毡屋面维修和翻修;地下室、水池、冷库、地坪等抗渗、防潮等;一般工程的防潮层、隔汽层。

### 2. 氯丁橡胶改性沥青防水涂料

以氯丁橡胶为改性剂,汽油为溶剂,加入填料、防老化剂等制成。氯丁橡胶沥青防水涂料可分为溶剂型和水乳型两种。这种防水涂料成膜速度快,涂膜致密,延伸性好,耐腐性、耐候性优良,但施工有污染,应有切实的防火与防爆措施。

### 3. SBS 改性沥青防水涂料

以 SBS(苯乙烯－丁二烯－苯乙烯嵌段共聚物)树脂改性沥青,再加表面活性剂及少许其他树脂等配制而成的水乳型弹性防水涂料。这种涂料具有良好的低温柔性、黏结性、抗裂性、耐老化性和防水性,采用冷施工,操作方便、安全,无毒、不污染环境。适用于复杂基层的防水防潮施工,如厕浴间、地下室、厨房、水池等,特别适合于寒冷地区的防水工程。

## 五、高分子防水涂料

合成高分子防水涂料在混凝土材料的基面上涂刷后,能形成均匀无缝的防水层,具有良好的防水渗作用。由于涂料在成膜过程中没有接缝,不仅能够在平屋面上,而且还能够在立面、阴阳角和其他各种复杂表面的基层上形成连续不断的整体性防水涂层。

**1. 聚氨酯防水涂料**

聚氨酯防水涂料是一种化学反应型涂料,多以双组分(聚氨酯,固化剂),加上其他添加剂,按比例配合均匀涂于基层后,在常温下即能交联固化,形成较厚的防水涂膜。

(1)分类

聚氨酯防水涂料按组分分为单组分(S)和多组分(M)两种产品,按其基本性能分为Ⅰ型、Ⅱ型和Ⅲ型。产品均为均匀的粘稠体、无凝胶和硬块。

(2)技术要求

国家标准《聚氨酯防水涂料》(GB/T 19250—2013)规定聚氨酯防水涂料的基本性能应符合表 9-16 的规定。

表 9-16 硅橡胶防水涂料的性能

| 序号 | 项目 | | Ⅰ | Ⅱ | Ⅲ |
|---|---|---|---|---|---|
| 1 | 固体含量(%) ≥ | 单组份 | | 8.0 | |
| | | 多分组 | | 92.0 | |
| 2 | 表干时间(h) | ≤ | | 12 | |
| 3 | 实干时间(h) | ≤ | | 24 | |
| 4 | 流平性 | | 20min 时,无明显齿痕 | | |
| 5 | 拉伸强度(MPa) | ≥ | 2.00 | 6.00 | 2.0 |
| 6 | 断裂伸长率(%) | ≥ | 500 | 450 | 50 |
| 7 | 撕裂强度(N/mm) | ≥ | 15 | 30 | 0 |
| 8 | 低温弯折性 | | $-35℃$,无裂纹 | | |
| 9 | 不透水性 | | 0.3MPa,120min,不透水 | | |
| 10 | 加热伸缩率(%) | | $-4.0 \sim +1.0$ | | |
| 11 | 粘结强度(MPa) | ≥ | 1.0 | | |
| 12 | 吸水率(%) | ≤ | 5.0 | | |
| 13 | 定伸时老化 | 加热老化 | 无裂纹及变形 | | |
| | | 人工气候老化 | 无裂纹及变形 | | |

(续)

| 序号 | 项目 | 技术指标 | | |
|---|---|---|---|---|
| | | Ⅰ | Ⅱ | Ⅲ |
| 14 | 热处理<br>(80℃,168h) | 拉伸强度保持率(%) | 80～150 | | |
| | | 断裂伸长率(%) ≥ 450 | 400 | 100 |
| | | 低温弯折性 | -30℃,无裂纹 | | |
| 15 | 碱处理<br>[0.1%NaOH+<br>饱和Ca(OH)$_2$<br>溶液,168h] | 拉伸强度保持率(%) | 80～150 | | |
| | | 断裂伸长率(%) ≥ 450 | 400 | 200 |
| | | 低温弯折性 | -30℃,无裂纹 | | |
| 16 | 酸处理<br>(2%H$_2$SO$_4$溶液,<br>168h) | 拉伸强度保持率(%) | 80～150 | | |
| | | 断裂伸长率(%) ≥ 450 | 400 | 200 |
| | | 低温弯折性 | -30℃,无裂纹 | | |
| 17 | 人工气候老化[b]<br>(100h) | 拉伸强度保持率(%) | 80～150 | | |
| | | 断裂伸长率(%) ≥ 450 | 400 | 200 |
| | | 低温弯折性 | -30℃,无裂纹 | | |
| 18 | 燃烧性能[b] | B$_2$-E(点火15s,燃烧20s,Fs≤15mm,<br>无燃烧滴落物引燃滤纸) | | |

注:1. 该项性能不适用与单组分和喷涂施工的产品。流平性时间也可根据工程要求和施工环境由提供双方商定并在订货合同与产品包装上明示;
   2. 仅外露产品要求测定。

(3)特点

涂料中几乎不含有溶剂,故涂膜体积收缩小,且其弹性、延伸性和抗拉强度高,耐候、耐蚀性能好,对环境温度变化和基层变形的适应性强,是一种性能优良的高分子防水涂料。

(4)应用

聚氨酯防水涂料与各种基材(如混凝土、砖、岩石、木材、金属、玻璃及橡胶等)粘结良好,且耐久性较好。其中无焦油聚氨酯防水涂料色浅,可制成铁红、草绿、银灰等彩色涂料,且涂膜反应速度、易于控制,属于高档防水涂料。主要用于中高级建筑的屋面、外墙、地下室、卫生间、贮水池及屋顶花园等防水工程。焦油聚氨酯防水涂料,因固化剂中加入了煤焦油,使涂料粘度降低,易于施工,且价格相对较低,使用量大大超过无焦油聚氨酯防水涂料。但煤焦油对人体有害,不能用于冷库内壁和饮用水防水工程,其他适用范围同无焦油聚氨酯防水涂料。

## 2. 硅橡胶防水涂料

硅橡胶防水涂料是以硅橡胶乳液以及其他乳液的复合物为基料,掺入无机填料及各种助剂配制而成的乳液型防水涂料。

硅橡胶防水涂料共有Ⅰ型涂料和Ⅱ型涂料两个品种;Ⅱ型涂料加入了一定量的改性剂,以降低成本,但性能指标除低温韧性略有升高以外,其余指标与Ⅰ型涂料都相同。Ⅰ型涂料和Ⅱ型涂料均由1号涂料和2号涂料组成,涂布时进行复合使用,1号、2号均为单组分,1号涂布于底层和面层,2号涂布于中间加强层。硅橡胶建筑防水涂料的物理性能如表9-17所示。

表9-17 硅橡胶防水涂料的性能

| 项目 | | 性能 | |
|---|---|---|---|
| | | Ⅰ型 | Ⅱ型 |
| 外观(均匀、细腻、无杂质、无结皮) | | 乳白色 | 乳白色 |
| 固体含量(%)≤ | 1号胶 | 40 | 40 |
| | 2号胶 | 60 | 60 |
| 固化时间(h)≤ | 表干:1号、2号胶 | 1 | 1 |
| | 实干:1号、2号胶 | 10 | 10 |
| 粘结强度(MPa,1号胶与水泥砂浆基层的粘结力)≥ | | 0.4 | 0.4 |
| 抗裂性(涂膜厚0.5~0.8mm,当基层裂缝小于2.5mm时) | | 涂膜无裂缝 | 涂膜无裂缝 |
| 扯断强度(MPa)≥ | | 1.0 | 1.0 |
| 扯断伸长率(%)≥ | | 420 | 420 |
| 低温柔性(℃),绕$\phi$10mm圆棒 | | -30不裂 | -20不裂 |
| 耐热性(延伸率保持率,%,80℃,168h)≥ | | 80,外观合格 | 80,外观合格 |
| 耐湿性(延伸率保持率,%)≥ | | 80,外观合格 | 80,外观合格 |
| 耐老化(延伸率保持率,%)≥ | | 80,外观合格 | 80,外观合格 |
| 耐碱性(延伸率保持率,%)≥<br>[饱和$Ca(OH)_2$和0.1NaOH混合溶液浸泡15d,恒温15℃] | | 80,外观合格 | 80,外观合格 |
| 不透水性(MPa,涂膜厚1mm,0.5h)≥ | | 0.3 | 0.3 |

硅橡胶防水涂料采用冷施工,施工方便、安全、喷、涂、滚刷皆可,可在较潮湿的基层上施工,无环境污染。可配成各种颜色,装饰性良好。对水泥砂浆、金属、木材等具有良好的黏结性。适用于屋面、厕浴间、厨房、储水池的防水处理,对于有复杂结构或有许多管道穿过的基层防水特别适用。

### 3. 丙烯酸酯防水涂料

丙烯酸酯防水涂料是以高固含量丙烯酸酯共聚乳液为基料,掺加填料、颜料及各种助剂经混炼研磨而成的水性单组分防水涂料。丙烯酸酯防水涂料按产品的理化性能分为Ⅰ型和Ⅱ型,其性能指标如表 9-18 所示。

表 9-18 性能指标

| 项目 | 性能指标 | |
|---|---|---|
| | Ⅰ型 | Ⅱ型 |
| 断裂伸长率(%) | >400 | >300 |
| 抗拉强度(MPa) | >0.5 | >1.6 |
| 粘结强度(MPa) | >1.0 | >1.2 |
| 低温柔性(℃) | −20 | −20 |
| 固含量(%) | >65 | |
| 耐热性 | 80℃,5h,合格 | |
| 表干时间(h) | 4 | |
| 实干时间(h) | 20 | |

丙烯酸酯防水涂料具有优良的耐紫外线性能及耐油性、粘结性、延伸性、耐低温性、耐热性和耐老化性能,并且以水为稀释剂,粘度较小,无污染、无毒、不燃,安全可靠,价格适中,可配成各种颜色,操作方便,干燥速度快,保存期长。适用于屋面、地下室、厕浴间及异型结构基层的防水工程。因为涂膜连续性好、重量轻,特别适用于轻型薄壳结构的屋面防水。

## 第四节 其他防水制品

### 一、防水密封材料

建筑工程用防水密封材料,是嵌填于建筑物的接缝、门窗框四周、玻璃镶嵌部及建筑裂缝等,能起到水密、气密性作用的材料。主要用于建筑屋面、地下工程及其他部位的嵌缝密封防水,在自防水屋面中,也可配合构件板面涂刷防水涂料,以取得较好的防水效果。

建筑密封材料可分为不定型和定型密封材料两大类。前者指膏糊状材料,如腻子、各类嵌缝密封膏、胶泥等;后者指根据工程要求制成的带、条、垫状的密封材料,如止水条、止水带、防水垫、遇水自膨胀橡皮等。

### 1. 防水沥青嵌缝油膏

建筑防水沥青嵌缝油膏是以石油沥青为基料,加入改性材料、填充料和稀释剂等混合制成的冷用膏状材料。具有优良的防水防潮性能,黏结性好,延伸率高,能适应结构的适当伸缩变形,能自行结皮封膜。可用于嵌填建筑物的水平、垂直缝及各种构件的防水,使用很普遍。其性能应符合《建筑防水沥青嵌缝油膏》(JC/T 207—2011)的规定,见表 9-19。

表 9-19 油膏的物理力学性能

| 序号 | 项目 | | | 技术指标 | |
|---|---|---|---|---|---|
| | | | | 702 | 801 |
| 1 | 密度($g/cm^3$) | | ≥ | 规定值±0.1 | |
| 2 | 施工度(mm) | | ≥ | 22.0 | 20.0 |
| 3 | 耐热性 | 温度(℃) | | 70 | 80 |
| | | 下垂值(mm) | ≤ | 4.0 | |
| 4 | 地温柔性 | 温度(℃) | | −20 | −10 |
| | | 粘结状况 | | 无裂纹、无剥离 | |
| 5 | 拉伸粘结性(%) | | ≥ | 125 | |
| 6 | 浸水后拉伸粘结性(%) | | ≥ | 125 | |
| 7 | 渗出性 | 渗出幅度(mm) | ≤ | 5 | |
| | | 渗出张数(张) | ≤ | 4 | |
| 8 | 发挥性(%) | | | 2.8 | |

注:规定值由生产商提供或供需双方商定。

### 2. 聚氯乙烯接缝材料

聚氯乙烯建筑防水材料是以聚氯乙烯树脂为基料,加以适量的改性材料及其他填加剂配制而成的(简称 PVC 接缝材料)。按施工工艺分为热塑性和热熔型两种。聚氯乙烯接缝膏又叫聚氯乙烯胶泥,是以煤焦油为基料,按一定比例加入聚氯乙烯树脂、增塑剂、稳定剂及填充料,在130~140℃温度下塑化而成的热施工防水接缝材料。胶泥是橡胶状弹性体,塑料油膏是在此基础上改进的热施工塑性材料,施工使用热熔后成为黑色的粘稠体。常温下与氯乙烯接缝膏相似,具有弹性大、粘结力强、耐候性、低温柔性好、老化缓慢、耐酸碱、耐油等特点。

聚氯乙烯接缝膏它可以在−25~80℃条件下适用于各种坡度的工业厂房与民用建筑屋面工程,也适用于有硫酸、盐酸、硝酸、氢氧化钠气体腐蚀的屋面工程。同时还用于各种新旧混凝土结构物、构件的嵌缝防水。

### 3. 丙烯酸酯密封膏

丙烯酸酯建筑密封膏以丙烯酸乳液为胶结剂,掺入少量表面活性剂、增塑剂、改性剂及颜料、填料等,配制成单组分水乳型建筑密封膏。这种密封膏具有优良的耐紫外线性能和耐油性、黏结性、延伸性、耐低温性和耐老化性能,并且以水为稀释剂,黏度较小、无污染、无毒、不燃、安全可靠、价格适中,可配成各种颜色,操作方便,干燥速度快,保存期长。该密封膏应用范围广泛,可用于墙板、屋面板、门窗、卫间等的接缝密封防水及裂缝修补。但它的耐水性不算很好,所以不宜用于经常泡在水中的工程,如不宜用于广场、公路,桥面等交通来往的接缝工程中,也不用于水池、污水厂、灌溉系统、堤坝等水下接缝工程中。其性能应符合《丙烯酸酯建筑密封膏》(JC/T 484—2006)的规定,见表 9-20。

表 9-20 丙烯酸酯密封膏性能

| 序号 | 项目 | | 技术要求 | | |
|---|---|---|---|---|---|
| | | | 优等品 | 一等品 | 合格品 |
| 1 | 密度($g/cm^3$) | | | 规定值±0.1 | |
| 2 | 挤出性(ml/min) | ≥ | | 100 | |
| 3 | 表干时间(h) | ≤ | | 24 | |
| 4 | 渗出性指数 | ≤ | | 3 | |
| 5 | 下垂度(mm) | ≤ | | 3 | |
| 6 | 初期耐水性 | | | 无浑浊液 | |
| 7 | 低温贮存稳定性 | | | 不凝固、离析 | |
| 8 | 收缩率(%) | ≤ | | 30 | |
| 9 | 低温柔性($\phi 6$,℃) | | −20 | −30 | −40 |
| 10 | 粘结拉伸强度(MPa) | | | 0.02~0.15 | |
| 11 | 最大伸长率(%) | ≥ | 400 | 250 | 150 |
| 12 | 弹性恢复率(%) | ≥ | 75 | 70 | 65 |
| 13 | 拉伸—压缩循环性能 级别 | | 7020 | 7010 | 700 |
| | 平均破坏面具(%) | ≤ | | 25 | |

### 4. 聚氨酯密封胶

聚氨酯建筑密封膏由多异氰酸酯和聚醚通过加聚反应制成预聚体为主料,加入固化剂、助剂等,在常温下交联固化,是高弹性建筑用密封膏。这类密封胶弹性高、延伸率大、粘结力强、耐油、耐磨、耐酸碱、抗疲劳性和低温柔性好,使用年限长。适用于各种装配式建筑的屋面板、楼地板、墙板、阳台、门窗框和卫生间等部位的接缝及施工密封,也可用于贮水池、引水渠等工程的接缝密封、伸缩缝的密封和混凝土修补等。其技术性能应符合《聚氨酯建筑密封膏》(JC/T 482—2003)的规定,见表9-21。

表9-21 聚氨酯密封胶性能

| 序号 | 实验项目 | | | 技术指标 | | |
|---|---|---|---|---|---|---|
| | | | | 20HM | 25LM | 20LM |
| 1 | 密度(g/cm³) | | | | 规定值±0.1 | |
| 2 | 挤出性[1] | | ≥ | | 80 | |
| 3 | 适用期[2](h) | | ≥ | | 1 | |
| 4 | 流动性 | 下垂度(N)型(mm) | ≤ | | 3 | |
| | | 流平性(L)型 | | | 光滑平整 | |
| 5 | 表干时间(h) | | ≤ | | 24 | |
| 6 | 弹性恢复率(%) | | ≥ | | 70 | |
| 7 | 拉伸模量(MPa) | 23℃ | | >0.4 或 >0.6 | | ≤0.1 和 ≤0.6 |
| | | −20℃ | | | | |
| 8 | 定身粘结性 | | | | 无破坏 | |
| 9 | 浸水后定伸粘结性 | | ≥ | | 无破坏 | |
| 10 | 冷拉—热压后粘结性 | | | | 无破坏 | |
| 11 | 质量损失率(%) | | ≤ | | 7 | |

注:1. 此项仅适用于单组分产品;
2. 此项仅适用于多组分产品,允许采用供需双方商定的其他指标值。

**5. 聚硫建筑密封胶**

聚硫橡胶密封膏是以液态聚硫橡胶为基料,加入硫化剂、增塑剂、填充料等拌制而成的均匀的膏状体。这类密封膏具有优良的耐候性、耐油性、耐水性和低温柔性,能适应基层较大的伸缩变形,施工适用期可调整,垂直使用不流淌,水平使用时有自流平性。聚硫橡胶密封膏无溶剂、无毒,使用安全可靠,适用于混凝土屋面板、墙板、地面板等接缝的密封以及贮水池、地下室、冷库、游泳池接缝密封,还可用于金属幕墙、金属门窗框、汽车车身等的密封防水、防尘,属优质密封材料。其技术性能应符合《聚硫建筑密封膏》(JC/T 483—2006)的规定,见表9-22。

表 9-22 聚硫建筑密封胶的性能

| 序号 | 项目 | | 技术指标 | | |
|---|---|---|---|---|---|
| | | | 20HM | 25LM | 20LM |
| 1 | 密度(g/cm³) | | 规定值±0.1 | | |
| 2 | 流动性 | 下垂度(N型,mm) ≤ | 3 | | |
| | | 流平性(L型) | 光滑平整 | | |
| 3 | 表干时间(h) | ≤ | 24 | | |
| 4 | 适用期(h) | ≥ | 2 | | |
| 5 | 弹性恢复率(%) | ≥ | 70 | | |
| 6 | 拉伸模量(MPa) | 23℃ / -20℃ | >0.4 或>0.6 | | ≤0.4 和≤0.6 |
| 7 | 定伸粘结性 | | 无破坏 | | |
| 8 | 浸水后定伸粘结性 | | 无破坏 | | |
| 9 | 冷拉—热压后粘结性 | | 无破坏 | | |
| 10 | 质量损失率(%) | ≤ | 5 | | |

注:适用期允许采用供需双方商定的其他指标值。

## 二、特种防水材料

### 1. 玻纤沥青瓦

玻纤沥青瓦是以优质玻璃纤维毡为胎基,经过优质石油沥青浸涂面后,一面覆以煅烧的彩色矿物粒料,另一面撒以隔离材料的新型瓦状屋面防水材料。玻纤瓦主要的优点是防水效果良好而且美观、重量轻(屋面承受能力低)、易施工、环保、防尘自洁性强、耐腐蚀性强等。

### 2. 防水浆料

防水浆料成分各异,但主要是由优质的特细骨料及独特的非常活跃的高分子聚合物所组成,遇水之后即产生化学反应,并且在水的作用带动下渗透到底材内部毛细孔里,形成不被水渗透枝蔓状的结晶体,该结晶体与底材融为一体,并且可以阻碍从各个方向来的水的通过。

### 3. 膨润土防水材料

膨润土是一种天然纳米防水材料,应用于地下防水、市政、人工湖、垃圾填埋场等工程,均取得了良好的防水效果。

### 4. 金属防水卷材

金属防水材料主要用于种植屋面、车库顶层种植层,可达到抗根刺的效果。

### 5. 喷涂聚氨酯硬泡体防水保温材料

# 第十章　建筑装饰材料

建筑装饰材料是指用于建筑物内外墙面、地面、顶棚和室内空间装饰、装修所用的材料。装饰材料可以大大提高和改善建筑物的艺术效果，给人以美和舒适的享受。建筑装饰材料按照在建筑中的装饰部位可分为外墙装饰材料、内墙装饰材料、地面装饰材料及顶棚装饰材料；按主要化学成分可分为无机装饰材料和有机装饰材料两大类。建筑装饰材料种类繁多，而且装饰部位不同对材料的要求也不同。

## 第一节　建筑装饰石材

### 一、建筑装饰石材的概述及分类

建筑装饰石材是指具有可锯切、研磨和抛光等加工性能，在建筑物上作为饰面材料的石材建筑装饰石材包括天然石材和人造石材两大类。

（1）天然石材分为花岗岩和大理石两大类，市场上常见的变质岩、板岩、千板岩、白云岩、泥晶灰岩等装饰石料统归于大理石类；安山岩、玄武岩、闪长岩、辉绿岩、辉长岩等用于建筑装饰的，因其质地较坚硬，又归于花岗岩。

（2）人造石材则包括人造大理石、人造花岗石和水磨石等。天然石材结构致密、抗压强度高、耐水、耐磨、装饰性好、耐久性好。人造石材则包括水磨石、人造大理石、人造花岗岩和其他人造石材。与天然石材相比，人造石材具有质量轻、强度高、耐污耐磨、造价低廉等优点，从而成为一种很有发展前途的装饰材料。

### 二、天然石材

**1. 天然大理石**

天然大理石是石灰岩经过地壳内高温高压作用形成的变质岩，属于中硬石材，主要由方解石和白云石组成。主要成分以碳酸钙为主，约占50%以上，其他成分还有氧化钙、氧化锰及二氧化硅等。

(1) 分类与等级

依据《天然大理石建筑板材》(GB/T 19766—2005)规定,天然大理石板按形状分为普型板(PX)和圆弧板(HM)两类。圆弧板是装饰面轮廓线的曲率半径处处相同的饰面板材。

普型板按规格尺寸偏差、平面度公差、角度公差及外观质量将板材分为优等品(A)、一等品(B)、合格品(C)3个等级。

圆弧板按规格尺寸偏差、直线度公差、线轮廓度公差及外观质量将板材分为优等品(A)、一等品(B)、合格品(C)3个等级。

(2) 规格尺寸允许偏差及外观质量

1) 规格尺寸允许偏差

表10-1 普型板规格尺寸允许偏差(mm)

| 项目 | | 允许偏差 | | |
|---|---|---|---|---|
| | | 优等品 | 一等品 | 合格品 |
| 长度、宽度 | | 0<br>−1.0 | 0<br>−1.0 | 0<br>−1.5 |
| 厚度 | ≤12 | ±0.5 | ±0.5 | ±1.0 |
| | >12 | ±1.5 | ±2.0 | |
| 干挂板材厚度 | | +2.0<br>0 | | +3.0<br>0 |

表10-2 圆弧板规格尺寸允许偏差(mm)

| 项目 | 允许偏差 | | |
|---|---|---|---|
| | 优等品 | 一等品 | 合格品 |
| 弦长 | 0<br>−1.0 | | 0<br>−1.5 |
| 高度 | 0<br>−1.0 | | 0<br>−1.5 |

表10-3 普型板平面度允许公差(mm)

| 板材长度 | 允许公差 | | |
|---|---|---|---|
| | 优等品 | 一等品 | 合格品 |
| ≤400 | 0.2 | 0.3 | 0.5 |
| >400~≤800 | 0.5 | 0.6 | 0.8 |
| >800 | 0.7 | 0.8 | 1.0 |

表 10-4　圆弧板直线度与线轮廓度允许偏差(mm)

| 项目 | | 允许公差 | | |
|---|---|---|---|---|
| | | 优等品 | 一等品 | 合格品 |
| 直线度 | ≤800 | 0.6 | 0.8 | 1.0 |
| (按板材高度) | >800 | 0.8 | 1.0 | 1.2 |
| 线轮廓度 | | 0.8 | 1.0 | 1.2 |

表 10-5　普型板角度允许公差(mm)

| 板材长度 | 允许公差 | | |
|---|---|---|---|
| | 优等品 | 一等品 | 合格品 |
| ≤400 | 0.3 | 0.4 | 0.5 |
| >400 | 0.4 | 0.5 | 0.7 |

圆弧板端面角度允许公差：优等品为 0.4mm，一等品为 0.6mm，合格品为 0.8mm。

2)外观质量

同一批板材的色调应基本调和，花纹应基本一致。板材正面的外观缺陷的质量要求应符合表 10-6 规定。

表 10-6　外观质量要求

| 名称 | 规定内容 | 优等品 | 一等品 | 合格品 |
|---|---|---|---|---|
| 裂纹 | 长度>10mm 的不允许条数(条) | | 0 | |
| 缺棱 | 长度≤8mm，宽度≤1.5mm(长度≤4mm，宽度≤1mm 不计)，每米长允许个数(个) | | | |
| 缺角 | 沿板材边长顺延方向，长度≤3mm，宽度≤3mm(长度≤2mm，宽度≤2mm 不计)，每块板允许个数(个) | 0 | 1 | 2 |
| 色斑 | 面积≤6cm² (面积<2cm² 不计)，每块板允许个数(个) | | | |
| 砂眼 | 直径在 2mm 以下 | 不明显 | | 有，不影响装饰效果 |

(3)物理性能

1)镜面板材的镜向光泽值应不低于 70 光泽单位，若有特殊要求，有供需双方协商确定。

2)板材的其他物理性能指标应符合表 10-7 规定。

表 10-7 物理性能

| 项　目 | | 指　标 |
|---|---|---|
| 体积密度(g/cm³) | ≥ | 2.30 |
| 吸水率(%) | ≤ | 0.50 |
| 干燥压缩强度(MPa) | ≥ | 50.0 |
| 弯曲强度(MPa) 干燥 | | 7.0 |
| 水饱和 | | |
| 耐磨度[a](1/cm³) | ≥ | 10 |

注：为了颜色和设计效果，以两块或多块大理石组合拼接时，耐磨度差异应≤5，建议适用于经受严重踩踏的阶梯、地面和月台使用的石材耐磨度最小为 12。

(4)特点

天然大理石蕴藏量丰富，分布广，便于取材；结构致密，但硬度不大，容易加工、雕琢和磨平、抛光等；大理石吸水率小，耐久性高。但它自重大，抗弯强度低。

(5)应用

大理石花纹美丽、自然，易打磨抛光。故大理石宜用于室内地面、墙、柱等处，也可作楼梯栏杆、窗台板、门脸、服务台等。但大理石不适合作为建筑物外墙、外柱面的装饰材料，因为一般大理石都含有杂质，而且碳酸钙受空气中的二氧化碳、二氧化硫作用后，生成易溶于水的硫酸盐，在空气中湿气的作用下，特别是经受酸雨水的侵蚀后，表面很快失去光泽，变得粗糙多孔而降低了装饰效果仅有汉白玉、艾叶青等少数质纯、杂质少的品种可用于室外。大理石还可以用来制作高档工艺品和大理石壁画。

**2. 天然花岗岩**

天然花岗岩，也叫酸性结晶深成岩，属于硬石材，由长石、石英和云母组成，以二氧化硅为主要成分。其岩质坚硬密实，按其结晶大小可分为"伟晶""粗晶"和"细晶"3 种。

花岗石根据其不同的加工方法，可分为：蘑菇石，用劈、剁、铲、凿加工成规格的石块，其中部突出表面粗糙，而四周铲平，形如蘑菇突起。剁斧石，用剁斧头或剁斧加工机械将板面加工成具有剁斧纹的粗面饰面板或块石。锤击板材，用花锤加工成板面具有锤击痕石面板。烧毛板(火烧板)，用火焰喷烧花岗石表面，因矿物颗粒的膨胀系数不同产生崩落而形成起浮有致的粗饰花纹的板材。机创板材,用刨石机将表面刨削成槽状粗面的饰面板。磨光板(细面装饰板),挡住粗磨和表面光滑的板材,抛光板又称镜面板材。厚板又称标准板,指厚度<20mm(有的规定<15mm)的板材。异型板,指正方形或长方形以外各种形状的板材。规格板,指按各种标准规定生产的定型板材。工程板,指用于某指定工程,按设计要求配套生产的非定型产品。

(1)分类与等级

天然花岗岩石板分类与等级符合《天然花岗石建筑板材》(GB/T 18601—2009)规定。

1)分类

①按形状分:毛光板(MG)、普型板(PX)、圆弧板(HM)、异形板(YX)。

②按表面加工程度分:镜面板(JM)、细面板(YG)、粗面板(CM)。

③按用途分:一般用途,用于一般装饰用途;功能用途,用于结构性承载用途或特殊功能要求。

2)等级

按加工质量和外观质量不同分:

①毛光板按厚度偏差、平面度公差、外观质量等将板材分为优等品(A)、一等品(B)、合格品(C)3个等级。

②普型板按规格尺寸偏差、平面度公差、角度公差、外观质量等将板材分为优等品(A)、一等品(B)、合格品(C)3个等级。

③圆弧板按规格尺寸偏差、直线度公差、线轮廓度公差、外观质量等将板材分为优等品(A)、一等品(B)、合格品(C)3个等级。

(2)规格尺寸允许偏差及外观质量

1)规格尺寸允许偏差

表 10-8 毛光板的平面度公差和厚度偏差(mm)

| 项目 | | 技术指标 | | | | | |
| --- | --- | --- | --- | --- | --- | --- | --- |
| | | 镜面和细面板材 | | | 粗面板材 | | |
| | | 优等品 | 一等品 | 合格品 | 优等品 | 一等品 | 合格品 |
| 平面度 | | 0.80 | 1.00 | 1.50 | 1.50 | 2.00 | 3.00 |
| 厚度 | ≤12 | ±0.5 | ±1.0 | $+1.0 \atop -1.5$ | — | | |
| | >12 | ±1.0 | ±1.5 | ±2.0 | $+1.0 \atop -2.0$ | ±2.0 | $+2.0 \atop -3.0$ |

表 10-9 普型板规格尺寸允许偏差(mm)

| 项目 | | 技术指标 | | | | | |
|---|---|---|---|---|---|---|---|
| | | 镜面和细面板材 | | | 粗面板材 | | |
| | | 优等品 | 一等品 | 合格品 | 优等品 | 一等品 | 合格品 |
| 长度、宽度 | | 0<br>−1.0 | | 0<br>−1.5 | 0<br>−1.0 | | 0<br>−1.5 |
| 厚度 | ≤12 | ±0.5 | ±1.0 | +1.0<br>−1.5 | — | | |
| | >12 | ±1.0 | ±1.5 | ±2.0 | +1.0<br>−2.0 | ±2.0 | +2.0<br>−3.0 |

表 10-10 圆弧板部位名称(mm)

| 项目 | 技术指标 | | | | | |
|---|---|---|---|---|---|---|
| | 镜面和细面板材 | | | 粗面板材 | | |
| | 优等品 | 一等品 | 合格品 | 优等品 | 一等品 | 合格品 |
| 弦长 | 0<br>−1.0 | | 0<br>−1.5 | 0<br>−1.5 | 0<br>−2.0 | 0<br>−2.0 |
| 高度 | | | | 0<br>−1.0 | +<br>−1.0 | 0<br>−1.5 |

表 10-11 普型板平面度允许公差(mm)

| 板材长度(L) | 技术指标 | | | | | |
|---|---|---|---|---|---|---|
| | 镜面和细面板材 | | | 粗面板材 | | |
| | 优等品 | 一等品 | 合格品 | 优等品 | 一等品 | 合格品 |
| L≤400 | 0.20 | 0.35 | 0.50 | 0.60 | 0.80 | 1.00 |
| 400<L≤800 | 0.50 | 0.65 | 0.80 | 1.20 | 1.50 | 1.80 |
| L>800 | 0.70 | 0.85 | 1.00 | 1.50 | 1.80 | 2.00 |

表 10-12 圆弧板直线度与线轮廓度允许公差(mm)

| 项目 | | 技术指标 | | | | | |
|---|---|---|---|---|---|---|---|
| | | 镜面和细面板材 | | | 粗面板材 | | |
| | | 优等品 | 一等品 | 合格品 | 优等品 | 一等品 | 合格品 |
| 直线度<br>(按板材高度) | ≤800 | 0.80 | 1.00 | 1.20 | 1.00 | 1.20 | 1.50 |
| | >800 | 1.00 | 1.20 | 1.50 | 1.50 | 1.50 | 2.00 |
| 线轮廓度 | | 0.80 | 1.00 | 1.20 | 1.00 | 1.50 | 2.00 |

表 10-13  普型板角度允许公差(mm)

| 板材长度(L) | 技术指标 | | |
|---|---|---|---|
| | 优等品 | 一等品 | 合格品 |
| $L \leqslant 400$ | 0.30 | 0.50 | 0.80 |
| $L > 400$ | 0.40 | 0.60 | 1.00 |

圆弧板端面角度允许公差：优等品为 0.4mm，一等品为 0.6mm，合格品为 0.8mm。

2)外观质量

同一批板材的色调应基本调和，花纹应基本一致。板材正面的外观缺陷的质量要求应符合表 10-14 规定。

表 10-14  外观质量要求

| 缺陷名称 | 规定内容 | 技术指标 | | |
|---|---|---|---|---|
| | | 优等品 | 一等品 | 合格品 |
| 缺棱 | 长度≤10mm，宽度≤1.2mm(长度＜5mm，宽度＜1.0mm 不计)，周边每米长允许个数(个) | 0 | 1 | 2 |
| 缺角 | 沿板材边长，长度≤3mm，宽度≤3mm(长度≤2mm，宽度≤2mm 不计)，每块板允许个数(个) | 0 | 1 | 2 |
| 裂纹 | 长度不超过两端顺延至板边总长度的 1/10(长度＜20mm 不计)，每块板允许条数(条) | 0 | | |
| 色斑 | 面积≤15mm×30mm(面积＜10mm×10mm 不计)，每块板允许个数(个) | 0 | 2 | 3 |
| 色线 | 长度不超过两端顺延至板边总长度的 1/10(长度＜40mm 不计)，每块板允许条数(条) | 0 | 2 | 3 |

注：干挂板材不允许有裂纹存在。

(3)物理性能

表 10-15  物理性能

| 项目 | 技术指标 | |
|---|---|---|
| | 一般用途 | 功能用途 |
| 体积密度(g/cm³)≥ | 2.56 | 2.56 |
| 吸水率(%)≤ | 0.60 | 0.40 |

(续)

| 项目 | | 技术指标 | |
|---|---|---|---|
| | | 一般用途 | 功能用途 |
| 压缩强度/MPa,≥ | 干燥 | 100 | 131 |
| | 水饱和 | | |
| 弯曲强度/MPa,≥ | 干燥 | 8.0 | 8.3 |
| | 水饱和 | | |
| 耐磨性[a](1/cm³),≥ | | 25 | 25 |

[a] 使用在地面、楼梯踏步、台面等严重踩踏或磨损部位的花岗石石材应检验此项。

(4) 特点

花岗石构造致密,吸水率小,质地坚硬,抗压强度高,耐腐蚀及耐久性好,施工方便。某些花岗石含有微量放射性元素,应根据花岗石石材的放射性强度水平确定其应用范围。缺点是硬度大、质脆、耐火性差。

(5) 应用

花岗石是高级建筑结构材料和装饰材料。花岗石剁斧板多用于室内地面、台阶、基座等处;机刨板材一般用于地面、台阶、檐口等处;粗磨板材常用于墙面、柱面、台阶等处;磨光板材因其具有色彩绚丽的花纹和光泽,故多用于室内外墙面、地面、柱面等的装饰,以及用做旱冰场地面、纪念碑等。

## 三、人造石材

人造石材是以天然石材碎料、石英砂、石渣等为骨料,树脂、聚酯树脂或水泥等为胶结料,经拌和、成型、聚合或养护后,打磨抛光切割而成。是人造大理石和人造花岗石的总称,人造石材本质上属于水泥混凝土或聚合物混凝土的范畴。人造石材具有天然石材的花纹和质感,其重量轻,相当于天然石材的一半,且强度高、耐酸碱、抗污染性能好;它适用于墙面、门套或柱面装饰,也可用作工厂、学校等的工作台面及各种卫生洁具,还可加工成浮雕、工艺品等。与天然石材相比,人造石材是一种比较经济的饰面材料。

人造石材就所用胶凝材料和生产工艺的不同分为水泥型人造石材、树脂型人造石材、复合型人造石材、烧结型人造石材和微晶玻璃型人造石材等。

**1. 水泥型人造石材**

它是以各种水泥为胶粘剂,与砂和大理石或花岗石碎粒等经配料、搅拌、成型、养护、磨光、抛光等工序制成。

水泥型人造石材所用的胶粘剂最好采用铝酸盐水泥,该人造石材表面光泽度高、半透明,花纹耐久,抗风化力、耐火性、耐冻性、防火性等均优于一般人造石材。原因是铝酸盐水泥中的主要矿物组成为铝酸钙水化后生成的产物中含有氢氧化铝胶体,在凝聚过程中,它与光滑的模板表面接触形成表面光滑、结构致密、无毛细孔隙、呈半透明状的凝胶层,是质量优良的人造石材。缺点是为克服表面返碱,需加入价格较贵的辅助材料;底色较深,颜料需要量加大,使成本增加。

这类人造石材的耐腐蚀性能较差,且表面容易出现龟裂和泛霜,不宜用作卫生洁具,也不宜用于外墙装饰。

### 2. 树脂型人造石材

这种人造石材一般以不饱和树脂为胶粘剂,石英砂、大理石碎粒或粉等无机材料为集料,经搅拌混合、浇注成型、固化、脱模、烘干、抛光等工序制成。树脂型人造石材的主要特点是品种多、质轻、强度高、不易碎裂、色泽均匀、耐磨损、耐腐蚀、抗污染、可加工性好,且装饰效果好,缺点是耐热性和耐候性较差。树脂型人造石材是一种不断发展的室内外装饰材料,可用于地面、墙面、柱面、踢脚板、阳台、楼梯面板、窗台板、服务台台面、庭院石凳等装饰,个别品种也可用于卫生洁具,如浴缸、带梳妆台的洗面盆、立柱式脸盆、坐便器等。还可用于制造工艺品,如仿石雕、玉雕器等。

### 3. 复合型人造石材

在种人造石材的胶结料既有无机胶结料(各类水泥、石膏等),又有有机胶结料(树脂)。它是先将无机填料用无机胶结料胶结成形,养护后再将坯体浸渍于具有聚合物的有机单体中,使其在一定的条件下聚合而成。若为板材制品,其底层可用价廉而性能稳定无机材料,面层用聚酯树脂和大理石粉制作。这种石材光洁度高、色彩均匀、规格齐全、在保持大理石高雅质感的同时节省了原料、清除了天然石材中的有害物质,属于绿色高级建材。

### 4. 烧结型人造石材

这种石材是把斜长石、石英、辉石石粉和赤铁矿以及高岭土等混合成矿粉,再配以40%左右的黏土混合制成泥浆,经制坯、成形和艺术加工后,再经1000℃左右的高温焙烧而成。该种人造石材因采用高温焙烧,所以能耗大,造价较高,实际应用得较少。

## 四、建筑石材的运输和储存

天然石材运输过程中应防碰撞、滚摔。板材应在室内储存,室外储存应加遮盖。按板材品种、规格、等级或工程安装部位分别码放。

人造石材应储存与阴凉、通风干燥的库房内,距热源≥1m。储存期超过半年时,应重新检测后方可交付使用。

## 第二节　建筑涂料

涂料是指涂敷于物体表面,能与物体黏结在一起,并能形成连续性涂膜,从而对物体起到装饰、保护或使物体具有某种特殊功能的材料,涂料的用途非常广泛,我们把用于建筑领域的涂料称为建筑涂料。一般来讲涂覆于建筑内墙、外墙、屋顶、地面等部位所用的涂料称之为建筑涂料。与其他装饰材料相比,具有如下特点:适用范围广,能应用于不同材质的物质表面装饰;能满足不同性能的要求,品种繁多、用途各异;生产、施工操作方便;维护和更新方便,使用寿命和维修周期较短。

### 一、涂料的基本组成

#### 1. 主要成膜物质

主要成膜物质是将涂料中的其他组分黏结在一起,并能牢固附着在基层表面形成连续、均匀、坚韧的保护膜。主要成膜物质是涂料中最重要部分,对形成涂膜的坚韧性、耐磨性、耐候性及化学稳定性等起决定性作用。

建筑涂料的成膜物质很多,大致可分为油料和树脂两类。

(1)油料类。油料是涂料工业中使用最早的成膜物质,是制造油性涂料和油基涂料的主要原料,但并非各种涂料中都含有油料。

(2)树脂类。单用油料虽可制成涂料,但这种涂料形成的涂膜在硬度、光泽、耐水、耐酸碱等方面的性能往往不能满足现代科学技术的要求。因此,在现代建筑涂料中,作为涂料的主要成膜物质大量采用性能优异的树脂。涂料用的树脂有天然树脂、人造树脂和合成树脂3类。天然树脂主要为松香、虫胶、沥青等;人造树脂是由天然高分子化合物经加工而制得;合成树脂是由单体经聚合或缩聚而制得。

#### 2. 次要成膜物质

次要成膜物质主要指颜料和填料,本身不具备成膜能力,但它可以依靠主要成膜物质的黏结而成为涂膜的组成部分,可以改善涂膜的性质、增加涂膜质感、增加涂料的品种。

(1)颜料又称着色颜料,主要作用是使涂膜具有一定的遮盖力和所需的各种色彩、色调。颜料可分为无机颜料和有机颜料两类,在涂料配方中,主要使用无机颜料,而有机颜料多用于装饰性涂料。

（2）填料又称体质颜料，不溶于胶粘剂和溶剂，主要作用是填充在涂膜中降低成本、改善施工及提高耐久性等性能。填料可分为粉料和粒料两大类。其中，粉料是由天然石材经加工磨细或人工制造而成的微细粉末。粒料是天然彩色石材破碎或经人工焙烧而成的粒径在 2mm 以下的填料。

3. 溶剂

溶剂是溶解主要成膜物质或分散涂料组分的分散介质，因此也称稀释剂。主要作用：一是将成膜物质溶解或分散为流态，调节涂料黏度和固体含量，从而便于制备和施工；二是当涂料涂刷在基层表面后，依靠溶剂的蒸发，涂膜逐渐干燥硬化，形成均匀连续性的固态涂膜。由于溶剂最后都不存在于涂膜之中，但却对涂料的成膜过程起关键性的作用，所以溶剂是辅助成膜物质。

4. 助剂

有了成膜物质、颜填料和溶剂，就构成了涂料，但为了改善涂料性能，常使用一些辅助材料，称为助剂。助剂是为改善涂料的性能、提高涂膜的质量而加入的辅助材料，加入量很少，但种类很多，对改善涂料性能的作用显著。常用的助剂主要有以下几种：①对涂料生产过程发生作用的助剂，如消泡剂、润湿剂、乳化剂等；②对涂料储存过程发生作用的助剂，如防沉淀剂等；③对涂料施工成膜过程发生作用的助剂，如催干剂、防流挂剂等；④对涂料性能发生作用的助剂，如增塑剂、防霉剂、阻燃剂、防静电剂、紫外线吸收剂等。

## 二、涂料的分类

建筑涂料的分类方法很多，常用的有以下几种：

1. 按涂料使用部位

按涂料使用部位分为：内墙涂料、外墙涂料、地面涂料、顶棚涂料、屋面涂料。

2. 按涂层结构

按涂层结构分为：薄涂料、厚涂料和复层涂料。薄涂料的厚度多在 50～100μm 以下；厚涂料的厚度一般为 1～6mm；复层涂料一般包括 3 层：封底涂料、主层涂料、罩面涂料。封底涂料主要用以封闭基层毛细孔，提高基层与主层涂料的黏结力；主层涂料主要是增强涂层的质感和强度；罩面涂料使涂层具有不同色调和光泽，提高涂层的耐久性和耐沾污性。复层涂料的厚度为 2～5mm。

3. 按主要成膜物质的化学组成

建筑涂料按化学组成可分为无机涂料、有机涂料和有机－无机符合涂料 3 类。

#### 4. 按涂料溶剂类型分

(1)溶剂型涂料,是以有机高分子合成树脂为主要成膜物质,有机溶剂为稀释剂,加入适量的颜料、填料等材料研磨而成。此种涂料产生的涂膜细腻而坚韧,且耐水性、耐化学药品性和耐老化性能均较好,且成膜温度可以低到 0℃。其主要缺点是价格昂贵、易燃、挥发的有机溶剂对人体健康有害。

(2)乳液型涂料,又称乳胶漆,是将合成树脂以 $0.5\sim1\mu m$ 的极细微粒分散于水中,形成非均相的乳状液,以乳液为主要成膜物质并加入适量颜料、填料、辅助材料配制而成。

(3)水溶性涂料,是以水溶性合成树脂为主要成膜物质,以水为稀释剂,加入适量颜料、填料及辅助材料,经共同研磨而成的涂料。一般其耐水性和耐污染性较差。

#### 5. 按照主要成膜物质分类

按照主要成膜物质分类,可将涂料分为聚乙烯醇系建筑涂料、丙烯酸系建筑涂料、氯化橡胶外墙涂料、聚氯酯建筑涂料和水玻璃及硅溶胶建筑涂料等。

#### 6. 按涂料使用功能

按涂料使用功能可分为:防火涂料、防水涂料、防腐涂料、防霉涂料、防结露涂料、杀虫涂料、抗静电涂料、保温隔热涂料、吸声隔声涂料、弹性涂料、耐温涂料、防锈涂料、耐酸碱涂料等。

### 三、涂料的技术性质

涂料的技术性质,一般包括 3 个方面的内容,即涂料涂饰前,呈液态时的性能;涂料涂到物体表面上时的施工性能;涂料硬化后的涂膜质量。

#### 1. 涂料性能的技术指标

(1)容器中状态。容器中状态是指新打开容器盖的原装涂料所呈现的性状。如是否存在结皮、分层、沉底、结块、凝胶等现象以及经搅拌后是否能混合成均匀状态,它是最直观的判断涂料外观质量的方法。

(2)固体含量。固体含量是指涂料中所含不挥发物质占涂料总量的百分数。包括成膜物质的量和颜料与填料的量。固体含量的大小对成膜质量、遮盖力、施工性等均有影响。

(3)储存稳定性。储存稳定性指涂料产品在正常的包装状态及储存条件下,经过一定的储存期限后,产品的物理及化学性能仍能达到原规定的使用性能。它包括常温储存稳定性、热储存稳定性、低温储存稳定性等。

(4)细度。细度指涂料中颜料、填料的颗粒大小,反映了涂料的分散程度。

该项技术指标是涂料生产中研磨色浆的内控指标,其大小影响涂膜的平整性、光泽及耐久性。

(5)黏度。黏度是液体对于流动所具有的内部阻力。它对涂料的储存稳定性、施工应用等有很大的影响。涂料施工时,适当的黏度使涂料在涂装作业中易于流平而不流挂;黏度过高,涂膜流平性差;黏度过低,造成流挂及遮盖力差等弊病。

### 2. 涂料施工性能的技术指标

(1)施工性。施工性是指涂料施工的难易程度。用于检查涂料施工是否产生流挂、油缩、拉丝、涂刷困难等现象。涂料的装饰效果是通过滚涂、刷涂、喷涂或其他工艺手法来实现的,是否容易施工是涂料能否应用的关键。

(2)流平性。流平性是指涂料被涂于基层表面后能自动流展成平滑表面的性能。流平性好的涂料,在干燥后不会在涂膜上留下刷痕,能得到均匀平整的涂膜的程度。

(3)干燥时间。涂料从流体层到全部形成固体涂膜这段时间称干燥时间,根据干燥程度的不同,又可分为表干时间、实干时间和完全干燥时间 3 项。

### 3. 涂料涂膜性能的技术指标

(1)遮盖力。遮盖力是指有色涂料所成涂膜遮盖被涂表面底色的能力。遮盖力的大小,与涂料中所用颜料的种类、颜料颗粒的大小和颜料在涂料中的分散程度等有关。涂料的遮盖力越大,则在同等条件下的涂装面积也越大。

(2)附着力。附着力是指涂料涂膜与被涂饰物体表面间的粘附能力。附着强度的产生是由于涂料中的聚合物与被涂表面间极性基团的相互作用。该项技术指标表明涂料对基材的粘结程度,对涂料的耐久性有较大影响。

(3)涂膜颜色及外观。涂膜颜色及外观是检查涂膜外观质量的指标。涂膜与标准样板相比较,观察其是否符合色差范围、外观是否平整等。

(4)硬度。硬度是指涂膜耐刻划、刮、磨等的能力大小,它是表示涂膜机械强度的重要性能之一。一般来说,有光涂料比各种平光涂料的硬度高,而各种双组分涂料的硬度更高。

(5)耐磨性。耐磨性是那些在使用过程中经常受到机械磨损的涂膜的重要特性之一,其指的是涂膜经反复磨擦而不脱落和褪色的能力。耐磨性实际上是涂膜的硬度、附着力和内聚力综合效应的体现,与底料种类、表面处理、涂膜在干燥过程中的温度和湿度有关。

(6)耐候性。耐候性是涂膜抵抗阳光、雨露、风霜等气候条件的破坏作用(失光、脱色、粉化、龟裂、长霉、脱落及底材腐蚀等)而保持原性能的能力,是外墙涂料最重要的技术指标。可用天然老化或人工加速老化技术指标来衡量涂膜的耐候性能。

(7)耐碱性。耐碱性是指涂膜对碱侵蚀的抵抗能力,即在规定的条件下,将涂料试板浸泡在一定浓度的碱液中,观察其有无发白、失光、起泡、脱落等现象。建筑涂料适用的基材大多为碱性,要求涂膜具有一定的耐碱性。该技术指标对内外墙涂料都较重要。

(8)耐沾污性。耐沾污性是指涂膜抵抗大气环境灰尘等污染物的能力。建筑涂料的使用寿命包括两个方面:一是涂层耐久性,二是涂层装饰性。作为外墙建筑涂料,涂膜长期暴露在自然环境中,能否抵抗外来污染,保持外观清洁,对装饰作用来说是十分重要的。耐沾污性是外墙涂料不可缺少的重要技术指标。

### 四、建筑涂料的选择

由于涂料的品种繁多且性能各不相同,不同的工程对涂料性能的要求也不尽相同,因此,建筑涂料的选择原则一般是较好的装饰效果、合理的耐久性、经济性和环保性。下面是选用涂料时需要考虑的一些主要因素。

#### 1. 按基层材料选择

基层材料的性质是涂料选择的重要影响因素,应根据各种建筑材料的不同特性而分别选择适用的涂料。例如:用于混凝土、水泥砂浆等基层的涂料,具有较好的耐碱性是其最基本的要求。对金属要求基层防锈,在涂装体系时先涂防锈底漆,然后再涂配套的面漆。

#### 2. 按地理位置和施工条件及季节选择

因为各种涂料具有各不相同的耐水性、耐候性、成膜温度等。所以选择涂料时应考虑使用时的环境条件,分别选择合适的涂料。特别是冬季施工,应注意涂料的最低成膜温度。

#### 3. 按使用部位选择

内墙与外墙、墙面与地面等不同的部位对涂料的要求是不一样的,应根据不同部位的性能要求选择合适的涂料。

#### 4. 按建筑标准及其造价选择

涂料的选用,除满足上述几方面的要求及建筑标准外,还要考虑建筑的造价,在保证工程技术性能及质量要求的前提下,应根据建筑物的造价,选择经济适用的涂料。

### 五、常用建筑涂料

#### 1. 外墙涂料

外墙涂料是指用于建筑物或构筑物外墙面装饰的建筑涂料。其主要功能是装饰和保护建筑物的外墙面,使建筑物外观整洁靓丽,达到美化城市的目的。同时起到保护建筑物,提高建筑物使用的安全性和延长其使用寿命的作用。外墙涂料应具有装饰性好、耐候性好、耐玷污性好、耐水性好、耐霉变性好等特点。

外墙涂料由于直接暴露在大气中,并且受阳光、温度变化、干湿变化、外界有害介质的侵蚀等作用,因此要求外墙涂料具有良好的耐水性、耐候性和耐久性等性能,外墙涂料按照装饰质感分以下4类:

①薄质外墙涂料。质感细腻、用料较省,也可用于内墙装饰,包括平面涂料、沙壁状、云母状涂料。

②复层花纹涂料。花纹呈凹凸状,富有立体感。

③彩砂涂料。染色石英砂、瓷粒云母粉为主要原料,色彩新颖,晶莹绚丽。

④厚质涂料。可喷、可涂、可滚、可拉毛,也能作出不同质感花纹。

(1)溶剂型外墙涂料

溶剂型建筑涂料是种类较多的一类建筑涂料,它是以高分子合成树脂为主要成膜物质,以有机溶剂为分散介质制成的装饰涂料。

溶剂型建筑涂料的技术性能应能够满足《溶剂型外墙涂料》(GB/T 9757—2001)的技术要求,见表10-16。

表10-16 溶剂型外墙涂料的技术要求

| 项 目 | 指标要求 | | |
| --- | --- | --- | --- |
| | 优等品 | 一等品 | 合格品 |
| 容器中的状态 | 无硬块,搅拌后呈均匀状态 | | |
| 施工性 | 涂刷二道无障碍 | | |
| 干燥时间(表干,h) | $\leqslant 2$ | | |
| 涂膜外观 | 正常 | | |
| 对比率(白色和浅色) | $\geqslant 0.93$ | $\geqslant 0.90$ | $\geqslant 0.87$ |
| 耐水性 | 168h 无异常 | | |
| 耐碱性 | 48h 无异常 | | |
| 耐洗刷性(次) | $\geqslant 5000$ | $\geqslant 3000$ | $\geqslant 2000$ |
| 耐人工气候老化性(白色和浅色) | 1000h 不起泡、不剥落、无裂缝 | 500h 不起泡、不剥落、无无疑 | 300h 不起泡、不剥落、无无疑 |
| 粉化(级) | | 1 | |

(续)

| 项 目 | 指标要求 | | |
| --- | --- | --- | --- |
|  | 优等品 | 一等品 | 合格品 |
| 变色(级) | | 2 | |
| 其他色 | | 商定 | |
| 耐沾污性(%) | ≤10 | ≤10 | ≤15 |
| 涂层耐温变性(5次循环) | | 无异常 | |

注：浅色是指以白色涂料为主要成分，添加适量色浆后配制成的浅色涂料成形的涂膜所呈现的灰色、粉红色、奶黄色、浅绿色等颜色，按《中国颜色体系》(GB/T 15608—2006)中的4.3.2规定明度值为6～9之间(三刺激值中的YD65≥36.26)。

溶剂型外墙涂料贮存时应保证通风、干燥，防止日光直接照射并应隔绝火源，远离热源。

1) 丙烯酸酯外墙涂料

丙烯酸酯外墙涂料是以热塑性丙烯酸合成树脂为主要成膜物质，加入有机溶剂、颜料、填料及助剂等，经研磨后制成的一种溶剂型涂料。这类涂料的特点是：①涂膜耐候性良好，在长期光照、日晒、雨淋的条件下，不易变色、粉化或脱落；②对墙面有较好的渗透作用，结合牢固；③使用时不受温度限制，即使在0℃以下的严寒季节施工，也可很好地干燥成膜；④施工方便，可采用刷涂、滚涂、喷涂等施工工艺。

这类涂料是建筑物外墙装饰用的优良品种，装饰效果良好，使用寿命可达10年以上，属于高档涂料。目前，是国内外建筑涂料工业主要外墙涂料品种之一，主要用于高层建筑外墙涂料。

2) 氯化橡胶外墙涂料

氯化橡胶外墙涂料又称氯化橡胶水泥漆。它是由氯体橡胶为主要成膜物质，加入溶剂、增塑剂、颜料、填料和助剂等配制而成的溶剂型外墙涂料。这类涂料的特点是：①氯化橡胶涂料干燥快；②能够在-20～50℃的环境中施工，不受气温条件的限制；③涂料对水泥、混凝土和钢铁表面具有良好的附着力，加强了漆膜之间的黏附力；④具有优良的耐久性(包括耐水、耐碱、耐酸及耐候性)，且涂料的维修重涂性好。

氯化橡胶外墙涂料是一种较为理想的溶剂型外墙涂料，适用于高层建筑，但施工中需注意防火和劳动保护。

3) 聚氨酯外墙涂料

聚氨酯系外墙涂料是以聚氨酯树脂或聚氨酯与其他树脂复合物为主要成膜

物质,并添加颜料、填料、助剂等组成的双组分优质外墙涂料。主要组成包括主涂层材料和面涂层材料。此类涂料具有以下特点:①固含量高,涂膜柔软,弹性变形能力大,具有近似橡胶弹性的性质;②厚质涂层材料可以随基层的变形而延伸,因此对于基层裂缝有很大的随动性;③具有优良的耐候性;④具有极好的耐水、耐碱、耐酸等性能;⑤涂层表面光洁度好,耐候性、耐沾污性好。

聚氨酯系外墙涂料施工时需按规定比例进行现场调配,因而施工比较麻烦,施工要求严格。

4)有机硅-丙烯酸酯外墙涂料

有机硅树脂的耐热性好,涂膜硬度高,但有机硅树脂在基层的铺展性和对基层的附着力均较差,在建筑涂料中很少单独使用,而是采用有机硅改性树脂或有机硅复合树脂来配制建筑涂料,而应用最多、最好的是有机硅-丙烯酸酯涂料。这类涂料的特点是:①涂料渗透性好,能渗入基层,增加基层抗水性能;②涂料流平性好,涂膜表面光洁,耐沾污性好,易清洁;③涂层耐磨损性好;④施工方便,可采用刷涂、滚涂和喷涂。

在涂刷时和涂层干燥前必须防止雨淋、尘土沾污。同时应注意防火、防毒。

5)过氯乙烯外墙涂料

过氯乙烯外墙涂料是过氯乙烯树脂为主要成膜物质,掺入增塑剂、稳定剂、颜料和填充料等,经混炼、切片后溶于有机溶剂中而制成的溶剂型外墙涂料。这种涂料的特点是:①具有良好的耐腐蚀性、耐水性和抗大气性;②涂料层干燥后,柔韧富有弹性,不透水,能适应建筑物因温度变化而引起的伸缩;③与抹灰面、石膏板、纤维板、混凝土和砖墙粘结良好,可连续喷涂。

过氯乙烯外墙涂料是应用较早的外墙涂料之一,适用于一般建筑物的外墙饰面。

(2)溶液型外墙涂料

乳液型建筑涂料的技术指标应能够满足《合成树脂乳液外墙涂料》(GB/T 9755—2001)的技术要求,见表10-17。

表10-17 乳液型建筑涂料的技术指标

| 项目 | 指标要求 | | |
| --- | --- | --- | --- |
| | 优等品 | 一等品 | 合格品 |
| 容器中的状态 | 无硬块,搅拌后呈均匀状态 | | |
| 施工性 | 涂刷二道无障碍 | | |
| 低温稳定性 | 不变质 | | |
| 干燥时间(表干,h) | $\leqslant 2$ | | |

(续)

| 项 目 | 指标要求 | | |
|---|---|---|---|
| | 优等品 | 一等品 | 合格品 |
| 涂膜外观 | 正常 | | |
| 对比率(白色和浅色) | ≥0.93 | ≥0.90 | ≥0.87 |
| 耐水性 | 96h 无异常 | | |
| 耐碱性 | 48h 无异常 | | |
| 耐洗刷性(次) | ≥2000 | ≥1000 | ≥500 |
| 耐人工气候老化性（白色和浅色） | 600h 不起泡、不剥落、无裂缝 | 400h 不起泡、不剥落、无无疑 | 250h 不起泡、不剥落、无无疑 |
| 粉化(级) | 1 | | |
| 变色(级) | 2 | | |
| 其他色 | 商定 | | |
| 耐沾污性(%) | ≤15 | ≤15 | ≤20 |
| 涂层耐温变性(5次循环) | 无异常 | | |

注：浅色是指以白色涂料为主要成分，添加适量色浆后配制成的浅色涂料成形的涂膜所呈现的浅颜色，按《中国颜色体系》(GB/T 15608—2006)中的 4.3.2 规定明度值为 6～9(三刺激值中的 YD65≥31.26)。

1) 丙烯酸酯乳胶漆

丙烯酸酯乳胶漆是由甲基丙烯酸甲酯、丙烯酸丁酯、丙烯酸乙酯等丙烯酸系单体加入乳化剂、引发剂等，经过乳液共聚而制得纯丙烯酸酯乳液；再以该乳液为主要成膜物质，加入适量的颜料、填料及助剂，经分散、混合、过滤而制成的涂料，是一种技术性能优良的涂料。

此类涂料的特点是：①丙烯酸酯乳胶漆外墙涂料比其他乳液涂料的涂膜光泽柔和，基层表面流畅光滑；②耐候性、保光保色性优良，耐久性优异，涂膜的耐用期可达 10 年以上；③良好的透气性、渗透性及耐水性；④附着力高、遮盖力强；⑤耐酸碱性、防霉抗藻性能优异。⑥耐污性较差，因此常利用其与其他树脂能良好相混溶的特点，将聚氨酯、聚酯或有机硅对其改性制得丙烯酸酯复合型耐沾污性外墙涂料，综合性能大大改善，得到广泛应用。

这类涂料适用于工程内外墙装饰，包括水泥砂浆、混凝土墙面、砖石结构、石棉板等。

2) 苯-丙乳胶漆

苯-丙乳胶漆是由苯乙烯和丙烯酸类单体、乳化剂、引发剂等通过乳液聚合反应得到苯酯共聚乳液，以该乳液为主要成膜物质，加入颜料、填料、助剂等组成的涂料。这类涂料的特点是：①涂层具有高耐光性、耐候性，不泛黄；②涂层具有优良的耐碱、耐水、耐湿擦洗等性能；③涂层外观细腻，色彩艳丽，质感好；④涂层与水泥材料附着力好，适宜用于外墙面装饰。

3) 水乳型环氧树脂乳液外墙涂料

水乳型环氧树脂乳液涂料是由环氧树脂配以适当的乳化剂、增稠剂和水，通过高速机械搅拌、分散而成的稳定乳状液为主要成膜物质，加入颜料、填料和助剂配制而成的一类优质乳液型外墙涂料。这类涂料特点是：①水为分散介质，无毒无味，生产施工较安全，对环境污染较少；②环氧涂料与基层墙面粘结性能优良，不易脱落；③涂层耐老化、耐候性能优良、耐久性好；④装饰效果好；⑤涂料价格较贵，双组分施工比较麻烦。

4) 有机硅丙烯酸酯乳液（硅丙乳液）类外墙建筑涂料

有机硅丙烯酸酯乳液类外墙建筑涂料是指以有机硅丙烯酸酯乳液为主要成膜物质配制成的乳液型外墙涂料。这类涂料的特点是：①具有良好的耐水性、耐碱性、耐盐雾性和耐紫外光的降解性；②具有良好的保色、保光能力；③优异的耐沾污性。但是，这类涂料的成本较高。一般适用于高层建筑物的外墙涂装。

5) 彩色砂壁状外墙涂料

彩色砂壁状外墙涂料是以丙烯酸酯或其他合成树脂乳液为主要成膜物质，以人工烧结着色砂或天然彩砂作粗料，再掺加其他辅料配制而成的一种新型涂料，也称彩砂涂料。这种涂料的特点是：①涂层无毒，无溶剂污染；②色泽耐久；③抗大气性、耐久性和耐水性好；④装饰效果好。它是主要用于板材及水泥砂浆抹灰的外墙装饰。

(3) 无机外墙涂料

无机外墙涂料是以碱金属硅酸盐及硅溶胶为基料，加入相应的固化剂或有机合成树脂乳液、色料、填料等配制而成的外墙装饰涂料。

无机外墙涂料的技术指标应能够满足《外墙无机建筑涂料》(JG/T 26—2002)的技术指标要求，见表10-18。

表 10-18 技术指标

| 项 目 | 指标要求 | |
|---|---|---|
| | Ⅰ类 | Ⅱ类 |
| 容器中的状态 | 搅拌后无结块，呈均匀状态 | |
| 施工性 | 涂刷二道无障碍 | |
| 涂膜外观 | 涂膜外观正常 | |
| 对比率 | ≥0.95 | |

(续)

| 项　目 | 指标要求 | |
|---|---|---|
| | Ⅰ类 | Ⅱ类 |
| 热储存稳定性(30d) | 无结块、凝聚、霉变现象 | |
| 低温储存稳定性(3次) | 无结块、凝聚现象 | |
| 干燥时间(表干,h) | ≤2 | |
| 耐水性 | 168h 无起泡、裂纹、剥落现象,允许轻微掉粉 | |
| 耐碱性 | 168h 无起泡、裂纹、剥落现象,允许轻微掉粉 | |
| 耐洗刷性(次) | ≥1000 | |
| 耐温变性(10次) | 无起泡、裂纹、剥落现象,允许轻微掉粉 | |
| 耐人工老化性 | 800h 无起泡、剥落、裂纹粉化≤1级;变色≤2级 | 800h 无起泡、剥落、裂纹粉化≤1级;变色≤2级 |
| 耐沾污性(%) | ≤20 | ≤15 |

注:Ⅰ类,碱金属硅酸盐类——以硅酸钾、硅酸锂或其他混合物为主要成膜物,加入相应的颜料、填料和助剂配制而成;Ⅱ类,硅溶胶类——以硅溶胶为主要成膜物,加入适量的合成树脂、颜料、填料和助剂配制而成。

1)碱金属硅酸盐系涂料

碱金属硅酸盐系涂料,俗称水玻璃涂料。它是以硅酸钾、硅酸钠为主要成膜物质的一类涂料。通常由胶粘剂、固化剂、颜料、填料以及分散剂搅拌混合而成。这类涂料的特点是:①具有优良的耐水性;②具有优良的耐老化性能;③具有优良的耐热性;④涂料以水为介质,无毒无味,施工方便;⑤原材料资源丰富,价格较低。

2)硅溶胶外墙涂料

硅溶胶外墙涂料,是以胶体二氧化硅为主要胶粘剂,加入成膜助剂、增稠剂、表面活性剂、分散剂、消泡剂、体质颜料、着色颜料等多种材料,经搅拌、研磨、调制而成的水溶性建筑涂料。这类涂料的特点是:①以水为介质,无毒无味,不污染环境;②施工性能好,宜于刷涂,也可以喷涂、滚涂和弹涂,工具可用水清洗;③遮盖力强,涂刷面积大;④涂膜装饰效果好,涂膜致密、坚硬、耐磨性好;⑤涂膜不产生静电,不易吸附灰尘,耐污染性好;⑥涂膜对基层渗透力强,附着性好;⑦涂膜是以胶体二氧化硅形成无机高分子涂层,耐酸、耐碱、耐沸水、耐高温,耐久性好。

(4)有机－无机复合外墙涂料

1)复层涂料

复层涂料是由底层涂料、主涂层涂料和罩面涂料3部分组成。底涂层主要采用合成树脂乳液和无机高分子材料的混合物,也有采用溶剂型合成树脂,其主要作用是处理好基层,以便主涂层涂料呈现均匀良好的涂饰效果,并提高主涂层与基层的附着力;主涂层涂料主要采用以合成树脂乳液、无机硅溶胶、环氧树脂等为基料的厚质涂料以及普通硅酸盐水泥,其主要作用是赋予复层涂料所具有的花纹图案和一定厚度;罩面涂层主要采用丙烯酸系乳液涂料,也可采用溶剂型丙烯酸树脂和丙烯酸-聚氨酯的清漆和磁漆,其主要作用是赋予复层涂料所具有的外观颜色、光泽、防水、防污染性等功能。这类涂料的主要特点是:①外观美观,硬度高,耐久性和耐污染性较好;②施工方便。一般可以用作各类建筑物内外墙和顶棚的装饰。

2) 薄抹涂料

薄抹涂料是由优质的陶土制成的大小只有 3~5mm 的各色小薄片为骨料、以塑料袋包装的一种复合涂料。这类涂料具有多种色彩可供选择,而且正反两面颜色不同,装饰效果类似天然花岗石,涂层薄,质量轻,粘结牢固,耐久性好。可用于建筑物的外墙装饰。

3) 聚合物改性水泥基涂料

用聚合物乳液或水溶液,能提高涂料与基层的粘结强度,减少或防止饰面开裂和粉化脱落,改善浆料的和易性,减轻浆料的沉降和离析,并能降低密度、减慢吸水速度。缺点是掺入有机乳胶液后抗压强度会有所降低,同时由于其缓凝作用会析出氢氧化钙,引起颜色不匀。

2. 内墙涂料

内墙涂料的主要功能是装饰及保护室内墙面,因此要求涂料应色彩丰富,具有一定的耐水性、耐刷洗性和良好的透气性,同时要求涂料耐碱性良好,涂刷施工方便,维修重涂容易。目前常用的内墙装饰涂料主要包括溶剂型内墙涂料、合成树脂乳液内墙涂料和水溶型内墙涂料。

(1) 溶剂型内墙涂料

溶剂型内墙涂料的组成、性能与溶剂型外墙涂料基本相同,常见品种有过氯乙烯墙面涂料、氯化橡胶墙面涂料、丙烯酸酯墙面涂料、聚氨酯墙面涂料、聚氨酯-丙烯酸酯系墙面涂料等。由于其透气性差、易结露,施工时有溶剂逸出,应注意防火和通风。溶剂型内墙涂料光洁度好,易于冲洗,耐久性好,可用于厅堂、走廊等部位的内装饰,较少用于住宅内墙。目前用作内墙装饰的溶剂型涂料主要为多彩内墙涂料。

多彩内墙涂料是将带色的溶剂型树脂涂料慢慢掺入到甲基纤维素和水组成的溶液中,通过不断搅拌,使其分散成细小的溶剂型油漆涂料珠滴,形成不同颜色油滴的混合悬浊液而成。多彩内墙涂料是一种较常用的墙面、顶棚装饰材料,为减少污染,其成膜物禁用含苯、氯、甲醛等类物质。该涂料具有涂层色泽优雅、富有立体感、装饰效果好的特点,涂膜质地较厚,弹性、整体性、耐久性好;耐油、耐水、耐腐蚀、耐洗刷,并具有较好的透气性。适用于建筑物内墙的顶棚水泥混凝土、砂浆、石膏板、木材、钢、铝等多种基面的装饰。

(2)合成树脂乳液内墙涂料

合成树脂乳液内墙涂料俗称内墙乳胶漆,是以合成树脂乳液为基料,以水为分散介质,加入颜料、填料及各种助剂,经研磨而成的薄型内墙涂料。合成树脂乳液内墙涂料主要以聚醋酸乙烯类乳胶涂料为主,适用的基料有聚醋酸乙烯乳液、EVA乳液(乙烯-醋酸乙烯共聚)、乙丙乳液(醋酸乙烯与丙烯酸共聚)等。这类涂料属水乳型涂料,具有无毒、无味、不燃、易于施工、干燥快、透气性好等特性,有良好的耐碱性、耐水性、耐久性,其中苯-丙乳胶漆性能最优,属高档涂料,乙-丙乳胶漆性能次之,属中档产品,聚醋酸乙烯乳液内墙涂料比前两种均差。

合成树脂乳液内墙涂料分为两类:合成树脂乳液内墙底漆和合成树脂乳液内墙面漆。涂料分为优等品、一等品和合格品3个等级,产品技术质量指标应满足国家标准《合成树脂乳液内墙涂料》(GB/T 9756—2009)标准要求,见表10-19和表10-20。

表10-19 内墙底漆的要求

| 项 目 | 指 标 |
|---|---|
| 容器中状态 | 无硬块,搅拌后呈均匀状态 |
| 施工性 | 刷涂无障碍 |
| 低温稳定性(3次循环) | 不变质 |
| 涂膜外观 | 正常 |
| 干燥时间(表干,h) | ≤2 |
| 耐碱性(24h) | 无异常 |
| 抗泛碱性(48h) | 无异常 |

表10-20 内墙面漆的要求

| 项 目 | 指 标 | | |
|---|---|---|---|
| | 合格品 | 一等品 | 优等品 |
| 容器中状态 | 无硬块,搅拌后呈均匀状态 | | |
| 施工性 | 刷涂二道无障碍 | | |
| 低温稳定性(3次循环) | 不变质 | | |
| 涂膜外观 | 正常 | | |

（续）

| 项 目 | 指 标 | | |
| --- | --- | --- | --- |
| | 合格品 | 一等品 | 优等品 |
| 干燥时间(表干,h) | ≤2 | | |
| 对比率(白色和浅色[a]) | ≥0.90 | ≥0.93 | ≥0.95 |
| 耐碱性(24h) | 无异常 | | |
| 耐洗刷性(次) | ≥300 | ≥1000 | ≥5000 |

注：浅色是指以白色涂料为主要成分，添加适量色浆后配制成的浅色涂料形成的涂膜所呈现的浅颜色，按 GB/T 15608 中规定明度值为 6～9 之间（三刺激值中的 $Y_{D65}$≥31.26）。

（3）仿瓷涂料。仿瓷涂料又称为瓷釉涂料，是一种质感和装饰效果类似陶瓷釉面的装饰涂料，可分为溶剂型仿瓷涂料和乳液型仿瓷涂料。

溶剂型仿瓷涂料是以常温下产生的交联固化的树脂为主要成膜物质，加入颜料、填料和助剂等配制而成的具有釉瓷光亮的涂料。这种涂料的特点是颜色丰富多彩，涂膜光亮、坚硬、丰满，具有优异的耐水性、耐酸性、耐磨性和耐老化性，附着能力强。这种涂料可用于各种基层材料的表面饰面。

乳液型仿瓷涂料是以合成树脂为主要成膜物质，加入颜料、填料和助剂等配制而成的具有瓷釉光亮的涂层。这种涂料的特点是价格较低，毒性小，不燃，硬度高，涂层丰满，耐老化性、耐碱性、耐酸性、耐水性、耐沾污性及与基层的附着力等均较高，且保光性好。这种涂料可用于各种基层材料的表面饰面。

（4）多彩花纹内墙涂料。多彩花纹内墙涂料是由不相混溶的连续相（分散介质）和分散相组成。即将带色的溶剂型树脂涂料慢慢加入到甲基纤维素和水组成的溶液中，通过不断搅拌，使其分散成细小的溶剂型油漆涂料滴，形成不同颜色油滴的水分散混合悬乳型，即为多彩涂料。其中，分散相有两种或两种以上大小不等的着色粒子，在含有稳定分散剂的分散介质中均匀分散悬浮，呈稳定状态。在涂装时，通过喷涂形成多种彩色花纹图案，干燥后形成坚硬、结实的多色花纹涂层。

这种涂料的特点是涂膜色彩丰富、雅致、装饰效果好；施工方便，一次喷涂能形成多色花纹涂膜；涂膜耐洗刷性、耐污染性、耐久性好。适用于建筑物内墙和顶棚水泥混凝土、砂浆、石膏板、木材、钢铝等多种基面的装饰。

### 3. 地面涂料

地面涂料就是用于建筑物的室内地面装饰的建筑涂料。这种涂料施工简单，用料省，造价低，维修更新方便。

(1)溶剂型地面涂料

溶剂型地面涂料是以合成树脂为基料,加入颜料、填料、各种助剂及有机溶剂而配制成的一种地面涂料、该地面涂料涂刷在地面上以后,随有机溶剂挥发而成膜硬结。

1)苯乙烯地面涂料

苯乙烯地面涂料是以苯乙烯焦油为基料,加入填料、颜料、有机溶剂等原料配制而成的溶剂型地面涂料。这类涂料的特点是干燥快,随着溶剂的挥发而结膜;与水泥地面的粘结性能良好,涂刷后不易铲除;具有良好的耐水性和一定的耐磨性,能保持良好装饰效果;施工操作方便,易于重涂。但由于苯乙烯焦油是化学工业下脚料,其组分不稳定,因而配制的涂料质量不够稳定。加之其有特殊的气味,因而在生产和施工中不受工作人员的欢迎。这种涂料在施工时,要求地面干燥。

2)聚氨酯-丙烯酸酯地面涂料

聚氨酯-丙烯酸地面涂料是以聚氨酯-丙烯酸酯树脂溶液为主要成膜物质,加入适量的颜料、填料、助剂和溶剂等配制而成的一种双组分固化型地面涂料。这种涂料的特点是涂料涂膜外观光亮平滑;具有很好的装饰性、耐磨性、耐水性、耐碱及耐化学药品性能。适用于会议室、图书室以及车间等耐磨、耐油、耐腐蚀地面的饰面。施工时要求基层干燥、平整,一般采用涂刷的方法施工。

3)丙烯酸硅地面涂料

丙烯酸硅地面涂料是以丙烯酸酯系树脂和硅树脂复合作为主要成膜物质,加入颜料、填料、助剂、溶剂等原料配制而成的溶剂型地面涂料。这种涂料的特点是具有优良的渗透性,涂层耐磨性好;涂层耐水性、耐污染性、耐洗刷性优良;具有较好的耐化学药品性能,耐热、耐火性好;耐候性优良,因而可以用于室外地面装饰;涂料重新涂装施工方便,只要在旧的涂层上清除掉表面灰尘和沾污物后即可以涂刷上涂料。

(2)环氧树脂地面涂料

1)环氧树脂厚质地面涂料

环氧树脂厚质地面涂料是以环氧树脂为主要成膜物质的双组分常温固化型涂料。该涂料的特点是涂层坚硬耐磨,且具有一定的韧性;涂层具有良好的耐化学腐蚀、耐油、耐水等性能;涂层与水泥基层粘结力强,耐久性良好;装饰性良好;但缺点是价格高、原材料有毒。环氧树脂厚质地面涂料主要用于高级住宅、手术室、实验室、公用建筑、工业厂房车间等的地面装饰、防腐、防水等。

2)环氧树脂薄质地面涂料,与环氧树脂厚质地面涂料相比,涂膜较薄、韧性较差,其他性能则基本相同。环氧树脂薄质地面涂料主要用于水泥砂浆、水泥混凝土地面，也可用于木质地板。

(3) 聚氨酯弹性地面涂料

聚氯酯是聚氨基甲酸酯的简称。聚氨酯弹性地面涂料是甲、乙两组分常温固化型的橡胶类涂料。甲组分是聚氯酯预聚体，乙组分是由固化剂、颜料、填料及助剂按一定比例混合，研磨均匀制成。这类涂料的特点是：①涂层具有一定的弹性，步感舒适，适用于高级住宅的地面；②涂料与水泥、木材、金属、陶瓷等地面的粘结力强；③耐磨性很好，并且具有良好的耐油、耐水、耐酸、耐碱性能；④色彩丰富，可涂成各种颜色，也可作成各种图案；⑤重涂性好，便于维修；⑥原材料价格较贵，且具有毒性，施工中应注意通风、防火及劳动保护；⑦施工较复杂。这种涂料是一种高档的地面涂料，能在水泥地面上形成无缝弹性塑料状涂层，性能优良，不但具有较高的耐磨性及硬度而用于高级别大厅、厂房及居室，而且还可用于地下室、卫生间的防水装饰或工业厂房车间要求耐磨性、耐酸性和耐腐蚀等的地面。

(4) 聚合物水泥地面涂料

聚合物水泥地面涂料是以水溶性树脂或聚丙烯酸乳液与水泥一起组成有机与无机复合的水性胶凝材料，掺入填料、颜料及助剂等经搅拌混合而成，涂布于水泥基层地面上能硬结形成无缝彩色地面涂层。

1) 聚乙烯醇缩甲醛水泥地面涂料

聚乙烯醇甲醛水泥地面涂料，是以水溶性聚乙烯醇缩甲醛胶为基料，与普通水泥和一定量的氧化铁系颜料组成的一种厚质涂料。由于其造价较低，施工方便，装饰效果良好，很受人们欢迎。这种涂料的特点是以水为溶剂，无毒不燃；施工方便，涂层与水泥基层结合牢固；涂层耐磨、耐水性能良好，不起砂、不裂缝；装饰效果良好，且造价便宜。这种涂料主要用于公共建筑、住宅建筑及一般实验室、办公室水泥地面的装饰。

2) 聚醋酸乙烯水泥地面涂料

聚醋酸乙烯水泥地面涂料是由聚醋酸乙烯水乳液、普通硅酸盐水泥及颜料、填料配制而成的一种地面涂料。特点是涂层具有优良的耐磨性、抗冲击性；涂层表面有弹性；无毒、施工性能好；配制工艺简单、价格适中。该涂料适用于民用住宅室内地面装饰，也可取代塑料地板或磨石地坪，用于某些实验室、仪器装配车间等地面。还可用于新旧水泥地面的装饰。

**4. 特种涂料**

功能性建筑涂料是很重要的一类建筑涂料，这类涂料除了具有一般的装饰功能外，还能起到某种作用。一般认为，功能性建筑涂料包括防火涂料、防水涂料、防霉涂料、防结露涂料、防蚊蝇涂料、绝热涂料、超耐候性（耐沾污）涂料和弹性涂料等,这些涂料分别能够起到防火、防水、防霉、杀灭害虫、保温隔热和遮蔽墙体裂缝等功能。除了这些涂料以外,过去工业涂料领域使用的一些功能性涂料经过性能上的改进,也为了满足建筑涂装的某些功能要求,近年来也在建筑涂料领域得到开发应用,成为新的功能性建筑涂料。例如,防腐涂料、防锈涂料、防滑地面涂料、耐磨地面涂料、弹性地面涂料、可逆变色涂料等。可以说,功能性建筑涂料在建筑领域的各个方面发挥着各种不同的作用。这类涂料拓宽了建筑涂料的应用范围,增大了建筑涂料的实用性,提高了建筑涂料在建筑装饰装修材料中的地位。涂料的分类及应用见表10-21。

表10-21 功能性涂料的分类及应用

| 种类 | 性能特征和主要功用 | 应用范围 |
| --- | --- | --- |
| 建筑防火涂料 | (1)非膨胀型防火涂料本身难燃或不燃,隔绝空气而起到防火和阻燃任用<br>(2)膨胀型防火涂料在火焰或高温下可膨胀,阻隔高温和气氛,起到防火作用 | 各种建筑结构和构件,如木结构、钢结构、纤维板、纸板及其制品及由各种化学合成材料制成的结构构件和混凝土及其构件等的涂覆 |
| 建筑防水涂料 | (1)刚性防水涂料一般为硅酸盐水泥类,并以适当的有机聚合物乳液进行改性。固化后,增大涂膜的抗渗透性和对于基层的黏结力<br>(2)有机防水涂料的成膜物质具有很高的抗渗透性和低温柔性,良好的防水性能 | 工业与民用建筑和各种特殊构筑物的屋面、地下室、卫生间和外墙等各种有渗漏可能的建筑结构部位 |
| 防霉涂料 | 防霉涂料的配方中加有足够量的能够杀灭各种霉菌和微生物的防霉剂,能够抑制涂膜中的霉菌生长,并杀灭外部侵蚀涂膜的各种霉菌和微生物,防止涂膜长霉 | 经常受潮湿和温湿的建筑物的内、外墙面,如食品、烟草等车间的墙面、顶棚及地面以及地下工程等结构和部位 |
| 防结露涂料 | 涂料的干密度较低,能够吸收凝集于涂膜表面的水分而防止结露;涂膜的防结露能力与其吸湿性能和涂料的涂覆厚度有关 | 对湿度控制较严的各种计算机房、仪器仪表车间、高级病房等的墙面和顶棚等 |
| 绝热涂料 | 涂料的干密度较低,涂膜的吸湿性很小,热导率很小,能够增大涂膜的热阻,提高被涂覆部位的保湿阻热性能;绝热涂层的整体性好,没有热桥 | 各种需要湿度控制和实现建筑节能的工业与民用建筑的内墙面 |
| 防蚊蝇涂料 | 涂料中加有足够量的杀虫剂,通过触杀机理杀灭与涂膜接触的害虫,如蟑螂、蚊子、苍蝇等,并防止害虫在涂膜表面孳生 | 医院、宾馆、办公室、公共厕所、仓库、车船、饭店等公共场所以及民用住宅的内墙 |

(续)

| 种类 | 性能特征和主要功用 | 应用范围 |
| --- | --- | --- |
| 弹性外墙涂料 | 涂料基料(乳液)具有很低的玻璃化温度,涂膜具有很高的弹性,因而在基层变形时,涂膜可在一定程度上变形而不破坏,从而起到遮蔽基层裂缝,并进一步起到防水、防渗和保持装饰效果的作用 | 外墙面、屋面、卫生间、地下室外墙等建筑结构和部位 |
| 防腐涂料 | 涂料基料具有很高的耐各种化学物质的侵蚀性和对水、汽的阻隔性,所用填料中有些具有特殊结构,在涂膜中能够多重平行于基层排列,进一步增大了涂膜的阻隔性,起到对基层的防腐蚀保护作用 | 受环境(如化工厂)中腐蚀性介质侵蚀的结构构件及输送流体的管道(如混凝土污水管)、污水处理设施等 |
| 可逆变色建筑涂料 | 有机可逆变色建筑涂料加有可逆变色的有机颜料,例如钴盐、镍盐等,涂膜在处于不同的湿度时显示不同的颜色 | 各种娱乐场所、酒店、宾馆、餐厅及家居内、外墙面和某些特殊要求的工业场所等 |
| 防滑地面涂料 | 涂料中的填料是防滑粒料,其颗粒形状不规则,且质地极硬、耐磨,涂料涂装成膜后棱角稍突出于表面,呈微浮雕型,具有防滑功能 | 人行道、车厢、化工环境、体育跑道、码头、宾馆大厅和钻井平台等容易引起滑倒摔伤的场所 |
| 耐磨地面涂料 | 基料由硬度很高的环境树脂构成,并以石英粉和重晶石粉等高硬度的粉料为耐磨填料,因而涂膜的硬度大,具有优异的耐摩损、抗机械冲击性以及耐酸、碱、盐等的化学侵蚀性和汽油、机油、柴油等油类的侵蚀性,且涂膜对基层有很高的黏结力 | 需要耐磨、耐腐蚀等特殊性能要求的工业车间、仓库的地面 |
| 弹性地面涂料 | 该类涂料的基料是由聚氨酯弹性预聚体和含羟基组分构成的,预聚体组分和含羟基组分在涂装前均匀混合,涂料的两组分因反应而固化成膜,涂膜具有很高的弹性以及抗划伤性、耐腐蚀性、耐油性和耐磨性等 | 会议室、体育运动场、跑道和工业厂房有弹性要求的耐磨、耐腐蚀地面 |
| 超耐候性涂料 | 该类涂料往往采用具有超耐候性的氟树脂作为基料,并同时采用纳米粉料技术或涂料自动分层技术等现代涂料制造技术,使涂膜具有超耐候性和高耐沾污性等 | 有高档装饰要求的外墙面和建筑物的特殊构件和部位 |

(续)

| 种类 | 性能特征和主要功用 | 应用范围 |
|---|---|---|
| 防锈涂料 | 涂料体系因物理作用能够阻止锈蚀介质和金属表面的接触,防锈涂料因化学作用能够对基层钢铁产生化学保护作用,或者能把活性锈蚀转化为无害的或具有一定保护作用的络合物或整合物(例防锈带锈涂料) | 各种钢铁结构涂装体系的底涂料 |

**5. 新型环保涂料**

(1)新型水性环保涂料

水性环保建筑涂料以水为分散介质和稀释剂,与溶剂型和非水分散型涂料相比较,最突出的优点是分散介质水无毒无害、不污染环境,同时还具备价格低廉、不易粉化、干燥快、施工方便等优点。常见的水性环保建筑涂料类型主要有水性聚氨酯涂料、水性环氧树脂涂料、水性丙烯酸树脂型涂料等。

1)聚氨酯涂料,包括水溶性型、水乳化型、水分散型。水性聚氨酯涂料除具备溶剂型聚氨酯涂料的优良性能外,还具有难燃、无毒、无污染、易贮运、使用方便等优点。但缺点是干燥时间较长,成本较高,外观效果稍差等。

2)水性环氧树脂涂料,由双组分组成:一组分为疏水性环氧树脂分散体(乳液),另一组分为亲水性的胺类固化剂。这种涂料具有良好的附着力,可在室温和潮湿的环境中固化,操作方便、安全,不污染环境。但水的蒸发热高;表面张力较高,对基材和颜料、填料的润湿有困难。水性环氧树脂涂料可广泛地用作高性能涂料、建筑设备底漆、工业建筑厂房地板漆、建筑运输工具底漆、建筑工业维修面漆等。

3)水性丙烯酸树脂涂料,具有易合成、耐久性好、耐低温性好、环保性好以及制造和贮运无火灾危险等优点;同时也存在硬度大、耐溶剂性能差等缺陷。水性丙烯酸树脂涂料大致可分为单组分型、高性能型和高固化型 3 种类型。

(2)特殊的水性环保建筑涂料

1)水性环保建筑闪光涂料。水性环保建筑闪光涂料是一种透明的发光水性涂料,主要是由聚乙烯醇基料、发光材料和甘油增塑剂配制而成。利用发光材料在光照时吸收光能,在黑暗时以低频可见光发射出去。

2)水性环保高性能氟树脂建筑涂料。水性氟树脂涂料具有耐高温、耐候、耐药品、耐腐蚀、耐沾污、耐寒的特点。

3)水性环保建筑防腐涂料。水性环保建筑防腐涂料最常见的 3 大体系有丙烯酸体系、环氧体系和无机硅酸富锌体系。此外,还有醇酸体系、丁苯橡胶体系等。水性丙烯酸防腐涂料以固体丙烯酸树脂为基料，加以改性树脂、颜料和填料、助剂、溶剂等配制成具备耐候性、保光、保色等性能的丙烯酸长效水性防腐涂料。

### 六、建筑涂料的储存与保管

（1）建筑涂料在储存盒运输过程中，应按不同批号、型号及出厂日期分别储运；建筑涂料储存时，应在指定专用库房内，应保证通风、干燥，防止日光直接照射，其储存温度应在5～35℃之间。

（2）溶剂型建筑涂料存放地点必须防火，必须满足国家有关的消防要求，其他要求同上一条。

（3）对未用完的建筑涂料应密封保存，不得泄露或溢出。

（4）存放时间过长要经过检验才能使用。

## 第三节　建筑陶瓷

### 一、建筑陶瓷的分类

**1. 按坯体质地和烧结程度分类**

普通陶瓷制品质地按其致密程度（吸水率大小）可分为3类：

（1）陶质制品。陶质制品烧结程度低，为多孔结构，断面粗糙无光，通常吸水率大，强度低。

（2）瓷质制品。瓷质制品烧结程度高，结构致密，呈半透明状，敲击时声音清脆，几乎不吸水，色洁白，耐酸、耐碱、耐热性能均好。

（3）炻质制品。介于陶质和瓷质之间的一类制品就是炻器，也称半瓷。其结构致密略低于瓷质，一般吸水率较小，其坯体多数带有颜色。

**2. 按建筑陶瓷的应用部位分类**

建筑物中不同部位用陶瓷，对其技术性能要求不同，针对不同环境和不同部位应选择相应的陶瓷制品，常用建筑陶瓷包括釉面内墙砖、外墙面砖、地面砖、陶瓷砖、卫生陶瓷等。

### 二、常用建筑陶瓷制品

**1. 陶瓷砖**

由粘土和其他无机非金属原料制造的用于覆盖墙面和地面的薄板制品，陶瓷砖是在室温下通过挤压、干压或其他方法成型,干燥后,在满足性能要求的温度下烧制而成。砖是有釉(GL)或无釉(UGL)的,而且是不可燃、不怕光的。

加压砖是将可塑性胚料经过挤压机挤出成型,再将所成型的泥条按砖的预定尺寸进行切割。

干压砖是将混合好的粉料置于模具中与一定压力下压制成型的。

其他方法成型的砖是用挤或压以外的方法成型的陶瓷砖。

一般瓷质砖是吸水率(E)≤0.5%的陶瓷砖;炻瓷砖是吸水率(E)>0.5%,≤3%的陶瓷砖;细炻砖是吸水率(E)>3%,≤6%的陶瓷砖。

(1)分类方法

1)按照陶瓷砖的成型方法和吸水率进行分类,见表10-22。

表10-22 陶瓷砖按成型方法和吸水率分类

| 成型方法 | Ⅰ类<br>$E≤3\%$ | Ⅱa类<br>$3\%<E≤6\%$ | Ⅱb类<br>$6\%<E≤10\%$ | Ⅲ类<br>$E>10\%$ |
|---|---|---|---|---|
| A(挤压) | AⅠ类<br>(见附录A) | AⅡa1类a)<br>(见附录B)<br>AⅡa2类a)<br>(见附录C) | AⅡb1类a)<br>(见附录D)<br>AⅡb2类a)<br>(见附录E) | AⅢ类<br>(见附录F) |
| B(干压) | BⅠa类<br>瓷质砖 $E≤0.5\%$<br>(见附录G)<br>BⅠb类<br>炻瓷砖 $0.5\%<E≤3\%$<br>(见附录H) | BⅡa类<br>细炻砖<br>(见附录J) | BⅡb类<br>炻质砖<br>(见附录WK) | BⅢ类b)<br>陶质砖<br>(见附录L) |
| C(其他) | CⅠ类c) | CⅡa类c) | CⅡb类c) | CⅢ类c) |

注:1. AⅡa类和AⅡb类按照产品不同性能分为两个部分;
2. BⅢ类仅包括有釉砖,此类不包括吸水率>10%的干压成型无釉砖;
3. 本标准中不包括这类砖。

2)按成型方法分类

①挤压砖。

②干压砖。

③其他方法成型的砖。

3)按吸水率(E)分类。

①Ⅰ类干压砖。

Ⅰ类干压砖还可以进一步分为:

a. $E \leqslant 0.5\%$（BⅠa类）。

b. $0.5\% < E \leqslant 3\%$（BⅠb类）。

②中吸水率砖（Ⅱ类），$3\% < E \leqslant 10\%$。

Ⅱ类挤压砖还可一步分为：

a. $3\% < E \leqslant 6\%$（AⅡa类，第1部分和第2部分）。

b. $6\% < E \leqslant 10\%$（AⅡb类，第1部分和第2部分）。

Ⅱ类干压砖还可一步分为：

a. $3\% < E \leqslant 6\%$（BⅡa类）。

b. $6\% < E \leqslant 10\%$（BⅡb类）。

③高吸水率砖（Ⅲ类），$E > 10\%$。

**(2) 技术性能**

依据《陶瓷砖》(GB/T 4100—2006)规定，不同用途陶瓷砖的产品性能要求见表10-23。

表10-23　不同用途陶瓷砖的产品性能要求

| 性能 | 地砖 | | 墙砖 | | 试验方法 |
|---|---|---|---|---|---|
| 尺寸和表面质量 | 室内 | 室外 | 室内 | 室外 | 标准号 |
| 长度和宽度 | × | × | × | × | GB/T 3810.2 |
| 厚度 | × | × | × | × | GB/T 3810.2 |
| 边直度 | × | × | × | × | GB/T 3810.2 |
| 直角度 | × | × | × | × | GB/T 3810.2 |
| 表面平整度（弯曲度和翘曲度） | × | × | × | × | GB/T 3810.2 |
| 物理性能 | 室内 | 室外 | 室内 | 室外 | 标准号 |
| 吸水率 | × | × | × | × | GB/T 3810.3 |
| 破坏强度 | × | × | × | × | GB/T 3810.4 |
| 断裂模数 | × | × | × | × | GB/T 3810.4 |
| 无釉砖耐磨深度 | × | × | | | GB/T 3810.6 |
| 有釉砖表面耐磨性 | × | × | | | GB/T 3810.7 |
| 线性热膨胀[a] | × | × | × | × | GB/T 3810.8 |
| 抗热震性[a] | × | × | × | × | GB/T 3810.9 |
| 有釉砖抗釉裂性 | × | × | × | × | GB/T 3810.11 |

(续)

| 性能 | 地砖 | | 墙砖 | | 试验方法 |
|---|---|---|---|---|---|
| 抗冻性[b] | × | | × | | GB/T 3810.12 |
| 摩擦系数 | × | × | | | 附录 M |
| 物理性能 | 室内 | 室外 | 室内 | 室外 | 标准号 |
| 湿膨胀[a] | × | × | × | × | GB/T 3810.10 |
| 小色差[a] | × | × | × | × | GB/T 3810.16 |
| 抗冲击性[a] | × | × | | | GB/T 3810.5 |
| 抛光砖光泽度 | × | × | × | × | GB/T 13891 |
| 化学性能 | 室内 | 室外 | 室内 | 室外 | 标准号 |
| 有釉砖耐污染性 | × | × | × | × | GB/T 3810.14 |
| 无釉砖耐污染性[a] | × | × | × | × | GB/T 3810.14 |
| 耐低浓度酸和碱化学腐蚀性 | × | × | × | × | GB/T 3810.13 |
| 耐高浓度酸和碱化学腐蚀性[a] | × | × | × | × | GB/T 3810.13 |
| 耐家庭化学试剂和游泳池盐类化学腐蚀性 | × | × | × | × | GB/T 3810.13 |
| 有釉砖铅和镉的溶出量 | × | × | × | × | GB/T 3810.15 |

注：1. 见附录 Q 试验方法；

2. 砖在有冰冻情况下使用时。

### 2. 陶瓷锦砖

也叫陶瓷马赛克砖，是将边长≤95mm、表面面积≤55cm$^2$、具有各种几何形状和色彩的小单砖，在衬材上拼贴出具有线路的整体图案，成联使用的薄型陶瓷砖。

陶瓷马赛克按表面性质分为有釉、无釉两种；按砖联分为单色、混色和拼花3种。无釉马赛克的吸水率≤2.0%，属瓷质砖类；有釉马赛克的吸水率≤1.0%，符合炻瓷砖的要求。该种砖的形体规整、超薄，质坚耐磨，黏附力高，色泽稳定，其色泽和图案美观，可选择范围宽，适用于墙面、地面的保护和装饰。列举成联马赛克拼成的整体图案，如图 10-1 所示。

现行产品标准《陶瓷马赛克》(JC/T 456—2005)，对陶瓷马赛克提出全面要求，包括尺寸允许偏差、外观质量、五项理化性能指标和成联产品的质量 4 个方面。其中关于尺寸允许偏差，应符合表 10-24 的规定；关于外观质量按边长 25mm 分界，即按边长≤25mm 的砖和边长>25mm 的砖，分别对十多种可见的缺陷提出限定指标，详见《陶瓷马赛克》(JC/T 456—2005)。

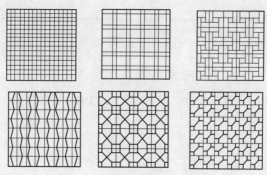

图 10-1 陶瓷马赛克拼图示例

(1)尺寸允许偏差

表 10-24 陶瓷马赛克的尺寸允许偏差(mm)

| 单块砖项目 | 允许偏差 | | 单块砖项目 | 允许偏差 | |
| --- | --- | --- | --- | --- | --- |
| | 优等品 | 合格品 | | 优等品 | 合格品 |
| 长度,宽度 | ±0.5 | ±1.0 | 线路 | ±0.6 | ±1.0 |
| 厚度 | ±0.3 | ±0.4 | 联长 | ±1.5 | ±2.0 |

(2)性能指标

标准对陶瓷马赛克产品提出的理化性能指标是：

1)吸水率。无釉陶瓷马赛克≤0.2%,有釉陶瓷马赛克≤1.0%。

2)耐磨性。无釉陶瓷马赛克耐深度磨损体积≤175$mm^3$,用于铺地的有釉陶瓷马赛克表面耐磨性报告磨损等级和转数。

3)抗热震性。经5次抗热震性试验后不出现炸裂或裂纹。

4)抗冻性。由供需双方协商。

5)耐化学腐蚀。由供需双方协商。

关于成联陶瓷马赛克的要求如下：

1)色差。单色陶瓷马赛克及联间同色砖色差,优等品目测基本一致,合格品目测稍有色差。

2)铺贴衬材的黏结性。陶瓷马赛克与铺贴衬材经黏结性试验后,不允许有马赛克脱落。

3)铺贴衬材的剥离性。表贴陶瓷马赛克的剥离时间≤40min。

4)铺贴衬材的露出。表贴、背贴陶瓷马赛克铺贴后,不允许有铺贴衬材露出。

3. 卫生陶瓷

(1)卫生陶瓷的品种分类

卫生陶瓷按吸水率分为瓷质卫生陶瓷和陶质卫生陶瓷。瓷质卫生陶瓷产品分类见表10-25,陶质卫生陶瓷产品分类见表10-26。

表10-25 瓷质卫生陶瓷产品分类表

| 种类 | 类型 | 结构 | 安装方式 | 排污方向 | 按用水量分 | 按用途分 |
|---|---|---|---|---|---|---|
| 坐便器 | 挂箱式<br>坐箱式<br>连体式<br>冲洗阀式 | 冲落式<br>虹吸式<br>喷射虹吸式<br>旋涡虹吸式 | 落地式<br>壁挂式 | 下排式<br>后排式 | 普通型<br>节水型 | 成人型<br>幼儿型<br>残疾人/老年人专用型 |
| 洗面器 | — | — | 台式<br>立柱式<br>壁挂式 | — | — | — |
| 小便器 | — | 冲落式<br>虹吸式 | 落地式<br>壁挂式 | — | 普通型<br>节水型 | — |
| 蹲便器 | 挂箱式<br>冲洗阀式 | — | — | — | 普通型<br>节水型 | 成人型<br>幼儿型 |
| 净身器 | — | — | 落地式<br>壁挂式 | — | — | — |
| 洗涤槽 | — | — | 台式<br>壁挂式 | — | — | 住宅用<br>公共场所用 |
| 水箱 | 高水箱<br>低水箱 | — | 壁挂式<br>坐箱式<br>隐藏式 | — | — | — |
| 小件卫生陶瓷 | 皂盒、手纸盒等 | — | — | — | — | — |

表10-26 陶质卫生陶瓷产品分类表

| 种类 | 类型 | 安装方式 |
|---|---|---|
| 洗面器 | — | 台式、立柱式、壁挂式 |
| 不带存水弯小便器 | — | 落地式、壁挂式 |
| 净身器 | — | 落地式、壁挂式 |
| 洗涤槽 | 家庭用、公共场所用 | 落地式、壁挂式 |
| 水箱 | 高水箱、低水箱 | 壁挂式、坐箱式、隐藏式 |
| 浴缸、淋浴盆 | — | — |
| 小件卫生陶瓷 | 皂盒等 | — |

(2)卫生陶瓷的技术标准

卫生陶瓷的外观缺陷最大允许范围、尺寸允许偏差、最大允许变形及物理性能见表 10-27~表 10-29。

表 10-27　卫生陶瓷外观缺陷最大允许范围

| 缺陷名称 | 单位 | 洗净面 | 可见面 A 面 | 可见面 B 面 | 其他区域 |
|---|---|---|---|---|---|
| 开裂、坯裂 | mm | | 不允许 | | 不影响使用的允许修补 |
| 釉裂、熔洞 | mm | | 不允许 | | |
| 大包、大花斑、色斑、坑包 | 个 | | 不允许 | | |
| 棕眼 | 个 | 总数 2 | 总数 2 | 2；总数 5 | |
| 小包、小花斑 | 个 | 总数 2 | 总数 2 | 2；总数 6 | |
| 釉泡、斑点 | 个 | 1；总数 2 | 2；总数 4 | 2；总数 4 | |
| 波纹 | mm | | ≤2600 | | |
| 缩釉、缺釉 | mm | 不允许 | 4mm² 以下 1 个 | | — |
| 磕碰 | mm² | | 不允许 | | 20mm² 以下 2 个 |
| 釉缕、桔釉、釉粘、坯粉、落脏、剥边、烟熏、麻面 | — | | 不允许 | | |

注：1. 数字前无文字或符号时，表示一个标准面允许的缺陷数；
　　2. 其他面，除表中注明外，允许有不影响使用的缺陷；
　　3. 0.5mm 以下的不密集棕眼可不计。

表 10-28　尺寸允许偏差(mm)

| 尺寸类型 | 尺寸范围 | 允许偏差 |
|---|---|---|
| 外形尺寸 | — | 规格尺寸×±3% |
| 孔眼直径 | $\phi$<15 | ±2 |
| | 15≤$\phi$≤30 | ±2 |
| | 30<$\phi$≤80 | ±3 |
| | $\phi$>80 | ±5 |
| 孔眼圆度 | $\phi$≤70 | 2 |
| | 70<$\phi$≤100 | 4 |
| | $\phi$>100 | 5 |
| 孔眼中心距 | ≤100 | ±3 |
| | >100 | 规格尺寸×±3% |

(续)

| 尺寸类型 | 尺寸范围 | 允许偏差 |
|---|---|---|
| 孔眼距产品中心线偏移 | ≤100<br>>100 | 3<br>规格尺寸×3% |
| 孔眼距边 | ≤300<br>>300 | ±9<br>规格尺寸×±3% |
| 安装孔平面度 | — | 2 |
| 排污口安装距 | — | +5<br>−20 |

表 10-29 最大允许变形(mm)

| 产品名称 | 安装面 | 表面 | 整体 | 边缘 |
|---|---|---|---|---|
| 坐便器 | 3 | 4 | 6 | — |
| 洗面器 | 3 | 6 | 20mm/m 最大 12 | 4 |
| 小便器 | 5 | 20mm/m 最大 12 | 20mm/m 最大 12 | — |
| 蹲便器 | 6 | 5 | 8 | 4 |
| 净身器 | 3 | 4 | 6 | — |
| 洗涤槽 | 4 | 20mm/m 最大 12 | 20mm/m 最大 12 | 5 |
| 水箱 | 底 3 墙 8 | 4 | 5 | 4 |
| 浴缸 | — | 20mm/m 最大 16 | 20mm/m 最大 16 | — |
| 淋浴盆 | — | 20mm/m 最大 12 | 20mm/m 最大 12 | — |

注：形状为圆形或艺术造型的产品，边缘变形不作要求。

**4．建筑琉璃制品**

建筑琉璃制品是以粘土为主要原料，经成型、施釉、烧成而制得的用于建筑物的陶瓷制品。

(1)品种

依据规范《建筑琉璃制品》(JC/T 765—2006)规定，建筑琉璃制品案品种分为 3 类：瓦类、脊类、饰件类。

瓦类部分根据形状可分为：板瓦、筒瓦、滴水瓦、沟头瓦、J 形瓦、S 形瓦和其他异形瓦等。

(2)尺寸允许偏差

表 10-30  尺寸允许偏差(毫米)

| 尺寸 | 允许偏差 |
| --- | --- |
| L(b)≥350 | ±4 |
| 250≤L(b)<350 | ±3 |
| L(b)<250 | ±2 |

(3) 性能指标

1) 吸水率。吸水率≤12.0%。

2) 弯曲破坏荷重。弯曲破坏荷重≥1300N。

3) 抗冻性能。经 10 次冻融循环不出现裂纹或剥落。

4) 耐急冷急热性。经 10 次耐急冷急热性循环不出现炸裂、剥落及裂纹延长现象。

(4) 应用

琉璃制品主要有琉璃瓦以及琉璃花窗、栏杆等各种装饰件，还有陈设用的各种工艺品，如琉璃桌、绣墩、花盆、花瓶等。建筑琉璃制品由于价格高，自重大，一般用于有民族特色的建筑和纪念性建筑中，另外在园林建筑中，常用于建造亭、台、楼、阁的屋面。

## 第四节  建筑装饰玻璃

### 一、玻璃的分类及基本性质

#### 1. 分类

玻璃简单分类主要分为平板玻璃和深加工玻璃。平板玻璃主要分为 3 种：即引上法平板玻璃(分有槽/无槽两种)、平拉法平板玻璃和浮法玻璃。深加工玻璃又分为钢化玻璃、磨砂玻璃、夹层玻璃、防弹玻璃等对普通平板玻璃进行深加工的玻璃。

玻璃通常按主要成分分为氧化物玻璃和非氧化物玻璃。非氧化物玻璃品种和数量很少，主要有硫系玻璃和卤化物玻璃。硫系玻璃的阴离子多为硫、硒、碲等，可截止短波长光线而通过黄、红光，以及近、远红外光，其电阻低，具有开关与记忆特性。卤化物玻璃的折射率低，色散低，多用作光学玻璃。氧化物玻璃又分为硅酸盐玻璃、硼酸盐玻璃、磷酸盐玻璃等。

#### 2. 基本性质

一种透明的固体物质，在熔融时形成连续网络结构，冷却过程中粘度逐渐增大并硬化而不结晶的硅酸盐类非金属材料。普通玻璃化学氧化物的组成($Na_2O \cdot CaO \cdot 6SiO_2$)主要成份是二氧化硅。广泛应用于建筑物,用来隔风透光,属于混合物。

(1)表观密度。玻璃的表观密度与其化学成分有关,而且随温度升高而减小。普通硅酸盐玻璃的表观密度在常温下大约是 2500kg/m³。

(2)力学性质。玻璃的力学性质决定于化学组成、制品形状、表面性质和加工方法。

在建筑中玻璃的力学性质的主要指标是抗拉强度和脆性指标。玻璃的实际抗拉强度大致为 30~60MPa,脆性是玻璃的主要缺点,普通玻璃的脆性指标(弹性模量与抗拉强度之比)为 1300~1500,脆性指标越大说明材料的脆性越大。

(3)热物理性质。玻璃的导热性随着温度的升高将增大。另外,它还受玻璃的颜色和化学组成的影响。玻璃的热膨胀性也决定于化学组成及其纯度,纯度越高热膨胀系数越小。玻璃的热稳定性决定于玻璃在温度剧变时抵抗破裂的能力。玻璃的热膨胀系数越小,其热稳定性越高。玻璃制品越厚,体积越大、热稳定性越差。因此须用热处理方法提高玻璃制品的热稳定性。

(4)化学稳定性。玻璃具有较高的化学稳定性。

(5)玻璃的光学性能。玻璃既能透过光线,又能反射光线和吸收光线。玻璃反射光能与投射光能之比称为反射系数。反射系数的大小决定于反射面的光滑程度、折射率、透射光线入射角的大小、玻璃表面是否镀膜及膜层的种类等因素。玻璃吸收光能与投射光能之比称为吸收系数,透射光能与投射光能之比称为透射系数。反射系数、透射系数和吸收系数之和为100%。

## 二、平板玻璃

平板玻璃是指未经再加工的,表面平整、光滑、透明的板状玻璃,其也可用作进一步深加工或具有特殊功能的基础材料。平板玻璃的生产方法通常分为两种,即传统的引拉法和浮法。用引拉法生产的平板玻璃称为普通平板玻璃。浮法是目前最先进的生产工艺,采用浮法生产平板玻璃,不仅产量大、工效高,而且表面平整、厚度均匀,光学等性能都优于普通平板玻璃,称为浮法玻璃。平板玻璃的分类、性能等符合《平板玻璃》(GB 11614—2009)规定。

### 1. 平板玻璃分类

(1)按颜色属性分为无色透明平板玻璃和本体着色平板玻璃。

(2)按外观质量分为合格品、一等品和优等品。

(3)按工程厚度分为 2mm、3mm、4mm、5mm、6mm、8mm、10mm、12mm、15mm、19mm、22mm、25mm。

## 2. 尺寸偏差

表 10-31　尺寸偏差(mm)

| 公称厚度 | 尺寸偏差 | |
|---|---|---|
| | 尺寸≤3000 | 尺寸>3000 |
| 2~6 | ±2 | ±3 |
| 8~10 | +2,-3 | +3,-4 |
| 12~15 | ±3 | ±4 |
| 19~25 | ±5 | ±5 |

## 3. 对角线差、厚度偏差和厚薄差

平板玻璃对角线差应不大于其平均长度的 0.2%。

表 10-32　厚度偏差和厚薄差(mm)

| 公称厚度 | 厚度偏差 | 厚薄差 |
|---|---|---|
| 2~6 | ±0.2 | 0.2 |
| 8~12 | ±0.3 | 0.3 |
| 15 | ±0.5 | 0.5 |
| 19 | ±0.7 | 0.7 |
| 22~25 | ±1.0 | 1.0 |

## 4. 弯曲度和光学特性

(1)平板玻璃弯曲度应≤0.2%。

(2)光学特性。

表 10-33　无色透明平板玻璃可见光透射比最小值

| 公称厚度(mm) | 可见光透射比最小值(%) |
|---|---|
| 2 | 89 |
| 3 | 88 |
| 4 | 87 |
| 5 | 86 |
| 6 | 86 |
| 8 | 83 |
| 10 | 81 |
| 12 | 79 |

(续)

| 公称厚度(mm) | 可见光透射比最小值(%) |
|---|---|
| 13 | 76 |
| 19 | 72 |
| 22 | 69 |
| 25 | 67 |

表 10-34　本体着色平板玻璃透射比偏差

| 种　类 | 偏差(%) |
|---|---|
| 可见光(380~780nm)透射比 | 2.0 |
| 太阳光(300~2800nm)直接透射比 | 3.0 |
| 太阳能(300~2500nm)总透射比 | 4.0 |

**5. 应用**

平板玻璃是建筑玻璃中用量最大的一类，主要利用其透光、透视特性，用作建筑物的门窗，起采光、遮挡风雨、保温和隔声等作用，也可用于橱窗及屏风等的装饰。

### 三、安全玻璃

玻璃是一种脆性材料，为提高建筑玻璃的安全性、减小玻璃的脆性、提高其强度，通常采用的方法有：用退火法消去内应力；用物理钢化(淬火)回火、化学钢化法使玻璃中形成可缓解外力作用的均匀的预应力；消除玻璃表面缺陷；采用夹层和夹丝等方法。使用上述物理强化方法或化学强化方法改进后的玻璃称为安全玻璃。安全玻璃的主要功能是力学强度较大，抗冲击的能力较好，被击碎时，碎块不会飞溅伤人，并兼有防火功能。常用安全玻璃有钢化玻璃、夹层玻璃、夹丝玻璃等。

**1. 钢化玻璃**

(1)定义及特点

经热处理工艺之后的玻璃称为钢化玻璃。它具有高强度、热稳定性和安全性特点。

1)高强度。同等厚度的钢化玻璃抗冲击强度是普通玻璃的 3~5 倍，抗弯强度是普通玻璃的 3~5 倍。

2)热稳定性。钢化玻璃具有良好的热稳定性，能承受的温差是普通玻璃的 3 倍，可承受 200℃ 的温差变化。

3)安全性。当玻璃被外力破坏时,碎片会成类似蜂窝状的碎小钝角颗粒,不易对人体造成伤害。

但同时钢化玻璃也有不足:

1)钢化后的玻璃不能再进行切割和加工,只能在钢化前就对玻璃进行加工至需要的形状,再进行钢化处理。

2)钢化玻璃强度虽然比普通玻璃强,但是钢化玻璃在温差变化大时有自爆(自己破裂)的可能性,而普通玻璃不存在自爆的可能性。

3)钢化玻璃的表面会存在凹凸不平现象,有轻微的厚度变薄。变薄的原因是因为玻璃在热熔软化后,在经过强风力使其快速冷却,使其玻璃内部晶体间隙变小,压力变大,所以玻璃在钢化后要比在钢化前要薄。一般情况下 4~6mm 玻璃在钢化后变薄 0.2~0.8mm,8~20mm 玻璃在钢化后变薄 0.9~1.8mm。具体程度要根据设备的来决定,这也是钢化玻璃不能做镜面的原因。

(2)分类及性能指标

1)钢化玻璃按形状分为平面钢化玻璃和曲面钢化玻璃。

一般平面钢化玻璃厚度有 3.4、4.5、5、5.5、6、7.6、8、9.2、11、12、15、19mm 12 种;曲面钢化玻璃厚度有 3.4、4.5、5.5、7.6、9.2、11、15、19mm 8 种。

2)钢化玻璃按其外观分为:平钢化、弯钢化。

3)钢化玻璃按其平整度分为:优等品、合格品

国家标准《建筑用安全玻璃第 2 部分钢化玻璃》(GB 15763.2—2005)对装饰工程中使用的钢化玻璃在外观质量、尺寸允许偏差和物理力学性能等方面都作出了具体的规定。

(3)应用

由于钢化玻璃具有优良的性能,所以被广泛地应用于建筑、建筑模板、装饰行业(例:门窗、幕墙、室内装修等);家具制造行业(玻璃茶几、家具配套等);家电制造行业(电视机、烤箱、空调、冰箱等产品);电子、仪表行业(手机、MP3、MP4、钟表等多种数码产品);汽车制造行业(汽车挡风玻璃等);日用制品行业(玻璃菜板等);特种行业(军工用玻璃)等。

## 2. 夹层玻璃

(1)定义及特点

夹层玻璃是在两片或多片各类平板玻璃之间粘夹了柔软而强韧的中间透明膜而形成的。夹层玻璃抗冲击性和抗穿透性好,玻璃破碎时,不裂成分离的碎片,只有辐射状的裂纹和少量玻璃碎屑,碎片仍粘贴在膜片上,不致伤人。

(2)分类及性能指标

夹层玻璃有平夹层和弯夹层两类产品,前者称为普通型,后者称为异型。根

据所用夹层材料不同,夹层玻璃生产可分为直接合片法和预聚法。直接合片法是将夹层材料直接夹入玻璃来生产夹层玻璃的方法,其产品质量好,生产效率高,但工艺设备复杂,成本较高;预聚法是将聚合物单体经引发聚合得到预聚体,根据预聚体转化率的高低将其浇注或灌入两片玻璃所形成的模腔内,然后再继续聚合形成夹层玻璃。其产品的耐老化性、生产效率不及直接合片法。

国家标准《夹层玻璃》(GB 15763.3—2009),对装饰装修工程中使用的夹层玻璃,在外观质量和技术要求等方面都作出了具体的规定。

(3) 应用

夹层玻璃的品种很多,工程上应用的有遮阳夹层玻璃、电热夹层玻璃、防弹夹层玻璃、防紫外线夹层玻璃、玻璃纤维增强玻璃、隔声玻璃和报警夹层玻璃等。夹层玻璃多用在要求安全度高的汽车、飞机的挡风玻璃、特种门窗、隔墙、天窗、商品陈列橱窗、防盗门、水下工程及防弹玻璃等。

### 3. 夹丝玻璃

夹丝玻璃别称防碎玻璃。它是将普通平板玻璃加热到红热软化状态时,再将预热处理过的铁丝或铁丝网压入玻璃中间而制成。夹丝玻璃具有优良的耐冲击性能和耐热性能,在外力作用下或温度急剧变化时即使破裂,由于中间的增强金属丝(或金属网)的作用,也不会产生碎片伤人,起到安全和抗震的作用。特别是发生火灾时,夹丝玻璃即使炸裂,但仍能保持原来的形状,从而起到隔绝火源的作用。夹丝玻璃的质量应符合《夹丝玻璃》[JC 433-1991(1996)]的规定。

夹丝玻璃的厚度一般为5mm以上,品种有压花夹丝、磨光夹丝和彩色夹丝玻璃等,形状有干板夹丝、波瓦夹丝、槽形夹丝等。夹丝玻璃适用于高层建筑、公共建筑、厂房、仓库、机车、船舶等的门窗用玻璃,也适于有安全、防盗、防火、振动等较高要求的门窗用玻璃。

## 四、节能玻璃

### 1. 吸热玻璃

吸热玻璃是一种可以控制阳光的玻璃,既能吸收大量红外线辐射,又能保持良好光透过率的平板玻璃。这种玻璃是在普通钠、钙硅酸盐玻璃中加入有着色作用的金属氧化制成的。金属氧化物既能使玻璃带色,又可以使玻璃具有较高的吸热性能。吸热玻璃按物理颜色不同可分为灰色、茶色、蓝色、古铜色、绿色、金色、粉色和棕色等,所以吸热玻璃又称着色玻璃。吸热玻璃的制造一般有两种方法:一种是在普通玻璃中加入一定量有吸热性能的着色剂,如氧化亚铁、氧化镍等;另一种是在玻璃表面上喷涂吸热或着色的氧化物薄膜,如氧化铝、氧化锑等。其质量应符合《着色玻璃》(GB/T 18701—2002)规定要求。

吸热玻璃具有以下特性：

(1)吸收太阳光谱中的辐射热，产生冷房效应，节约冷气消耗。

(2)吸收太阳光谱中的可见光能，对可见光的透射率也明显降低，可以让刺眼的阳光变得柔和、舒适，起到了良好的防眩作用。

(3)吸收太阳光谱中的紫外光能，减轻了紫外线对人体和室内物品的损坏。

吸热玻璃适用于既需要采光，又需要隔热之处，尤其是炎热地区需设置空调、避免眩光的大型公共建筑的门窗、幕墙、商品陈列窗、计算机房及车船玻璃，还可以制成夹层、夹丝或中空玻璃等制品。

#### 2. 热反射玻璃

热反射玻璃是指对太阳辐射能具有较高反射能力，而又保持良好透光率的平板玻璃。由于高反射能力是通过在玻璃表面镀敷一层极薄的金属或金属氧化物膜来实现的，所以也称镀膜玻璃。它具有良好的遮光性和隔热性。其质量应符合《镀膜玻璃第1部分：阳光控制镀膜玻璃》(GB/T 18915.1—2002)规定要求。

热反射玻璃主要包括4大类：热反射膜镀膜玻璃(又称阳光控制玻璃或遮阳玻璃)、低辐射膜镀膜玻璃(又称吸热玻璃)、镜面膜镀膜玻璃(又称镜面玻璃)和导电膜镀膜玻璃(又称防霜玻璃)。

热反射玻璃的性能特点如下：

(1)对太阳辐射热有较高的反射能力。反射率可达25%～40%，而普通平板玻璃的辐射热反射率为7%。

(2)遮光系数小，遮光性能好。

(3)具有单向透视的特性。通常单面镀膜的热反射玻璃，膜层多装在室内一侧，它在迎光的一面具有镜子的特性，而在背光的一面却像平常门、窗玻璃那样透明。

(4)对可见光的透过率小，6mm热反射玻璃比同厚度的浮法玻璃减少了75%，比吸热玻璃也减少了60%。

热反射玻璃主要用作公共或民用建筑的门窗、门厅或幕墙等装饰部位，不仅能降低能耗，还能增加建筑物的美感，起到装饰作用。应当注意的是，热反射玻璃使用不适当时，会给环境带来光污染问题。

#### 3. 中空玻璃

中空玻璃是一种节能型复合玻璃，由两层(或多层)玻璃中间用隔离框(由铝、钢或塑料等型材制成)将玻璃相互隔离开，四周边采用胶结、焊接或熔接的方法加以密封，从而使内部空间形成干燥的空气层或充入惰性气体形成密闭的气室。其质量应符合《中空玻璃》(GB/T 11944—2012)规定要求。

中空玻璃按其组成的玻璃原片的层数可分为3种:双层玻璃原片中空玻璃、3层玻璃原片中空玻璃和4层玻璃原片中空玻璃。中空玻璃按其使用功能又可分为普通中空玻璃、附热中空玻璃、遮阳中空玻璃和散光中空玻璃等。中空玻璃的特性是保温、绝热,节能性好,隔声性能优良,并能有效地防止结露。

由于中空玻璃具有诸多优良性能,所以应用范围极为广泛。无色透明的中空玻璃一般可用于普通住宅、空调房间、空调列车、商用冰柜等。有色中空玻璃,主要用于有一定建筑艺术要求的建筑物,如影剧院、展览馆、银行等。特种中空玻璃,是根据设计要求的一定环境条件而使用。例如,防阳光中空玻璃、热反射中空玻璃多用在热带地区的建筑物,低辐射中空玻璃则多用在寒冷地区太阳能利用等方面,夹层中空玻璃则用于防盗橱窗。钢化中空玻璃、夹丝中空玻璃,则以安全为主要使用目的,多用于玻璃幕墙、采光顶棚处。

## 五、其他玻璃

### 1. 磨砂玻璃

磨砂玻璃又称毛玻璃,是采用机械喷砂或手工研磨或氢氟酸溶蚀等方法将普通的平板玻璃表面处理成均匀的毛面。磨砂玻璃的特点是透光不透视,且光线不刺眼。所以这种玻璃还具有避免眩光的特点。磨砂玻璃可用于会议室、卫生间、浴室等处,安装时毛面应朝向室内或背向淋水的一侧。磨砂玻璃也可制成黑板或灯罩。

### 2. 花纹玻璃

根据加工方法的不同,花纹玻璃可分为压花玻璃、喷花玻璃和刻花玻璃3种。

压花玻璃具有透光不透视的特点,这是由于其表面凹凸不平,当光线通过时即产生漫射,从玻璃的一面看另一面的物体时,物像就显得模糊不清。另外,压花玻璃因其表面有各种图案花纹,所以有具有一定的艺术装饰效果。压花玻璃多用于办公室、会议室、浴室、卫生间以及公共场所分离的门窗和隔断处。使用时应注意的是:如果花纹面安装在外侧,不仅很容易积灰弄脏,而且沾上水后,就能透视。因此,安装时应将花纹朝室内。

喷花玻璃又称胶花玻璃,是在平板玻璃表面贴上花纹图案,抹以护面层并经喷砂处理而成,其性能和装饰效果与压花玻璃相同,适用于门窗装饰和采光。

刻花玻璃是由平板玻璃经涂漆、雕刻、围蜡与耐蚀研磨而成,色彩更丰富,可实现不同风格的装饰效果。

### 3. 空心玻璃砖

玻璃空心砖一般是由两块压铸成的凹形玻璃,经熔接或胶接成整块的空心砖。砖面可为平光,也可在内、外压铸各种花纹。砖内腔可为空气,也可填充玻璃棉等。砖形有方形、圆形等。玻璃空心砖具有强度高、隔热、保温、隔声、耐水、透光、美观和耐久等特点。

空心玻璃砖可用于写字楼、宾馆、饭店、别墅等门厅、屏风、立柱的贴面、楼梯栏板、隔断墙和天窗等不承重的墙体或墙体装饰,或用于必须控制透光、眩光的场所及一些外墙装饰。

**4. 玻璃锦砖**

玻璃锦砖又称玻璃马赛克。是将用熔融法(即压延法)或烧结法生产的边长≤45mm的各种颜色、形状的玻璃质小块预先铺贴在纸上而构成的。它的规格尺寸与陶瓷锦砖相似,多为正方形,有透明、半透明、不透明的乳白、乳黄、红、黄、蓝、白、黑和各种过渡色的各种马赛克制品。背面有槽纹利于与基面黏结。它具有化学稳定性好热稳定性好、抗污性强、不吸水、不积尘、经久常新、易于施工、价格便宜等优点,故而广泛应用于宾馆、医院、办公楼、礼堂、住宅等建筑物外墙和内墙,也可用于壁画装饰,通过艺术镶嵌,制得立体感很强的图案、字画及广告等。

## 六、建筑玻璃的运输和储存

玻璃运输时应用木箱或集装箱(架)包装,玻璃应垂直放在箱内,每片玻璃应用塑料膜或纸等材料隔开,玻璃与包装箱之间应使用不易引起玻璃划伤、磨伤的轻软材料填实。运输、储存盒安装时要特别注意保护边部。

玻璃应储存在干燥、隐蔽的场所,避免淋雨、潮湿和强烈阳光照射。玻璃叠放时应在玻璃之间垫上一层纸,防止再次搬运时,两块玻璃互相吸附在一起。

# 第五节 金属装饰材料

## 一、金属装饰材料概述

金属装饰材料以它独特的色彩和光泽、庄重华贵的外表及经久耐用的优点,在现代建筑装饰装修中得到了广泛的应用。

金属材料通常分为两大类:一类是黑色金属,如生铁、钢材;另一类为有色金属材料,是黑色金属以外所有金属材料的总称,如铜、铝及其合金等。

金属材料最大的特点是力学性能好、色泽效果突出。铝合金、不锈钢、钢材具有时代感,铜及其合金显示出高雅华贵,铁及其合金则显古朴厚重,金属材料的强度、硬度高,可加工性较差。因此,使用金属材料一定要掌握好规格尺寸,尽量减少接缝、接头和接点,以免影响外观效果。同时还要了解金属材料的外观形态及表面处理方法与用途。

1. 金属装饰材料的形态及用途

金属装饰材料的形态一般有饰面薄板、型材、管材、金属网等,其材质、表面处理和用途见表 10-35。

表 10-35　金属装饰材料的形态及用途

| 材料形态 | 材质 | 表面处理 | 用途 | 备注 |
| --- | --- | --- | --- | --- |
| 饰布薄板 | 铜板、铁板、铝板、不锈钢板、钢板、镀锌铁板 | 光面、雾面、丝面、凹凸面、腐蚀雕刻面、搪瓷面等 | 壁面、天花面 | — |
| 规格型材 | 铁、钢、铝及其合金,不锈钢,铜 | 方式极多 | 框架、支撑、固定、收边 | — |
| 金属管材 | 主要有不锈钢管、铁管、铜管、镀锌管 | 有花管及光管两种 | 家具弯管、支撑管、防盗门等 | 有空心和实心两种,多用空心管 |
| 金属焊板 | 以铁棒、不锈钢、钢筋为主要结构 | — | 铁架、铁窗 | 扁铁、钢筋等 |
| 金属网 | 铁丝网、钢网、铝网、不锈钢网、铜网等 | 可编织成菱形、方形、弧形、六角形、矩形等 | 用在壁面、门的表面,有悬挂、隔离等作用 | 用细金属线编织而成 |
| 金属五金 | 铜、不锈钢、铝 | — | 家具用壁面 | |

2. 金属装饰材料表面处理方法及应用

金属装饰材料表面处理方法及应用见表 10-36。

表 10-36　金属装饰材料表面处理方法及用途

| 处理方式 | 用途 |
| --- | --- |
| 表面腐蚀出图案或文字 | 多用于不锈钢板及铜板 |
| 表面印花 | 多纹色彩直接印于金属表面,多用于铝板 |
| 表面喷漆 | 多用于铁板、铁棒、铁管、铜板,如铁门、铁窗 |
| 表面烤漆 | 多用于钢板条、铁板条、铝板条 |
| 电解阳极处理(电镀) | 多用于铝材或铝板,表面有保护作用 |

(续)

| 处理方式 | 用途 |
|---|---|
| 发色处理 | 如发色铝门窗、发色铝板 |
| 表面刷漆 | 多用于铁板、铁杆,如楼梯、扶手、栏杆 |
| 表面贴特殊弹性薄膜保护 | 使金属不与外界接触,如不锈钢板 |
| 加其他元素成合金 | 具有防蚀作用,如固格铝 |
| 立体浮压成图案 | 如花纹铁板、花纹铝板 |

## 二、金属装饰板材

金属装饰板根据材质不同有不锈钢板、彩色压型钢板、铝合金板、铝塑板、烤漆板、镀锌板、贴塑板等。

### 1. 不锈钢板

建筑装饰工程中所用的不锈钢主要为薄钢板,以其厚度<2mm 的应用得最多,板材的规格为:1000~2000mm,宽 500~1500mm,厚度为 0.2~4mm。

不锈钢板的主要特点是光泽度高。不锈钢经过不同的表面加工可以形成不同的光泽度和反射率,并按此性能分成不同的等级。高档建筑物的门窗、墙面、扶手、栏杆、装饰画边框,尤其是大型商场、酒店、宾馆、银行等的入口、门厅、中厅柱面装饰更为广泛,这是因为不锈钢包柱不仅是一种现代装饰的新颖做法,而且由于其镜面的反射和折射作用,可以取得与周围景观交相辉映的效果。如果在灯光的配合下,还可以形成晶莹明亮的高光部分,对空间环境的艺术效果起到强化、烘托和点缀的作用。

### 2. 彩色钢板

(1)彩色不锈钢板

彩色不锈钢板是在特定的不锈钢板上经过艺术加工和技术处理后,使其表面成为具有各种绚丽色彩的不锈钢装饰板材,它的颜色有红、黄、绿、紫、蓝、灰、橙和茶色等。

彩色不锈钢板的彩色面层经久耐用,能耐 200℃温度作用;抗盐雾腐蚀性能超过一般的不锈钢板材,在 90°弯曲的作用下,其彩色层不会损坏。另外彩色不锈钢的色泽还能随光照角度不同进行色调的变幻,而它的耐磨和耐刻划性能相当于箔层涂金。除此,彩色不锈钢板依然保持了普通不锈钢板的耐蚀性强和强度高的特点。

彩色不锈钢板作为建筑物外墙、外柱面的装饰材料,不仅坚固耐用、新颖美观,而且具有强烈的时代感。

(2) 彩色涂层钢板

彩色涂层钢板是以冷轧钢板或镀锌钢板的卷板为基板。钢板的涂层分为有机涂层、无机涂层和复合涂层3种类型。其中，有机涂层钢板发展最快。有机彩色涂层钢板是在有机涂料中按设计要求掺配不同的矿物颜料，形成各种不同色彩、花纹的涂层。常用的有机涂层有聚氯乙烯、聚丙烯酸酯、醇酸树脂和环氧树脂等。涂层与钢板的结合采用薄膜层压法和涂料涂覆法等。

彩色涂层钢板具有优良的装饰性能，涂层的附着力强，可以长期保持新鲜的色泽。板材的可加工性好，根据装饰施工需要，可以进行切断、钻孔、弯曲、卷边和铆接等加工。多用于制造建筑门窗、交通运输设备、建筑物外墙面、屋面以及护面板等装饰工程。

彩色涂层钢板按其结构的不同一般分以下4种类型。

1) 涂装钢板。这种彩色涂层钢板是用镀锌钢板作底板，在板的两面进行涂装，正面的第一层为底漆，一般用环氧底漆，因为它与钢板的附着力强。背面也可以涂装环氧树脂或丙烯酸树脂。第二层为面层，一般用聚酯类涂料或丙烯酸树脂等。

2) PVC钢板。PVC钢板有两种，一种是用涂布PVC糊状树脂的方法生产，称为涂布PVC钢板；另一种是将已成型的和印花或压花PVC膜贴在钢板上，称为贴膜PVC钢板。两种钢板表面的PVC层都较厚，可达到$100\sim300\mu m$，而一般涂装钢板的涂层仅有$20\mu m$左右。PVC层是热塑性的，表面可以进行热加工，如进行压花处理，可使表面的质感更为丰富。同时，这种板材具有较好的柔性，可以进行弯曲、卷边等二次加工，用于建筑物外墙或屋面装饰，其耐蚀性和耐候性都较好。

3) 隔热涂装钢板。在彩色涂层钢板的背面粘贴一层厚度为$15\sim20mm$的聚苯乙烯泡沫塑料或硬质聚氨酯泡沫塑料，用来提高彩色涂层钢板的隔热性能。这种彩色涂层钢板用于建筑物的外墙装饰后，不仅可以收到良好的装饰效果，同时可以提高建筑物墙体的节能指标。

4) 高耐久性涂层钢板。在底板的面层涂装耐老化性能好的氟塑料和丙烯酸树脂而形成的板材称为高耐久性涂层钢板，主要用于建筑物外墙、屋面等要求防水、防汽和抗渗透要求高的装饰工程。

(3) 彩色压型钢板

彩色压型钢板又称彩色涂层压型钢板，可用彩色涂层钢板经辊压加工成纵断面呈"V"或"U"形及其他截面形状而成，也可以由镀锌钢板经成型机轧制，并涂敷各种耐腐蚀涂层与彩色烤漆制成。

彩色压型钢板的涂层多为有机涂层，涂层与基底板的结合有PVC膜压法和液体涂料涂覆法。除了要求涂层与底板的黏结力好、抗腐蚀能力强,还要保证其色彩、纹理等处得丰富多彩。常用的有机涂层树脂有环氧树脂、聚丙烯酸酯、醇酸树脂、聚氯乙烯树脂和酚醛树脂等。其中,环氧树脂的耐酸、碱、盐的腐蚀能力最强,黏结力和抗水蒸气的渗透能力也好。

彩色压型钢板主要用于建筑物外墙、屋面等部位的装饰,由于它的生产已实现了标准化,故产品尺寸准确、波纹平直坚挺、色彩鲜艳丰富,可赋予建筑物以特殊的艺术表现力。

### 3. 铝合金装饰板

铝合金装饰板是一种新型、高档的外墙装饰板材,主要有单层彩色铝合金板、铝塑复合板、铝蜂窝板和铝保温复合板材等几种。从高档建筑物的外墙装饰看,目前国内以装饰石材幕墙、玻璃幕墙和铝合金装饰板幕墙为主,近年来,铝合金装饰板是发展最快的幕墙装饰材料。

(1)单层彩色铝合金装饰板

单层彩色铝合金装饰板是利用一定厚度的铝合金板材,按设计要求的尺寸、形状和构造型式进行加工成型,然后再对表面进行涂饰处理而成的一种高档外墙装饰材料。这种板材的最大尺寸(长×宽)为 4500mm×1600mm,厚度规格有 2mm、2.5mm、3mm 等几种。

单层彩色铝合金装饰板的构造由面板、加强筋和挂件等组成,有热工或声学要求时,可在板的背面敷贴矿棉或岩锦。挂件可以直接由面板弯折而成,也可以在面板上用型材加装。面板背面焊有螺栓,通过螺栓将加强筋和面板连接起来,形成一个具有一定刚度和强度的整体,保证铝合金装饰板在长期使用中的平整性。

建筑物外墙装饰使用的彩色铝合金装饰板表面采用的是氟碳树脂喷涂,这是因为氟碳树脂的耐候性、抗腐蚀性和抗粉化性能都好。铝板的着色有红、黄、绿、紫、灰和橙色等。

氟碳树脂喷涂的工艺流程如下:

清除铝合金板表面油污→酸洗:去除板材表面的自然氧化物→铬化:形成转化层,增强漆料的黏附性→喷涂底漆→喷涂面漆(金属漆)→底、面漆固化(220～250℃烘烤)→罩面漆喷涂→罩面漆固化(220～250℃)。

(2)铝塑复合板

铝塑复合板是近年来推出的一种新型的外墙装饰板材,它是由 3 层材料复合而成。上、下两层为高强度的铝合金板,中间层为低密度的聚氯乙烯(PVC)泡沫板或聚乙烯(PE)芯板,经高温、高压制成后,板材表面再喷涂一层氟碳树脂(PVDF)。铝塑复合板的主要技术性能是:

1) 质量轻、刚性好、强度高。
2) 抗酸、碱腐蚀的性能好。
3) 隔声、保温、减震和抗冲击的性能好。
4) 具有超强的耐候性和抗紫外线性能,色彩和光泽保持时间长,能在－50～85℃的各种自然环境中使用。
5) 色泽选择宽,色彩鲜艳,表面平整、光洁,装饰质感好。
6) 可加工性能好,施工时可以经切割、裁边、钻孔、卷边、弯曲、折边等机械加工,故安装方便。
7) 板面不易被污染。

铝塑复合板的规格尺寸:长度有 2000mm、2500mm、3000mm 和 4000mm;宽度有 1220mm、1470mm;厚度有 3mm、4mm 和 6mm,外墙装饰用的铝塑复合板厚度一般为 4mm。

铝塑复合板是高档建筑外墙的装饰材料,上海的新世界商厦、深圳的地王大厦都是使用铝塑复合板装饰的幕墙,墙体的功能和装饰效果堪称最佳。除此,铝塑复合板还可以用于门厅、门面、柱面、吊顶(顶面)、展台和壁板等部位的装饰。

(3) 铝合金蜂窝复合板

铝合金蜂窝复合板又称铝蜂窝或合铝合金蜂窝板,它是将铝合金薄板加工而成蜂窝状作芯材,上下再用高强度的黏结剂黏盖两层铝合金板而成。铝合金面板表面可以按喷涂设计要求喷涂各种颜色和氟碳树脂(PVDF),并可做罩光处理。

铝合金蜂窝复合板具有质量轻、刚度大、强度高;耐碱、耐酸、抗腐蚀性能好;保温、隔热、阻燃性能好。是一种较理想的高档位的建筑外墙装饰材料,使用环境温度为－40～80℃。

### 三、吊顶金属龙骨

吊顶龙骨是吊顶装饰的骨架材料,包括木龙骨、轻钢龙骨和铝合金龙骨。古建筑物的吊顶龙骨一般都是木龙骨,现代建筑吊顶龙骨使用的都是轻金属龙骨。

轻金属龙骨是轻钢龙骨和铝合金龙骨的总称,它们是以冷轧镀锌薄钢板、彩色涂层钢板及铝合金板材为主要原料,经冷冲压而制成的各种轻薄型材,这些型材的截面形状不同,作用也不一样,根据设计要求将它们组合安装成金属骨架,即形成吊顶用的龙骨架。

轻金属龙骨按其截面形状不同分为 U、C、CH、T、H、V 和 L 形 7 种形式。

代号：

Q 表示墙体龙骨。

D 表示吊顶龙骨。

ZD 表示直卡式吊顶龙骨。

U 表示龙骨断面形状为 U 形。

C 表示龙骨断面形状为 C 形。

T 表示龙骨断面形状为 T 形。

L 表示龙骨断面形状为 L 形。

H 表示龙骨断面形状为 H 形。

V 表示龙骨断面形状为 V 形。

**1. 轻钢龙骨**

国家标准《建筑用轻钢龙骨》(GB/T 11981—2008)中规定了各种形式龙骨的力学性能指标，为轻钢龙骨的选用提供了可靠的依据。

这些龙骨配合使用可以组装出多种形式的吊顶造形，且其承载能力强。各种形式的龙骨截面形状、规格尺寸见表 10-37。其中 U 形轻钢龙骨在吊顶龙骨架中为主龙骨，又叫承载龙骨；C 形轻钢龙骨又叫覆面龙骨，它的作用是组成吊顶龙骨架并连接罩面板材；L 形龙骨为边龙骨，它使吊顶的龙骨架与内墙四壁或柱壁连接。各形吊顶轻钢龙骨组成龙骨架时所用的主要配件见表 10-38。

表 10-37　吊顶龙骨产品分类及规格

| 品种 | 断面形状 | 规格 | 备注 |
|---|---|---|---|
| U 形龙骨　承载龙骨 | | $A \times B \times t$<br>$38 \times 12 \times 1.0$<br>$50 \times 15 \times 1.2$<br>$60 \times B \times 1.2$ | $B = 24 \sim 30$ |
| C 形龙骨　承载龙骨 | | $A \times B \times t$<br>$38 \times 12 \times 1.0$<br>$50 \times 15 \times 1.2$<br>$60 \times B \times 1.2$ | |
| C 形龙骨　覆面龙骨 | | $A \times B \times t$<br>$50 \times 19 \times 0.5$<br>$50 \times 18 \times 0.5$<br>$60 \times 27 \times \times 0.6$ | — |

（续）

| 品种 | | 断面形状 | 规格 | 备注 |
|---|---|---|---|---|
| T形龙骨 | 主龙骨 | | $A \times B \times t_1 \times t_2$<br>$24 \times 38 \times 0.27 \times 0.27$<br>$24 \times 32 \times 0.27 \times 0.27$<br>$14 \times 32 \times 0.27 \times 0.27$ | （1）中形承载龙骨$B \geqslant 38$，轻型承载龙骨$B < 38$；<br>（2）龙骨由一整片钢板（带）成型时，规格为$A \times B \times t$ |
| | 次龙骨 | | $A \times B \times t_1 \times t_2$<br>$24 \times 28 \times 0.27 \times 0.27$<br>$24 \times 25 \times 0.27 \times 0.27$<br>$14 \times 25 \times 0.27 \times 0.27$ | |
| H形龙骨 | | | $A \times B \times t$<br>$20 \times 20 \times 0.3$ | — |
| V形龙骨 | 承载龙骨 | | $A \times B \times t$<br>$20 \times 37 \times 0.8$ | 造型用龙骨规格为$20 \times 20 \times 1.0$ |
| | 覆面龙骨 | | $A \times B \times t$<br>$49 \times 19 \times 0.5$ | — |
| | 承载龙骨 | | $A \times B \times t$<br>$49 \times 19 \times 0.5$ | |
| L形龙骨 | 收边龙骨 | | $A \times B_1 \times B_2 \times t$<br>$A \times B_1 \times B_2 \times 0.4$<br>$A \geqslant 20; B_1 \geqslant 25、B_2 \geqslant 20$ | — |
| | 边龙骨 | | $A \times B \times t$<br>$A \times B \times 0.4$<br>$A \geqslant 14; B \geqslant 20$ | |

表 10-38　吊顶龙骨配件(mm)

| 品种 | 代号/规格 | 形状 | 允许偏差 | | | 材料宽度F | 材料最小公称厚度 |
|---|---|---|---|---|---|---|---|
| | | | A | B | C | | |
| 普通吊件 | PD/D38 | | +2.0<br>0 | +2.0<br>+1.0 | — | ≥18 | 2.0 |
| 普通吊件 | PD/D50 | | +2.0<br>0 | +2.0<br>+1.0 | — | ≥18 | 2.0 |
| | PD/D60 | | | | | ≥20 | 2.5 |
| 框式吊件 | KD/D60 | | +2.0<br>0 | +2.0<br>+1.0 | — | ≥18 | 2.0 |
| 弹簧卡吊件 | TD | $D \geq 8$ | 0<br>−0.4 | 0<br>−0.3 | — | — | 1.5 |
| T形龙骨吊件 | TTD | $D \geq 5.0; E \geq 7.0$ | — | — | — | ≥22 | 1.0 |

· 268 ·

(续)

| 品种 | 代号/规格 | 形状 | 允许偏差 A | B | C | 材料宽度 F | 材料最小公称厚度 |
|---|---|---|---|---|---|---|---|
| 压筋式挂件 | YG | | +0.5 / 0 | 0 / −0.5 | 0 / −0.3 | — | 0.7 |
| 平板式挂件 | PG | | +0.5 / 0 | 0 / −0.5 | 0 / −0.3 | — | 1.0 |
| T形龙骨挂件 | TG | $D{\geqslant}3.0$；$E{\geqslant}5.5$ | — | — | — | ≥18 | 0.75 |
| H形龙骨挂件 | HG | $D{\geqslant}3.5$；$E{\geqslant}6.0$ | — | — | — | ≥29 | 0.8 |
| 承载龙骨连接件 | CL | | 0 / −0.5 | — | — | — | 1.2 |

（续）

| 品种 | 代号/规格 | 形状 | 允许偏差 | | | 材料宽度 F | 材料最小公称厚度 |
| --- | --- | --- | --- | --- | --- | --- | --- |
| | | | A | B | C | | |
| 承载龙骨连接件 | CL | | 0<br>−0.5 | | | | 1.5 |
| 覆面龙骨连接件 | FL | | 0<br>−0.5 | 0<br>−0.5 | | | 0.5 |
| 挂插件 | GC | | 0<br>−0.5 | 0<br>−0.5 | — | | 0.5 |

　　T、L形轻钢龙骨可以单独组装成无附加荷载的吊顶龙骨架，也可以与U形龙骨配合组装成有附加荷载的吊顶龙骨架，其饰面板安装都采用搁板法，即无需采用钉固和自攻螺丝拧固。

　　T、L形龙骨系列中，T形骨作为吊顶龙骨架中的主龙骨，起吊顶龙骨的框架和搭装饰面板的作用，L形龙骨为边龙骨，主要起将吊顶骨架与室内四面墙或柱壁的连接作用，也可部分地搭装饰面板。

　　T、L形轻钢龙骨可归纳为两种类型，其截面形状如图13-2所示。

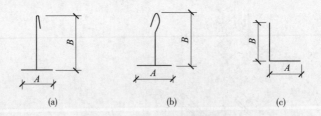

图 10-2　T、L形轻钢龙骨截面

(a)第一种T形龙骨；(b)第二种T形龙骨；(c)L形龙骨

　　两种规格类型的龙骨配件分别见表10-39和表10-40。

表 10-39　第一种 T、L 形龙骨配件

| 名　称 | 形　式 | 用　途 |
|---|---|---|
| T形龙骨（纵向或横向） | | 用于组装成龙骨骨架的纵向及横向龙骨 |
| L形龙骨（边龙骨） | | 用于龙骨骨架与周边墙、柱壁等处的连接，并用于搭装或嵌装吊顶饰面板 |
| T形龙骨连接件 | | 用于 T 形龙骨纵向使用时的加长连接 |
| T形龙骨挂件 | | 用于 T 形龙骨纵向使用时与 U 形承载龙骨之间的连接 |
| U形承载经骨及其吊件、吊杆 | 参见前述"U、C、L 形吊顶"轻钢龙骨中的 U 形及有关配件 | 用于组装承受附加荷载的吊顶骨架及其悬吊 |

表 10-40　第二种 T、L 形龙骨配件

| 名　称 | 形　式 | 用　途 |
|---|---|---|
| T形龙骨（纵向主龙骨） | | 用作吊顶骨架的主龙骨（纵向）；同时搭装或嵌装饰面板 |
| T形龙骨（横向次龙骨） | | 用作龙骨骨架的次龙骨（横向即横撑龙骨）同时搭装或嵌装饰面板 |
| L形龙骨（边龙骨） | | 用于吊顶骨架周边与墙或柱壁连接；<br>同时搭装或嵌装吊顶装饰板 |
| T形龙骨挂件 | | 用于 T 形龙骨（纵向）与 U 形龙骨（承载龙骨）之间的连接，适用于有附加荷载的吊顶 |

| 名 称 | 形 式 | 用 途 |
|---|---|---|
| T形龙骨吊挂件 | | 用于T形龙骨(纵向)与吊杆的连接,只适用于无附加荷载的吊顶 |
| T形龙骨(纵向)连接件 | | 用于T形龙骨(纵向)加长连接 |
| 吊挂件紧固螺栓 | | 用于T形龙骨吊挂件与吊杆的连接(适用于无承载龙骨的吊面) |
| 隔离件(间距杆) | | 用于保证相邻两根T形龙骨(纵向)的间距,并起稳固龙骨骨架的作用 |
| U形龙骨(承载龙骨)及其吊件和吊杆 | 参见前述"U、C、L形轻钢吊顶龙骨"中的U形及有关配件 | 使用于需要承受附加荷载的吊顶骨架及其悬吊 |

### 2. 铝合金龙骨

铝合金龙骨在吊顶装饰工程中应用十分广泛,特别是对于较小顶面的轻型吊顶饰面板材的顶棚,如机关办公室、学校教学楼等,几乎都是利用铝合金龙骨作吊顶骨架,铝合金型材的品种(截面型式)主要有T形、L形、Y形和U形等。

(1) T、L形铝合金龙骨

T、L形铝合金龙骨是吊顶装饰工程中应用最为广泛、技术较为成熟的一种,其主要优点是质轻,相当于轻钢龙骨表观密度的1/3;尺寸精度高、耐腐蚀、防火和装饰性好;铝合金表面可采用镀膜工艺使其具有不同的颜色,形成顶面艳丽的框格;铝合金龙骨的应用形式也比较灵活,同时还有可加工性能好的优点,龙骨的构造外形如图10-3,规格尺寸见表10-41,龙骨的主要配件形式及应用见表10-42。

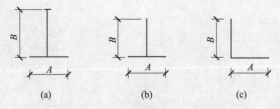

图 10-3 T、L形铝合金龙骨外形
(a) T形(纵向); (b) T形(横撑); (c) L形(边龙骨)

表 10-41　T、L 形铝合金龙骨规格

| 名　称 | 尺寸(mm) | | | |
|---|---|---|---|---|
| | I | | II | |
| T 形(纵向) | A | 23 | A | 25 |
| | B | 32 | B | 32 |
| T 形(横向) | A | 23 | A | 25 |
| | B | 23 | B | 32 |
| L 形(边龙骨) | A | 17 | A | 25 |
| | B | 32 | B | 25 |

表 10-42　T、L 形铝合金吊顶龙骨及配件

| 名称 | 形式 | 用途 | 重量(kg/m) | 厚度(mm) |
|---|---|---|---|---|
| T 形龙骨（纵向） | | 用于组成龙骨骨架的纵向龙骨<br>用于搭装或嵌装吊顶板 | 0.2 | 1.2 |
| T 形龙骨（横向） | | 用于组装龙骨骨架的横向龙骨<br>同时搭装或嵌装吊顶板 | 0.135 | 1.2 |
| L 形龙骨（边龙骨） | | 用于龙骨骨架周边与墙、柱壁连接 | 0.15 | 1.2 |
| T 形龙骨（异形龙骨） | | 用于组成有变标高的龙骨吊顶骨架<br>同时搭装或嵌装吊顶板 | 0.25 | 1.2 |
| T 形龙骨（纵向、异形）连接件 | | 用于纵向或异形的 T 形龙骨的连接 | 0.025 | 0.8 |
| T 形龙骨（纵向）挂件 | | 用于异形的 T 形龙骨与 U 形轻钢承载龙骨的连接 | 0.019<br>(0.017) | 3.5 |
| T 形龙骨（纵向）挂件 | | 用于 U 形轻钢龙骨（承载龙骨）与 T 形纵向铝合金龙骨的连接 | 0.014 | 3.5 |

(续)

| 名称 | 形式 | 用途 | 重量(kg/m) | 厚度(mm) |
|---|---|---|---|---|
| T形龙骨(横向)挂件 | | 用于T形龙骨纵向与横向龙骨的连接 | 0.012 | 3.5 |
| T形龙骨(纵向、异形)吊挂件 | | 用于T形龙骨(纵向和异形)和吊杆的连接。只适用于无承载龙骨的无附加荷载的吊顶 | | |
| U形轻钢龙骨及其吊件、吊杆 | 见前述U、C、L形轻钢龙骨及其吊件和吊杆 | 用于有附加荷载的承载龙骨及其悬吊 | 参见表13-4 | |

(2) Y、Π、L形铝合金龙骨

Y、Π、L形铝合金龙骨是一种新型的吊顶龙骨,它与T、L形吊顶龙骨的主要不同点是在顶棚表面能展示出Y、Π型材结构所形成的槽状框格,使吊顶饰面具有较新颖的线型艺术效果,其龙骨主件的形式与规格尺寸见表10-43。这些龙骨的配件基本同T形铝合金、U形轻钢龙骨。

表10-43 Y、Π、L形铝合金龙骨外形及规格

| 名称 | 外形 | 尺寸/mm | | 用途 | 备注 |
|---|---|---|---|---|---|
| Y形龙骨 | | A | 25 | 纵向布置,组成吊顶骨架,搭装吊顶饰面板 | 其安装应用同于T、L形铝合金龙骨的主龙骨(纵向) |
| | | B | 20 | | |
| Π形龙骨 | | A | 25 | 横向布置,组成吊顶骨架,搭装吊顶饰面板 | 安装同于T、L形龙骨的横撑龙骨(横向) |
| | | B | 10 | | |
| L形龙骨 | | A | 25 | 边龙骨、连接吊顶骨架四墙、搭装饰面板材 | 安装同于T、L形铝合金龙骨的边龙骨 |
| | | B | 25 | | |

注:Y、Π、L形铝合金吊顶龙骨所用连接件、吊件、挂件和吊杆均可采用U形轻钢龙骨、T形铝合金龙骨的配件。

## 第六节　建筑塑料

以合成树脂或天然树脂为基础原料,加入(或不加)各种塑料助剂、增强材料和填料,在一定温度、压力下,加工塑制成型或交联固化成型而得的固体材料或制品。而建筑塑料则是指利用高分子材料的特性,以高分子材料为主要成分,添加各种改性剂及助剂,为适应建筑工程各部位的特点和要求而生产出用于各类建筑工程的塑料制品。

### 一、建筑塑料的组成及作用

#### 1. 合成树脂

合成树脂是塑料中的主要成分,起黏结作用,即将塑料中的其他成分黏结成整体。树脂是决定塑料类型、性能和用途的成分,单一组分的塑料树脂含量可达100%,多组分的塑料中,树脂的含量要占30%~70%。但多数塑料都是多组分的,即除了合成树脂外,要加入多组分塑料生产所需要的添加剂等。

#### 2. 添加剂

添加剂又称填料,是塑料中的另一重要组成成分,能改变或增强塑料的性能。如加入石棉可增强塑料的耐热性;加入云母可增强塑料的电绝缘性能;加入纤维或布类的填料,可以提高塑料的机械强度;加入二硫化钼、石墨等材料,可改善塑料的抗摩擦和抗磨耗的性能。

填料加入后,不仅改善或增强塑料的性能,同时还可以降低塑料的成本,因为木粉、棉花、纸张、木材单片等有机填料和云母、滑石粉、石墨粉等无机填料的价格都很便宜。

#### 3. 着色剂

装饰装修工程所用的塑料要求色泽多样、鲜艳美观,着色剂起着生产出不同颜色塑料的作用。对着色剂的要求是着色力强、分散性好,且色泽鲜明,耐热,耐晒,与塑料结合紧密,在成型加工温度作用下不起化学反应,不变色,也不因加入着色剂而改变了塑料的性能。

#### 4. 增塑剂

生产塑料加入增塑剂的目的是提高塑料的弹性、可塑性、延伸率和黏性,降低塑料的低温脆性,增加柔性和抗震性。一般加入的增塑剂为酯类和酮类物质。如生产聚氯乙烯塑料,不加入增塑剂,只能制出硬质聚氯乙烯塑料,加入增塑剂后,如加入适量的邻苯二甲酸二丁酯后,就可以生产出软质聚氯乙烯薄膜、人造革等。

应该看到,增塑剂会降低塑料制品的机械强度和耐热性能,所以,选用增塑剂的品种和加入的量应根据塑料要求的使用性能来确定。

### 5. 稳定剂

为了保证塑料制品的质量稳定,延长其使用寿命,一般生产塑料产品时都要加入适量的稳定剂,常用的稳定剂有硬质酸盐、环氧化物和铅白等。

选用稳定剂时要充分考虑到合成树脂的性质、加工条件和制品的用途等因素。如聚丙烯塑料在成型加工和使用时易受光、热、氧的作用而老化,加入碳黑作为紫外线吸收剂,则可以显著地提高塑料的耐候性;又如聚氯乙烯塑料成型加工时的塑性熔融流动温度接近于分解温度,使其分解出盐酸,而盐酸又能起催化作用,促进聚氯乙烯加速分解。为解除这种影响,可在组分中加入硬质酸盐作为稳定剂。再如用于包装食品的塑料制品,必须选用无毒的稳定剂,对硬质、半硬质透明的聚氯乙烯制品,应选用有机锡类作为稳定剂比较适宜。

### 6. 固化剂

固化剂又称为硬化剂,固化剂的种类很多,选用时要考虑生产塑料的品种和加工条件。固化剂掺入的作用是在聚合物中生成横跨键,使分子产生交联,由受热可塑的线型结构变成体型的稳定结构。生产酚醛树脂的固化剂有甲基四胺;生产环氧树脂的固化剂有胺类和酸酐类化合物;生产聚酯树脂的固化剂有过氧化物。塑料成型前加入固化剂,才能成为坚硬的塑料制品。

### 7. 润滑剂

润滑剂的作用是在塑料加工时容易脱模和保证塑料制品表面光洁。润滑剂分内润滑剂和外润滑剂两种,内润滑剂溶于塑料内,作用是使塑料的融熔黏度降低,减小塑料加工时的内摩擦,提高其流动性;外润滑剂使塑料在加工过程中被从内部析出至表面,形成一层薄薄的润滑膜,可减小塑料融熔物与模具之间的摩擦和黏附,保证成型顺利。

生产塑料常用的润滑剂有盐类和高级脂肪酸,如硬脂酸镁和硬脂酸钙等。

### 8. 抗静电剂

掺入抗静电剂的作用是提高塑料制品的导电性,即使塑料表面形成连续相,迅速放电,以防止静电的积聚。因为塑料在加工和使用过程中,由于摩擦而容易带上静电。建筑装饰装修工程中所用的塑料地板和塑料地毯等,由于静电的集尘作用,使尘埃附于其上,而降低了使用价值,如常用的聚氯乙烯、聚乙烯、聚苯乙烯等塑料制品都存在此缺点,而掺入抗静电剂是克服此缺点的最佳手段。但对于生产的电绝缘塑料制品,则不要进行防静电处理。

9. 其他添加剂

在塑料组分中掺入特殊的发泡剂,可以生产出泡沫塑料;在组分中掺入一定数量的磁铁粉,可以制成磁性塑料;掺入银、铜等金属微粒,可以生产出导电塑料;掺入香酯类的添加剂,可制成永放香味的塑料制品;在普通塑料组分中掺入一些放射性物质与发光材料,就可以生产出能射出浅绿、淡蓝色柔和冷光的发光塑料制品;掺入阻燃剂,可以阻止塑料制品燃烧并具有自熄性等。

综合上述可知,塑料是一种成分极为复杂的合成材料,其各种性能决定于组分的结构方式和掺入添加剂的品种和分量的相对比例,因此,添加剂的选用是否科学、合理,将成为生产各种特异性能塑料制品的重要问题,否则,很难满足各种塑料制品的使用要求。

## 二、塑料的分类及主要特点

### 1. 按树脂的合成方法分类

(1)聚合物塑料。这种塑料是指由许多相同的、连续而成庞大的分子组成,且其基本化学组成不发生变化的化学反应物。所有聚合物塑料,如聚苯乙烯塑料、聚乙烯塑料、聚甲基丙烯酸甲脂塑料等都具有热塑性。

(2)缩合物塑料。凡是由两个或两个以上的不同分子化合,放出水或氨、氯化氢等简单的物质而生成一种与原来分子完全不同的化学反应物称为缩合物,如有机硅塑料、酚醛塑料和聚酯塑料等。

### 2. 按树脂在受热时所发生的不同变化分类

(1)热塑性塑料。塑料在受热时软化并熔融,冷却后固结成型,但是可以反复加热进行重新塑制。如聚氯乙烯塑料、聚苯乙烯塑料和聚酰胺塑料就属此类。

(2)热固性塑料。这种塑料在受热时能软化,并有部分被熔融,冷却后变成不溶性固体塑料。该种塑料成型后不能再度加热软化,只能塑制一次。如酚醛树脂、脲醛树脂和不饱和聚酯树脂等即属此类。

### 3. 按塑料成型方法分类

(1)压缩塑料。凡是以热塑性树脂和填料为基料配制而成的一种纤维状或粉状的半成品,然后由使用单位(厂家、用户)利用压缩的方法而制成的不同制品或塑料零件均称为压缩塑料。

(2)层压塑料。凡是将玻璃布、棉布或纸等片状材料,经合成树脂浸渍后,用层压法压制而成的一种层状塑料称为层压塑料,如玻璃胶布板、胶布板和胶纸板等。

(3)注射、挤出和吹塑塑料。一般指能在料筒温度下熔融、流动,在模具中迅速硬化的树脂混合料,如一般热塑性塑料。

(4)浇铸塑料。浇铸塑料是指能在无压或稍加压力的情况下,倾注于模具中能硬化成一定形状制品的液态树脂混合料。

(5)反应注射模塑料。反应注射模塑料是指液态原材料加压注入模腔内,使其反应固化制得成品。

#### 4. 按塑料使用性能分类

(1)通用塑料。塑料的产量高,价格便宜,用途广泛。

(2)工程塑料。塑料制品强度较高,并具有一些特殊性能的聚合物,用来加工机械零部件、工程结构件及化工设备等。

(3)特殊塑料。具有特种功能(如耐热、自润滑等),应用于特殊要求的塑料。

### 三、塑料的主要技术性能

#### 1. 装饰性好

塑料加工技术可以将塑料加工成装饰性优良的各种装饰制品。塑料可以着色,不需要涂装,且色彩可永久保持不褪;塑料可以利用印花和压花的技术制作精美的装饰图案,模仿木纹、天然大理石花纹十分逼真,能满足装饰设计人员的想像力和创造性。在塑料制品表面压花可显示出立体感,增强了环境的变化。对塑料制品进行电镀和烫金等装饰处理,更能显现出高雅豪华的氛围。

#### 2. 质量轻、多功能性

塑料的密度为 $80\sim220kg/m^3$,仅相当于钢材的 $1/8\sim1/4$,混凝土的 $1/3$。用塑料制品作为建筑工程或装饰装修材料,不仅可以减轻建筑物的自重,同时可以减轻操作者的劳动强度。

塑料种类繁多,只要配方一经改变,某一种性能的塑料就随之生产出来,因此,用塑料可以加工出具有各种特定性能的工程材料,且同一制品兼有多种性能,如既有装饰性,又有隔声性能和抗腐蚀性能等。

#### 3. 导热性和电绝缘性

塑料的导热系数小,约为金属的 $1/600\sim1/500$,是良好的绝热材料。塑料都是电的不良导体,绝缘性能良好。

#### 4. 热伸缩性

塑料的热膨胀系数大,比传统的材料要高出 $3\sim4$ 倍,所以在施工和使用塑料制品时要注意因其热应力的积累导致材料破坏,如一般塑料管道安装时在整个管道系统中要设有足够的伸缩节;用塑料作护板墙时,其连接固定应为柔性连接,以保证板材伸缩的自由。

### 5. 加工方便

塑料可塑性强,成型温度和压力容易控制,工序简单,设备利用率高,可以采用多种方法模塑成型,切削加工,生产成本低,适合大规模机械化生产,可制成各种薄膜、板材、管材、门窗及复杂的中空异型材等。

### 6. 化学稳定性良好

塑料对酸、碱、盐等化学品抗腐蚀能力要比金属和一些无机材料好,在空气中也不发生锈蚀,因此被大量应用于民用建筑上下水管材和管件,以及有酸碱等化学腐蚀的工业建筑中的门窗、地面及墙体等。

### 7. 经济性

使用塑料作为装饰材料不必涂装保护层或装饰层,且重量轻,安装、维修方便。

塑料属于节能材料,无论是从生产的耗能看,还是从使用过程的效果看,比一般传统的材料节能效果好。再者,塑料具有优良的加工性能,同其他材料相比,塑料可用各种方法加工成型,且生产效率高,尤其是截面形状比较复杂的异型材和各种复杂的模制品,如薄板、薄膜、管材和异型材等。

正是因为塑料具有上述优点,所以在建筑工程和装饰装修工程中塑料材料的使用越来越多,如建筑物中的内外墙板、地板、各种管材、增强结构、各种涂料和防水堵漏材料等。

## 四、常用塑料品种

### 1. 聚氯乙烯(PVC)

聚氯乙烯是由乙炔气与氯化氢合聚乙烯单体,再聚合而成。是一种多功能的塑料,通过配方的调整,可以生产出硬质和软质的塑料制品及轻质发泡的产品,如塑料壁纸、塑料地板、百叶窗、门窗框、楼梯扶手、屋面采光板和踢脚板等。

PVC制品的耐燃性较好,并具有自熄性,耐一般有机溶剂作用,但可溶于环乙酮和四氢呋喃等溶剂,利用这一性质,PVC制品可与上述溶剂黏接。硬质PVC制品的抗老化性能较好,机械性能好,但抗冲击性能较差。

### 2. 聚乙烯(PE)

聚乙烯属于热塑性塑料,按其生产方法不同有低压、中压和高压的3种。

低压聚乙烯塑料质地坚硬、耐低温(-70℃)性能较好,耐化学侵蚀性、电绝缘性、抗辐射性和耐水性能均好,适合用于机械工业的结构材料。

### 3. 聚苯乙烯(PS)

聚苯乙烯是由苯乙烯单体经聚合而成,是一种透明的无定型的热塑性塑料,透明性能仅次于有机玻璃,透光率可达88%～92%。这种塑料的主要优点是密度小、耐光、耐水、耐化学腐蚀性能好,尤其有较好的吸湿性和电绝缘性,易于染色和加工,缺点是脆性大、抗冲击性能差、耐热性差,耐热温度一般不超过80℃,故应用受到限制。

聚苯乙烯塑料产品主要有板材、泡沫塑料和模制品,也可以用它加工成具有特殊装饰效果的百叶窗等装饰制品。

### 4. 聚丙烯(PP)

在常用的塑料中,聚丙烯塑料的密度较小,约为900kg/m³,耐热性好,能耐100℃以上的高温作用,但耐低温性能差,低温使用温度仅为－20～－15℃,耐老化性能也较差,且有一定的脆性。

聚丙烯塑料多用来加工耐热和耐化学侵蚀的管材和卫生洁具等。

### 5. 不饱和聚酯树脂(UP)

不饱和聚酯树脂是一种热固性的塑料,它与其他热固性树脂不同之处是在成型时不需要高压,故又有低压成型树脂之称。

不饱和聚酯树脂耐有机溶剂作用能力强,但不耐浓酸和碱作用;耐热、隔热和隔声的性能好;能自燃,但也可以制成自熄性的制品。常温黏液态的不饱和聚酯树脂主要用来涂覆、浸渍纤维,制成层压材料,也可以作为人造大理石的胶结材料。用它加工成玻璃钢,广泛用于屋面采光材料、门窗框架和卫生洁具等。

### 6. ABS塑料

ABS塑料是一种改性的聚苯乙烯塑料,它是由丙烯腈、丁二烯、苯乙烯3组分组成,其中A代表丙烯腈,B代表丁二烯,S代表苯乙烯。

ABS是一种不透明的塑料,呈浅象牙色,表面硬度高,尺寸稳定,耐热、耐化学腐蚀、耐低温和抗冲击性能好,常用来制作具有美观花纹图案的塑料装饰板材,也可以代替木材加工成各种家具。

### 7. 有机玻璃(PMMA)

有机玻璃的化学名称是聚甲基丙烯酸甲酯,是一种透光率最高的塑料产品,能透过92%以上的太阳光,因此,可以代替玻璃,且不易碎,但表面硬度比玻璃低,容易划伤;在低温环境中有较高的抗冲击性能,坚韧且有弹性,耐水、耐老化性能也较好。

有机玻璃多用来制作各种彩色玻璃、管材、板材、室内隔断和浴缸等装饰制品,也可以用来制作广告牌。

### 8. 环氧树脂(EP)

环氧树脂也是一种热固性树脂,未固化时为高黏度的液体或脆性固体,易溶解于二甲苯和丙酮等溶剂,加入固化剂后,可在高温或室温下固化。室温固化剂一般为乙烯多胺,如二乙烯三胺、三乙烯四胺;高温固化剂为邻二甲酸酐和液体酸酐等。

环氧树脂最突出的特点是与各种材料都有很强的黏结力,所以在建筑工程施工中常用来作胶粘剂。

9. 聚氨酯树脂(PU)

聚氨酯树脂是一种性能优良的热固性树脂,它可以制成单组分或双组分的涂料、泡沫塑料和黏结剂。根据组分不同,PU可以是软质的,也可以是硬质的。PU树脂的耐热性、耐老化性和机械性能等都优于PVC树脂,作为建筑涂料使用,其耐磨性、抗污染和耐老化性能都是较理想的。

10. 玻璃纤维增强塑料(GRP)

玻璃纤维增强塑料又称玻璃钢,它是用玻璃纤维制品,如布、纱、短切纤维、毡和无纺布等,与增强不饱和聚酯树脂或环氧树脂等复合而得到的一类热固性塑料制品。这种塑料制品,通过玻璃纤维的增强而得以提高机械强度,其比强度可以高于钢材。

## 五、塑料门窗

塑料门窗即采用U-PVC塑料型材制作而成的门窗。塑料门窗具有抗风、防水、保温等良好特性。

1. 塑料门窗的性能

塑料门窗有许多优异的性能,主要表现在以下几个方面:

(1) 力学性能

塑料门窗的建筑力学性能指标比较多,其中最主要的是抗风压。抗风压主要是指在强风吹袭下,门窗为抵抗风压而产生弯曲变形的能力。

(2) 耐候性能

自然老化20年的聚氯乙烯窗材表面降解层的厚度为0.1~0.2mm;在外观上出现粉化变色的现象;力学强度有所降低。但降解层的厚度对整个窗型材的厚度来说微乎其微,并且降解在达到这个厚度时不再继续进行。力学强度虽然有所降低,但其指标仍能满足大多数国家标准中的规定,不影响塑料门窗的正常使用功能。

(3) 保温性能

聚氯乙烯的热导率很低,相同面积的塑料门窗比金属门窗的保温隔热效果要好。

(4) 密封性能

1) 空气渗透与雨水渗漏。由于塑料门窗尺寸加工精度高，框扇搭接处设计精巧，缝隙处装有弹性密封条，所以防雨水渗漏、空气渗透都比较理想。

2) 隔声与防尘。由于型材的多腔室结构，加上密封性好，其隔声效果有所改善，但效果甚微。要想达到理想的隔声效果，最好采用隔声玻璃或双层玻璃。

(5) 腐蚀性能

塑料门窗的材质有极好的化学稳定性和耐腐蚀性，不受任何酸、碱、药品、盐雾和雨水的侵蚀，也不会因潮湿或雨水的浸泡而溶胀变形。

(6) 燃烧性能

硬聚氯乙烯骤燃温度为400℃，自燃温度为450℃，氧指数高达50。因此，它具有不自燃、不助燃、燃烧后能自熄的性能。

(7) 热性能

聚氯乙烯材料的线膨胀系数较大，其热变形温度较低，因此不宜用于长期高温高热的工业环境。

(8) 装饰性能

塑料门窗材质细腻，表面光洁，质感舒适；色泽柔和，浓淡相宜，无需油漆，可随意配合建筑物的外观调配颜色。门窗如有污渍，可用任何家用清洁剂清洗。

### 2. 塑料门窗的分类

(1) 按结构形式分类

1) 塑料门的品种。塑料门按其结构形式分为镶板门、框板门和折叠门；按其开启方式分为平开门、推拉门和固定门。

2) 塑料窗的品种。塑料窗按其结构形式分有固定窗、平开窗（包括内开窗、外开窗、滑轴平开窗）、推拉窗（包括上下推拉窗、左右推拉窗）、上旋窗、下旋窗、垂直滑动窗、垂直旋转窗等。

(2) 按材料不同分类

1) PVC塑料门窗。PVC塑料门窗主要指用未增塑聚氯乙烯（PVC）树脂为主原料，按比例加入光稳定剂、热稳定剂、改性剂、填充剂等多种助剂，通过机械混合塑化、挤出、成形为各种不同断面结构的型材，以成为窗杆件，通过对型材的切割，穿入增强型钢，焊接后装上五金件密封胶条、毛条、玻璃等成为成品窗，其规格和技术要求详见《塑料门窗及型材功能结构尺寸》(JG/T 176—2005)。

2) 玻璃纤维增强塑料（玻璃钢）门窗。玻璃纤维增强塑料门窗一般采用热固性不饱和树脂为基体材料，加入一定量矿物填料，以玻璃纤维无捻粗纱和其他织物为增强材料，拉挤时，经模具加热固化成形，作为门窗框杆件，其规格和技术要求详见《玻璃纤维增强塑料（玻璃钢）门》(JG/T 185—2006)、《玻璃纤维增强塑料(玻璃钢)窗》(JG/T 186—2006)。

3)工程塑料门窗。很多工程塑料都可以用来生产异型材,但只有那些基本具有的优良性能,在某些方面甚至超过,且能满足更高的要求,同时价格不是特别高的塑料才可能成为可选择的材料。目前门窗使用较多的工程塑料是 ABS 和 ASA。

4)塑钢门窗。塑钢门窗是以聚氯乙烯树脂为主原料,加上一定比例的内外润滑剂、光稳定剂、改性剂、着色剂、填充剂等辅助剂混合溶化后,经挤出加工成空腔塑料型材,然后通过切割焊接的方式加工成门窗框扇,装配上玻璃、橡胶密封条、毛条、五金件等附件制作成的。型腔内用安装增强型钢的方法,来增强门窗的刚性,故称之为塑钢门窗。

## 六、塑料管材

塑料管材代替铸铁管和镀锌钢管,具有重量轻、水流阻力小、不结垢、安装使用方便、耐腐蚀性好、使用寿命长等优点。并且生产、使用能耗低。被大量应用于建筑工程中。

### 1. 塑料管的特点

(1)质量轻。管道运输费用及施工时的劳动强度大大降低。

(2)耐腐蚀性能好。塑料管能耐多种酸碱等腐蚀性介质,不易锈蚀,作为给水管,不易发黄。

(3)流动阻力小。塑料管内壁光滑,不易结垢或生苔,在同样的水压力下,塑料管内的流量比铸铁管中的高 30%,且塑料排水管不易阻塞,疏通较容易。

(4)节能。塑料的加工成形温度较低。塑料管的保温效果大大高于金属管道,在输送热水管道方面保温效果良好。

(5)有装饰效果。塑料管可以着色,外表光洁,起一定装饰作用。

(6)安装方便。塑料管连接方便灵活,溶剂连接的承插式操作十分简单,橡胶密封圈连接也不必绞螺纹,安装速度快。

但塑料管也存在一些缺点,使其应用受到一定的限制:

(1)耐热性差。除玻璃钢管材外,大多数塑料管,如聚氯乙烯、聚乙烯、聚丙烯等都是热塑性塑料,使用时应避免高温,否则会造成管道变形、泄漏。

(2)热膨胀系数大。塑料的冷热收缩大,因此在管道系统设计时应考虑安装较多的伸缩接头,留有余地。

(3)抗冲击性能较低。有些塑料管如硬质聚氯乙烯的抗冲击性能不及金属管,受到撞击时容易破裂,使用时应避免冲击。

## 2. 分类

(1)按用途分类

1)排水管。包括建筑排水管(室内下水管)和埋地排水管(室外排水管)。

2)给水管(供水管)。包括室外给水管(城乡供水管)和建筑给水管(室内冷热水管)。

3)其他。输气管(燃气管)、雨落管(建筑雨水管)和电工套管(如穿线管、通信护套管、埋地输电线套管等)。

(2)按材料分类

建筑用塑料管材按材料不同可以分为硬聚氯乙烯(PVC-U)管、软聚氯乙烯(PVC-S)管、氯化聚氯乙烯(CPVC)管、聚丙烯(PP)塑料管、无规共聚聚丙烯(PP-R)塑料管;铝－塑复合管材,铜－塑复合管材,不锈钢－塑料复合管材等。

(3)按形状或结构分类

建筑用塑料管材按形状或结构可以分为单层塑料管(包括非圆形管),多层塑料管(包括芯层发泡管、多层复合管),波纹管(包括中层、双层、三层管),缠绕成形管,衬塑、涂塑或复塑金属管,夹泡沫塑料的金属塑料复合管,玻璃钢管,纤维增强塑料软管等。

## 3. 常用塑料管材

(1)硬聚氯乙烯管材

聚氯乙烯是由乙炔气体和氯化氢合成氯乙烯,再聚合而成。具有较高的机械强度和较好的耐腐蚀性。

硬聚氯乙烯管材具有以下性质:

1)热性质。随着温度的升高,硬聚氯乙烯管的强度直线下降;温度降低时,硬聚氯乙烯管的耐冲击强度降低。因此,Ⅰ型硬聚氯乙烯管的使用不宜超过60℃。在低温使用时,硬聚氯乙烯管要避免受冲击。

2)耐化学腐蚀性。硬聚氯乙烯管有良好的耐化学腐蚀性能,如耐酸、碱、盐雾等;在耐油性能方面超过碳素钢,在耐低浓度酸性能方面也超过不锈钢和青铜,且不受土壤和水质的影响。但硬聚氯乙烯管不耐酯和酮类以及含氯芳香族液体的腐蚀。

3)耐久性。它铺设在地下时,不受潮湿、水分和土壤酸碱度的影响,不导电,对电介质腐蚀不敏感。硬聚氯乙烯管在不同的使用条件下,寿命可达20~50年。

4)力学性能。硬聚氯乙烯管具有较好的抗拉和抗压强度,但其柔韧性不如其他塑料管,其强度不如钢管,因此,在要求耐冲击的环境中,一般采用改性耐冲击的硬聚氯乙烯管。

5)阻燃性。由于聚氯乙烯本身难燃,硬管配方中包含相当数量的无机物填料和增韧聚合物或含氯、磷、溴的增塑剂,它们能起阻燃作用。因此,硬聚氯乙烯管具有自熄性能。

硬聚氯乙烯管材广泛适用于化工、造纸、电子、仪表、石油等工业的防腐蚀流体介质的输送管道(但不能用于输送芳烃、脂烃、芳烃的卤素衍生物,酮类及浓硝酸等农业上的排灌类管),建筑、船舶、车辆扶手及电线电缆的保护套管等。

(2)聚丙烯塑料管

聚丙烯塑料管以聚丙烯树脂为原料,加入适量的稳定剂,经挤出成形加工而成。用于建筑排水管的有普通聚丙烯管、高填充聚丙烯管和改性聚丙烯管。其特点是无毒、耐化学腐蚀、密度小、强度和耐热性比聚乙烯好。其致命弱点是耐候性差,特别不耐紫外光,因而聚丙烯排水管只能用于室内或地下掩埋,以避免阳光直照。

聚丙烯管多用作化学废料排放管、化验室废水管、盐水处理管及盐水管道。也常用于灌溉、水处理及农村供水系统。

(3)无规共聚聚丙烯(PP-R)塑料管

聚丙烯可分为均聚丙烯和共聚聚丙烯,共聚聚丙烯又分为分嵌段共聚聚丙烯和无规共聚聚丙烯,又称三型聚丙烯,是主链上无规则地分布着丙烯及其他共聚单体链段的共聚物。在原料生产、制品加工、使用及废弃全过程均不会对人体及环境造成不利影响,与交联聚乙烯管材同被称为绿色建筑材料。

PP-R 管除具有一般塑料管材质量轻、强度好、耐腐蚀、使用寿命长等优点外,还具有无毒卫生、耐热保温、连接安装简单可靠、弹性好、防冻裂、环保等特点。

聚丙烯塑料管适用于化工、石油、电子、医药、饮食等行业及各种民用建筑输送流体介质,也可作自来水管、农用排灌、喷灌管道及电器绝缘套管之用。

(4)聚丁烯管(PB)

PB 树脂是用 1-丁烯合成得到高分子聚合物,是一种等规度稍低于聚丙烯的等规聚合物。它既有聚乙烯的抗冲击韧性,又有高于聚丙烯的耐应力开裂性和出色的耐蠕变性能,并稍带橡胶的特性,且能长期承受屈服强度 90% 的应力。

聚丁烯管具有耐热、抗冻、柔软性好、隔温性好、绝缘性能较好、耐腐蚀、环保、经济等优点。适宜输送热水,温度可高达 90~110℃,特别适用于薄壁小口径的压力管道,如地板辐射采暖系统所用的盘管,也可以用于一般冷、热水输送的管道。

(5)交联聚乙烯管(PEX)

交联聚乙烯是通过化学方法或物理方法将聚乙烯分子的平面链状结构改变为三维网状结构,使其具有优良的理化性能。

交联聚乙烯管的主要特点:使用温度范围宽,可以在－70～95℃下长期使用;质地坚实而且抗内压强度高;不生锈,耐化学品腐蚀性很好;管材内壁的张力低,使表面张力较高的水难以浸润内壁,可以有效地防止水垢的形成;无毒性,不霉变,不滋生细菌;管材内壁光滑,流体流动阻力小;管材的热导率远低于金属管材,因此其隔热保温性能优良,用于供热系统时,不需保温,热能损失小;质量轻,搬运方便,安装简便。

最适合用于地热采暖系统的盘管,若用于分水器前的地热管需加避光护套。

(6)铝－塑复合管材

第一类复合管材:外层为聚乙烯塑料,中层为铝箔,内层为聚乙烯塑料,这种管材为常温使用型,即冷水管;第二类复合管材:外层为高密度交联聚乙烯,中层为铝箔,内层为高密度交联聚乙烯塑料,这种管材为热水管,冷水也可以使用。

热水管长期使用温度为80℃,短时最高温度可达95℃,且不结垢、安全无毒、流量大、阻力小、耐腐蚀。铝箔增强克服了塑料管易老化、热膨胀率高的缺点。铝箔的焊接方式有搭接、对接两种,后者优于前者,且使用寿命长,柔性好,弯曲后不反弹,安装容易。

铝－塑复合管材分明装和暗装两种,多用于冷、热饮用水和工业用水的输送。

(7)铜－塑复合管材

铜－塑复合管材也有两种产品,第一种内层为纯度99.9%的无缝紫铜管,外层套齿形高密度聚乙烯保温层;第二种内层为纯度99.9%的无缝紫铜管,外层套发泡的高密度聚乙烯塑料保温层。

铜－塑复合管材的强度高、刚性好、无毒、不腐蚀、流量大、水质好且不结垢。耐热抗冻性能好,长期使用温度范围大(－70～100℃),抗老化性能好,管线间连接牢固、不渗漏,管材使用寿命长,但价格较高。多用于饮用水及冷、热水的输送管道中的管材。

## 七、其他塑料制品

### 1. 塑料墙纸

塑料壁纸是以一定材料为基材,表面进行涂塑后,再经过印花、压花或发泡处理等多种工艺而制成的一种墙面装饰材料。

一般壁纸都是由两层复合而成的,底层为基层,表层为面层。按基层材料分有全塑的、纸基的、布基的(包括玻璃布和无纺布)。

(1)塑料壁纸(墙纸)。塑料壁纸是目前发展迅速,应用最广泛的壁纸。可分为 3 大类:普通壁纸、发泡壁纸和特种壁纸。

(2)壁布(墙布)。壁布是指以天然纤维布或人造纤维布为基层,面层涂以树脂并印刷各种图案和色彩的装饰材料,有玻纤印花墙布、无纺布墙布、棉纺装饰布墙布、化纤装饰布墙布、锦缎墙布等。

### 2. 塑料地板

塑料地面装饰材料的品种多、图案美观大方、品种多样,如仿木纹、仿天然大理石、花岗石材的纹理,其质感可以达到以假乱真,满足人们崇尚大自然美的装饰要求;作为地面装饰材料,塑料的材性好,如抗腐蚀、抗磨损和耐潮、耐水性好等,能满足使用要求;再有,塑料地面的脚感好,特别是塑料地面卷材,柔性和弹性都好,站立和行走其上脚感舒适,克服了传统地面装饰材料的硬、冷、灰的缺陷,同石材、陶瓷板块地面相比,不打滑,冬季没有冰冷的感觉。与木质板材地面相比,隔声性好,且污染后易清洁;还有,塑料地面装饰材料可以组织大规模的自动化生产,且生产效率高、成本低、质量稳定、施工简便、速度快,并且维修更新方便。

塑料地板的种类很多。按外观形状分有卷状和块状两种。塑料地板卷材按幅供货,具有施工简便和效率高的优点;塑料地板块材,可以拼接成各种不同的图案。

按塑料地板的性能不同,可以分为硬质、半硬质和软质 3 种。硬质塑料地板又称为塑料地板砖,使用效果较差,近年来应用较少;半硬质塑料地板的耐热性和尺寸的稳定性能较好,价格也较低;软质塑料地板具有较高的弹性,故又有弹性塑料地板之称。软质塑料地板的铺覆性能好,并具有一定的绝热和吸声的功能,一般块状塑料地板半硬质塑料和软质塑料两种都有,而卷材塑料地板都为软质塑料。

### 3. 塑料装饰板

塑料装饰板主要用护墙板、屋面板和平顶板。其质量轻,能降低建筑物的自重。例如,塑料贴面装饰板,是以印有各种色彩、图案的纸为胎,浸渍三聚氰胺树脂和酚醛树脂,再经热压制成的可覆盖于各种基材上的一种装饰贴面材料,有镜面型和柔光型两种。产品具有图案、色调丰富多彩,耐湿,耐磨,耐烫,耐燃烧,耐一般酸、碱、油脂及酒精等溶剂的侵蚀,表面平整,极易清洗的特点。适用于各种建筑室内和家具的装饰装修。

此外,还有聚氯乙烯塑料装饰板、硬质聚氯乙烯透明板、覆塑装饰板、玻璃钢装饰板、钙塑泡沫装饰吸声板等。

# 第十一章 绝热、吸声材料

## 第一节 绝热材料概述

建筑工程中应用的保温隔热材料又叫绝热材料,是一种轻质、疏松的多孔或纤维类的材料,主要用在建筑物的墙体及屋面保温工程。绝热材料的应用,不仅能防止建筑物内的热量流失,同时也能阻止外界热量的侵入,使建筑内部环境变得冬暖夏凉。另外,合理地使用绝热材料,还可以减少围护结构的厚度,减轻建筑物的自重,节省建筑材料,减少运输费用,从而降低建筑物的造价。

### 一、绝热材料作用机理

传热是指热量从高温区向低温区的自发流动,是一种由于温差引起的能量转移。热量传递的3种方式有:传导、对流和辐射。传导是指热量由高温物体流向低温物体或者由物体的高温部分流向低温部分,由物体内各部分直接接触的物质质点(分子、原子、自由电子等)做热运动来完成;对流是指液体或气体通过循环流动传递热量的方式;辐射是靠电磁波辐射实现热量在冷热物体间传递的过程,是一种非接触式传热,在真空中也能进行。在建筑热工设计时通常主要考虑热传导。材料的导热能力用导热系数来表示。一般把导热系数 $\lambda < 0.23\text{W}/(\text{m} \cdot \text{K})$[即 $0.20\text{kcal}/(\text{m} \cdot \text{h} \cdot \text{℃})$]的材料称为绝热材料。导热系数是指单位厚度的材料,当两相对侧面温差为1K时,在单位时间内通过单位面积的热量。计算如下式(11-1):

$$\lambda = Q\delta/A(T1-T2) \tag{11-1}$$

式中:$\lambda$——导热系数[$\text{W}/(\text{m} \cdot \text{K})$];

$Q$——热流量(W);

$\delta$——沿热流方向的厚度(m);

$A$——导热面积($\text{m}^2$);

$T1$——热面温度(K);

$T2$——冷面温度(K)。

## 二、影响绝热材料性能的因素

### 1. 材料的组成

材料的导热系数受自身物质的化学组成和分子结构影响。化学组成和分子结构简单的物质比结构复杂的物质导热系数大。一般说来,导热系数值以金属最大,非金属次之,液体较小,而气体更小。对于同一种材料,内部结构不同,导热系数也差别很大。一般结晶结构的为最大,微晶体结构的次之,玻璃体结构的最小。但对于多孔的绝热材料来说,由于孔隙率高,气体(空气)对导热系数的影响起着主要作用,而固体部分的结构无论是晶态或玻璃态对其影响都不大。

### 2. 表观密度与孔隙特征

表观密度小的材料,因其孔隙率大,导热系数就小。在孔隙率相同的条件下,孔隙尺寸愈大,导热系数就愈大;对于表观密度很小的材料,特别是纤维状材料(如超细玻璃纤维),当其表观密度低于某一极限值时,导热系数反而会增大,这是由于孔隙增大且互相连通的孔隙大大增多,而使对流作用加强的结果。因此这类材料存在一最佳表观密度,即在这个表观密度时导热系数最小。

### 3. 温度、湿度

当材料受潮后,由于孔隙中增加了水蒸气的扩散和水分子的热传导作用,致使材料导热系数增大;而当材料受冻后,水变成冰,其导热系数将更大,因为冰的导热系数约为空气的导热系数的80倍。因此绝热材料在使用时切忌受潮受冻。当温度升高时,材料的导热系数增大。

### 4. 热流方向

对于各向异性材料,如木材等纤维质材料,当热流平行于纤维方向时,热流受到的阻力小;而热流垂直于纤维方向时,受到的阻力就大。

# 第二节 有机绝热材料

## 一、泡沫塑料

泡沫塑料是以各种树脂为基料,加入少量的发泡剂、催化剂、稳定剂以及其他辅助材料,经加热发泡而成的一种轻质、保温、隔热、防振材料。这类材料具有表观密度小、导热系数低、防振、耐腐蚀、耐霉变、施工性能好等优点,已广泛用于建筑保温、管道设备、冰箱冷藏、减振包装等领域。

泡沫塑料按其泡孔结构可分为闭孔和开孔泡沫塑料。所谓闭孔是指泡孔被泡孔壁完全围住,因而与其他泡孔互不连通,这种泡孔结构对绝热有利;而开孔则是泡孔没有被泡孔壁完全围住,因而与其他泡孔或外界相互连通。

按表观密度可以分为低发泡、中发泡和高发泡泡沫塑料,其中前者表观密度$>0.04g/cm^3$,后者$<0.01g/cm^3$,中发泡泡沫塑料介于两者之间。

按柔韧性可以分为软质、硬质和半硬质泡沫塑料。

目前,常见的用于绝热的泡沫塑料有聚苯乙烯泡沫塑料、聚氨酯泡沫塑料、柔性泡沫橡塑、酚醛泡沫塑料等。

**1. 聚苯乙烯泡沫塑料**

聚苯乙烯泡沫塑料是以聚苯乙烯树脂或其共聚物为主要成分的泡沫塑料。

按成型的工艺不同可以分为模塑聚苯乙烯泡沫塑料和挤塑聚苯乙烯泡沫塑料。

(1)模塑聚苯乙烯泡沫塑料

模塑聚苯乙烯泡沫塑料是指可发性聚苯乙烯泡沫塑料粒子经加热预发泡后,在模具中加热成型而制得的具有闭孔结构的硬质泡沫塑料。

模塑聚苯乙烯根据不同的表观密度可以分为Ⅰ(表观密度$\geqslant 15.0kg/m^3$)、Ⅱ(表观密度$\geqslant 20.0kg/m^3$)、Ⅲ(表观密度$\geqslant 30.0kg/m^3$)、Ⅳ(表观密度$\geqslant 40.0kg/m^3$)、Ⅴ(表观密度$\geqslant 50.0kg/m^3$)、Ⅵ类(表观密度$\geqslant 60.0kg/m^3$)。不同表观密度的材料应用的场合也是不相同的。Ⅰ类产品应用于夹芯材料(金属面聚苯乙烯夹芯板等)、墙体保温材料,不承受负荷。特别是用于外墙外保温系统的模塑聚苯乙烯泡沫塑料的表观密度范围为$18.0\sim 22.0kg/m^3$。Ⅱ类产品用于地板下面隔热材料,承受较小的负荷。Ⅲ类材料常用于停车平台的隔热。Ⅳ、Ⅴ、Ⅵ类常用于冷库铺地材料、公路地基等。

对于膨胀聚苯板薄抹灰外墙外保温系统中使用的模塑聚苯乙烯泡沫塑料(也称膨胀聚苯板),由于使用在墙体保温,对产品的外观尺寸和性能除了符合以上模塑聚苯乙烯泡沫塑料的性能要求外,还应根据外墙保温的特点对产品有新的性能要求。

(2)挤塑聚苯乙烯泡沫塑料

挤塑聚苯乙烯泡沫塑料是以聚苯乙烯树脂或其共聚物为主要成分,添加少量添加剂,通过加热挤塑成型而制得的具有闭孔结构的硬质泡沫塑料。

挤塑聚苯乙烯泡沫塑料较多地应用于屋面的保温,也可用于墙体、地面的保温隔热。

挤塑聚苯乙烯泡沫塑料按强度和有无表皮分类。带表皮按抗压强度值分为150kPa、200kPa、250kPa、300kPa、350kPa、400kPa、450kPa、500kPa;无表皮按抗压强度值分为200kPa和300kPa。

### 2. 硬质聚氨酯泡沫塑料

聚氨酯（PU）泡沫塑料是以含有羟基的聚醚树脂或聚酯树脂与异氰酸酯反应生成的聚氨基甲酸酯为主体，以异氰酸酯与水反应生成的二氧化碳（或以低沸点氟碳化合物）为发泡剂制成的一类泡沫塑料。用于绝热材料的主要是硬质聚氨酯泡沫塑料，其具有很低的导热系数，节能效果显著，同时具有较高的强度和黏结性。

聚氨酯按所用原料可以分为聚酯型和聚醚型两种；按其发泡方式可以分为喷涂和模塑等类型。硬质聚氨酯泡沫塑料在建筑工程中主要应用于制作各种房屋构件和聚氨酯夹芯彩钢板，起到隔热保温的效果。现在也可以用喷涂法直接在外墙上喷涂，形成聚氨酯外墙外保温系统。在城市集中供热管线，也可采用它来作保温层。在石油、化工领域可以用作管道和设备的保温和保冷。在航空工业中作为机翼、机尾的填充支撑材料。在汽车工业中可以用作冷藏车的隔热保冷材料等。

建筑隔热用硬质聚氨酯泡沫塑料按使用状况可分为Ⅰ类和Ⅱ类。Ⅰ类用于非承载，如屋顶、地板下隔层等；Ⅱ类用于承载，如衬填材料等。

硬质聚氨酯泡沫塑料本身属于可燃物质，但添加阻燃剂和发泡剂等制成的阻燃泡沫具有良好的防柔性泡沫橡塑。

### 3. 柔性泡沫橡塑

柔性泡沫橡塑绝热制品是以天然或合成橡胶和其他有机高分子材料的共混体为基材，加各种添加剂、阻燃剂、稳定剂、硫化促进剂等，经混炼、挤出、发泡和冷却定型加工而成的具有闭孔结构的柔性绝热制品。

柔性泡沫橡塑制品按表观密度分为Ⅰ类和Ⅱ类。其部分物理性能见表11-1。火性能能达到离火自行熄灭的要求。

表 11-1 柔性泡沫塑料物理性能指标

| 项目 | 单位 | 性能指标 | |
|---|---|---|---|
| | | Ⅰ类 | Ⅱ类 |
| 表观密度 | kg/m³ | ≤95 | |
| 燃烧性能 | — | 氧指数≥32% 且烟密度≤75 当用于建筑领域时，制品燃烧性能应不低于 GB 8624—2006C 级 | 氧指数≥26% |

(续)

| 项目 | | 单位 | 性能指标 | |
|---|---|---|---|---|
| | | | Ⅰ类 | Ⅱ类 |
| 导热系数 | −20℃(平均温度) | W/(m·K) | ≤0.034 | |
| | 0℃(平均温度) | | ≤0.036 | |
| | 40℃(平均温度) | | ≤0.041 | |
| 透湿性能 | 透湿系数 | g/(m·s·Pa) | ≤1.3×10$^{-10}$ | |
| | 湿阻因子 | | ≥1.5×10$^3$ | |
| 真空吸水率 | | % | ≤10 | |
| 尺寸稳定性<br>(105±3)℃,7d | | % | ≤10.0 | |
| 压纹回弹率<br>压缩率50%,压缩时间72d | | % | ≥70 | |
| 抗老化性<br>150h | | — | 轻微起皱,无裂纹,无针孔,不变形 | |

### 4. 其他有机泡孔绝热材料产品

(1) 酚醛泡沫塑料

酚醛泡沫塑料是热固性(或热塑性)酚醛树脂在发泡剂(如甲醇等)的作用下发泡并在固化剂(硫酸、盐酸等)作用下交联、固化而生成的一种硬质热固性泡沫塑料。

酚醛泡沫具有密度低、导热系数低、耐热、防火性能好等特点,应用于建筑行业屋顶、墙体的保温、隔热,中央空调系统的保温。还较多应用于船舶建造业、石油化工管道设备的保温。

(2) 聚乙烯泡沫塑料

聚乙烯泡沫塑料是以聚乙烯为主要原料,加入交联剂(甲基丙烯酸甲酯等)、发泡剂(AC等)、稳定剂等一次成型加工而成的泡沫塑料。

一般用于绝热材料应选45倍发泡倍率的聚乙烯泡沫塑料。其具有较好的绝热性能、较低的吸水率、耐低温,可应用于汽车顶棚、冷库、建筑物顶棚、空调系统等部位的保温、保冷。

## 二、植物纤维类绝热板

以植物纤维为主要成分的板材,常用做绝热材料,包括各种软质纤维板。

1. 软木板

软木板是用树皮为原料,经破碎后与皮胶溶液拌和,加压成型。软木板具有密度低、可压缩、有弹性、不透气、隔水、防潮、耐油、耐酸、减振、隔音、隔热、阻燃、绝缘、耐磨等一系列特性。加之软木板又有防霉、保温、吸音、静音的特点,应用比较广泛。

2. 蜂窝板

蜂窝板是由两块较薄的面板,牢固地粘结在一层较厚的蜂窝状芯材两面而制成的板材,亦称蜂窝夹层结构。此外,蜂窝板也指将大量的截止波导焊接在一起,构成截止波导阵列,形成很大的开口面积,同时能够防止电磁波泄露的面板。蜂窝板的特点是强度大、导热系数小、抗震性好,可以制成轻质高强的结构用板材,也可以制成绝热性能良好的非结构用板材和隔声材料。

### 三、有机泡孔绝热材料储存

有机泡孔绝热材料一般可用塑料袋或塑料捆扎带包装。由于是有机材料,在运输中应远离火源、热源和化学药品,以防止产品变形、损坏。产品堆放在施工现场时,应放在干燥通风处,能够避免日光暴晒,风吹雨淋,也不能靠近火源、热源和化学药品,一般在70℃以上,泡沫塑料产品会产生软化、变形甚至熔融的现象,对于柔性泡沫橡塑产品,温度不宜超过105℃。产品堆放时也不可受到重压和其他机械损伤。

## 第三节　无机绝热材料

### 一、无机纤维状绝热材料

无机纤维状绝热材料是指天然的或人造的以无机矿物为基本成分的一类纤维材料。这类绝热材料主要包括岩棉、矿渣棉、玻璃棉以及硅酸铝棉等人造无机纤维状材料。该类材料在外观上具有相同的纤维形态和结构,性能上有密度低、导热系数小、不燃烧、耐腐蚀、化学稳定性强等优点。因此这类材料广泛地用作建筑物的保温、隔热,工业管道、窑炉和各种热工设备的保温、保冷和隔热。

1. 岩棉、矿渣棉及其制品

矿岩棉是石油化工、建筑等其他工业部门中对作为绝热保温的岩棉和矿渣棉等一类无机纤维状绝热材料的总称。

岩棉是以天然岩石如玄武岩、安山岩、辉绿岩等为基本原料,经熔化、纤维化而制成的人造纤维状材料。矿渣棉是以工业矿渣如高炉矿渣、粉煤灰等为主要原料,经过重熔、纤维化而制成的。

岩棉、矿渣棉及其制品的性质应符合《绝热用岩棉、矿渣棉及其制品》(GB/T 11835—2007)要求。这类材料耐高温、导热系数小、不燃、耐腐蚀、化学稳定性强,已广泛地应用于石油、化工、电力、冶金、国防等行业;还大量应用在建筑物中起到隔热的效果。岩棉、矿渣棉制品一般按制品形式可以分为板和毡。

## 2. 玻璃棉及其制品

玻璃棉是采用天然矿石如石英砂、白云石、石蜡等,配以其他化工原料,在熔融状态下借助外力拉制、吹制或甩成极细的纤维状材料。目前,玻璃棉的生产工艺主要以离心喷吹法为主,其次是火焰法。

玻璃棉制品是在玻璃棉纤维中,加入一定量的胶粘剂和其他添加剂,经固化、切割、贴面等工序而制成。

玻璃棉及其制品被广泛地应用于国防、石油化工、建筑、冶金、冷藏、交通运输等工业部门。是各种管道、贮罐、锅炉、热交换器、风机和车船等工业设备、交通运输和各种建筑物的优良保温、绝热、隔冷材料。

玻璃棉制品按成型工艺分为:a. 火焰法;b. 离心法。所谓火焰法是将熔融玻璃制成玻璃球、棒或块状物,使其再二次熔化,然后拉丝并经火焰喷吹成棉。离心法是对粉状玻璃原料进行熔化,然后借助离心力使熔融玻璃直接制成玻璃棉。

玻璃棉制品按产品的形态可分为玻璃棉、玻璃棉板、玻璃棉毡、玻璃棉带、玻璃棉毯和玻璃棉管壳。用于建筑物隔热的玻璃棉制品主要为玻璃棉毡和玻璃棉板,在板、毡的表面可贴外覆层如铝箔、牛皮纸等材料。

产品的外观要求表面平整,不能有妨碍使用的伤痕、污痕、破损,树脂分布基本均匀。制品若有外覆层,外覆层与基材的黏结应平整牢固。

玻璃棉的主要技术性能见表11-2。

表 11-2 玻璃棉主要物理性能

| 玻璃棉种类 | | 纤维平均直径(mm) | 渣球含量(%),料径大于0.25mm | 导热系数 [平均温度 $70^{+5}_{-5}$ ℃, W/(m·K)] | 热荷重收缩温度(℃) |
|---|---|---|---|---|---|
| 火焰法 | 1n | ≤5.0 | ≤1.0 | ≤0.041 | |
| | 2n | ≤8.0 | ≤4.0 | ≤0.042 | ≥400 |
| 离心法(b) | | ≤8.0 | ≤0.3 | ≤0.042 | |

注:a 表示火焰法;b 表示离心法。

### 3. 硅酸铝棉及其制品

硅酸铝纤维,又称耐火纤维。硅酸铝制品(板、毡、管壳)是在硅酸铝纤维中添加一定的黏结剂制成的。硅酸铝棉针刺毯是用针刺方法,使其纤维相互勾织,制成的柔性平面制品。硅酸棉制品具有轻质、理化性能稳定、耐高温、导热系数低、耐酸碱、耐腐蚀、机械性能和填充性能好等优良性能。目前硅酸铝棉及其制品主要应用于工业生产领域,在建筑领域内应用的不多,主要用作煤、油、气、电为能源的各种工业窑炉的内衬及隔热保温,还可以作耐热补强材料和高温过滤材料。作为内衬材料,可用作原子能反应堆、冶金炉、石油化工反应装置的绝热保温内衬。作绝热材料,可用于工业炉壁的填充、飞机喷气导管、喷气发动机及其他高温导管的绝热等。

硅酸铝棉按分类温度及化学成分的不同,分成5个类型,见表11-3。

表11-3 硅酸铝棉分类

| 型号 | 分类温度(℃) | 推荐使用温度(℃) | 型号 | 分类温度(℃) | 推荐使用温度(℃) |
|---|---|---|---|---|---|
| 1号(低温型) | 1000 | ≤800 | 4kgn(高铝型) | 1350 | ≤1200 |
| 2号(标准型) | 1200 | ≤1000 | 5号(含锆型) | 1400 | ≤1300 |
| 3号(高纯型) | 1250 | ≤1100 | | | |

不同型号的硅酸铝棉的化学成分也是各不相同的。产品质量的优劣和产品的化学成分(特别是 $Al_2O_3$ 和 $SiO_2$ 的含量)有关,若两者的含量不足就会导致产品耐高温等性能的降低。硅酸铝棉的主要物理性能和化学成分见表11-4。

表11-4 硅酸铝棉主要成分及性能

| 型号 | $w(Al_2O_3)$ | $w(Al_2O_3+SiO_2)$ | $w(Na_2O+K_2O)$ | $w(Fe_2O_3)$ | $w(Na_2O+K_2O+Fe_2O_3)$ |
|---|---|---|---|---|---|
| 1号 | ≥40 | ≥95 | ≤2.0 | ≤1.5 | <3.0 |
| 2号 | ≥45 | ≥96 | ≤0.5 | ≤1.2 | — |
| 3号 | ≥47 | ≥98 | ≤0.2 | ≤0.2 | |
| | ≥43 | ≥99 | ≤0.2 | ≤0.2 | |
| 4号 | ≥53 | ≥99 | ≤0.4 | ≤0.3 | — |
| 5号 | $w(Al_2O_3+SiO_2+ZrO_2)$≥99 | | ≤0.2 | ≤0.2 | $w(ZrO_2)$≥15 |
| 渣球含量(粒径大于0.21mm,%) | | | 导热系数[平均温度500℃±10℃,W/(m·K)] | | |
| ≤20.0 | | | ≤0.153 | | |

### 4. 无机纤维类绝热材料储存

无机纤维类绝热材料一般防水性能较差,一旦产品受潮、淋湿,则产品的物理性能特别是导热系数会变高,绝热效果变差。因此,这类产品在包装时应采用防潮包装材料,并且应在醒目位置注明"怕湿"等标志来警示其他人员。在运输时应采用干燥防雨的运输工具运输。

贮存在有顶的库房内,地上可以垫上木块等物品以防产品浸水,库房干燥、通风。堆放时还应注意不能把重物堆在产品上。

纤维状产品在堆放中若发生受潮、淋雨这类突发事件,应烘干产品后再使用。若产品完全变形不能使用,则应重新进货。

在进行保温施工中,要求被保温的表面干净、干燥;对易腐蚀的金属表面,可先作适当的防腐涂层。对大面积的保温,需加保温钉。对于有一定高度,垂直放置的保温层,要有定位销或支撑环,以防止在振动时滑落。

施工人员在施工时应戴好手套、口罩,以防止纤维扎手及粉尘的吸入。

## 二、无机多孔类绝热材料

无机多孔状绝热材料是指以具有绝热性能的低密度非金属颗粒状、粉末状材料为基料制成的硬质绝热材料。这类材料主要包括膨胀珍珠岩及其制品、硅酸钙制品、泡沫玻璃绝热制品、膨胀蛭石及其制品等。这类产品有较低的密度,较好的绝热性能,良好的力学性能,因此广泛地应用在建筑、石油管道、工业热工设备、工业窑炉、船舶等领域的保温、保冷。

### 1. 膨胀珍珠岩绝热制品

膨胀珍珠岩是一种多孔的颗粒状物料,是以珍珠岩矿石为原料,经过破碎、分级、预热、高温焙烧瞬时急剧加热膨胀而成的一种轻质、多功能材料。

膨胀珍珠岩制品是以膨胀珍珠岩为主,添加一定的粘结剂和增强纤维制成的。主要有水玻璃膨胀珍珠岩制品、水泥膨胀珍珠岩制品、沥青膨胀珍珠岩制品、超轻膨胀珍珠岩制品、憎水膨胀珍珠岩制品。

膨胀珍珠岩制品按密度分为200号、250号和350号;按用途可以分为建筑物用膨胀珍珠岩绝热制品和设备及管道、工业窑炉用膨胀珍珠岩绝热制品;按产品有无憎水性分为普通型和憎水型;按制品外形可分为平板、弧形板和管壳;按质量分为优等品和合格品。

膨胀珍珠岩及其制品在建筑业的主要用途为做墙体、屋面、吊顶等围护结构的保温隔热材料;在铸造生产上制作成铁水保温集渣覆盖剂;在工业窑炉保温工程中,用它来对窑炉进行隔热保温,还可做加热炉的内衬材料。目前建筑上使用得最多的是憎水膨胀珍珠岩制品。

### 2. 硅酸钙绝热制品

微孔硅酸钙是用粉状二氧化硅质材料、石灰、纤维增强材料、助剂和水经搅拌、凝胶化、成型、蒸压养护、干燥等工序制成的新型材料。现在我国生产的硅酸钙制品多为托贝莫来石型，并且多为无石棉型。按制品外形可分为平板、弧形板和管壳。

硅酸钙材料强度高、导热系数小、使用温度高，被广泛用作工业保温材料，高层建筑的防火覆盖材料和船用仓室墙壁材料。在工业上，常用作石油、化工、电力等部门的石油管道、工业窑炉、高温设备等的保温。在建筑领域和船舶建造业，被应用于钢结构、梁、柱及墙面的耐火覆盖材料。

硅酸钙制品按使用温度分为Ⅰ型和Ⅱ型。Ⅰ型产品用于温度＜650℃的场合，Ⅱ型产品用在温度＜1000℃的场合。按产品密度分为270号、240号、220号、170号和140号。

### 3. 泡沫玻璃绝热制品

泡沫玻璃是一种以磨细玻璃粉为主要原料，通过添加发泡剂，经烧熔发泡和退火冷却加工处理后制得的具有均匀的独立密闭气隙结构的绝热无机材料。这种材料低温绝热性能好，具有防潮、防火、防腐、防虫、防鼠、抗冻的作用，并且具有长期使用性能不劣化的优点。作为一种绝热材料在地下、露天、易燃、易潮以及有化学侵蚀等条件下广泛使用，尤其在深冷绝热方面一直有其独到的特点。泡沫玻璃不仅广泛应用于石油、化工等部门的基础设施设备的保冷，近年来在建筑行业已逐步推广应用，大量用于建筑物的屋面、围护结构和地面的隔热材料。

泡沫玻璃制品按外形可分为平板、弧形板和管壳；按制品密度可分为140号、160号180号和200号4种；按质量可分为优等品和合格品。

### 4. 其他无机多孔状绝热材料产品

(1) 膨胀蛭石及其制品

膨胀蛭石是以蛭石为原料，经烘干、破碎、焙烧(580～1000℃)，在短时间内体积急剧增大膨胀(6～20倍)而成的一种金黄色或灰白色的颗粒状物料。

膨胀蛭石制品是以蛭石为集料，再加入相应的黏结剂(如水泥、水玻璃等)，经过搅拌、成型、干燥、焙烧或养护，最后得到的制品。

膨胀蛭石及其制品具有密度低、导热系数小、防火、防腐、化学稳定性好等特点。在建筑、冶金、化工、电力、石油和交通运输等部门用于保温、隔热。但相对于膨胀珍珠岩及其制品而言其性能要稍差一些。

(2) 泡沫石棉绝热制品

石棉是一类形态呈细纤维状的硅酸盐矿物的总称。按其成分和内部结构分为蛇纹石石棉(又称温石棉)和角闪石石棉。

泡沫石棉是以温石棉为主要原料，添加表面活性剂(二辛基硫化琥珀酸盐等)，经过发泡、成型、干燥等工艺制成的泡沫状制品。

泡沫石棉具有密度低、导热系数小、防冻、防震、不老化等特点。较多的应用在冶金、建筑、电力、化工、石油、船舶等部门的热力管道、罐塔、热力和冷藏设备、房屋的保温、隔热中。

但是石棉粉尘污染环境,危害人体健康,美国国家环保局曾颁布部分禁用并逐步淘汰石棉制品的规定,目前石棉绝热制品已很少在上述领域应用。

#### 5. 无机多孔状绝热材料产品的储存

无机多孔状绝热材料吸水能力较强,一旦受潮或淋雨,产品的机械强度会降低,绝热效果显著下降。而且这类产品比较疏松,不宜剧烈碰撞。因此在包装时,必须用包装箱包装,并采用防潮包装材料覆盖在包装箱上,应在醒目位置注明"怕湿""静止滚翻"等标志来警示其他人员,在运输时也必须考虑到这点。应采用干燥防雨的运输工具运输,如给产品盖上油布,有顶的运输工具等,装卸时应轻拿轻放。储存在有顶的库房内或有遮雨淋的地方,地上可以垫上木块等物品以防产品浸水;库房应干燥、通风。泡沫玻璃制品在仓库堆放时,还要注意堆跺层高,防止产品跌落损坏。

## 第四节 吸声材料

吸声材料,是具有较强的吸收声能、减低噪声性能的材料。借自身的多孔性、薄膜作用或共振作用而对入射声能具有吸收作用的材料,超声学检查设备的元件之一。吸声材料要与周围的传声介质的声特性阻抗匹配,使声能无反射地进入吸声材料,并使入射声能绝大部分被吸收。吸声材料广泛用在音乐厅、影剧院、大会堂、语音室等内部的墙面、地面、天棚等部位,适当布置吸声材料,能改善声波在室内传播的质量,获得良好的音响效果,同时也能获得降噪减排的效果。

### 一、材料吸声原理及分类

#### 1. 材料的吸声原理

声音源于物体的振动,它引起邻近空气的振动而形成声波,并在空气介质中向四周传播。

当声音传入构件材料表面时,声能一部分被反射,一部分穿透材料,还有一部由于构件材料的振动或声音在其中传播时与周围介质摩擦,由声能转化成热能,声能被损耗,即通常所说声音被材料吸收。

吸声系数的大小除与材料本身的性质有关外,还与声音的频率、声音的入射方向有关。材料相同,声波的频率不同时,其吸声系数不一定相同。通常将

125Hz、250Hz、500Hz、1000Hz、2000Hz 和 4000Hz 6 个频率作为检测材料吸声性能的依据，凡对此 6 个频率作用后，其平均吸声系数＞0.2 时，则认为是吸声材料。

### 2. 吸声材料按吸声机理分类

吸声材料按其物理性能和吸声方式可分为多孔性吸声材料和共振吸声结构两大类。

（1）从表面至内部许多细小的敞开孔道使声波衰减的多孔材料，以吸收中高频声波为主，有纤维状聚集组织的各种有机或无机纤维及其制品以及多孔结构的开孔型泡沫塑料和膨胀珍珠岩制品。

（2）靠共振作用吸声的柔性材料（如闭孔型泡沫塑料，吸收中频）、膜状材料（如塑料膜或布、帆布、漆布和人造革，吸收低中频）、板状材料（如胶合板、硬质纤维板、石棉水泥板和石膏板，吸收低频）和穿孔板（各种板状材料或金属板上打孔而制得，吸收中频）。以上材料复合使用，可扩大吸声范围，提高吸声系数。用装饰吸声板贴壁或吊顶，多孔材料和穿孔板或膜状材料组合装于墙面，甚至采用浮云式悬挂，都可改善室内音质，控制噪声。多孔材料除吸收空气声外，还能减弱固体声和空室气声所引起的振动。将多孔材料填入各种板状材料组成的复合结构内，可提高隔声能力并减轻结构重量。

## 二、影响材料吸声性能的因素

### 1. 材料的表观密度

对同一种多孔材料来说，当其表观密度增大（即孔隙率减小时），对低频的吸声效果有所提高，而对高频的吸声效果则有所降低。

### 2. 材料的厚度

增加厚度，可以提高低频的吸声效果，而对高频吸声没有多大影响。

### 3. 材料的孔隙特征

孔隙愈多愈细小，吸声效果愈好。如果孔隙太大，则吸声效果较差。互相连通的开放的孔隙愈多，材料的吸声效果越好。当多孔材料表面涂刷油漆或材料吸湿时，由于材料的孔隙大多被水分或涂料堵塞，吸声效果将大大降低。

### 4. 吸声材料设置的位置

悬吊在空中的吸声材料，可以控制室内的混响时间和降低噪声。多孔材料或饰物悬吊在空中其吸声效果比布置在墙面或顶棚上要好，而且使用和安置也较为便利。

### 三、常用吸声材料

#### 1. 多孔吸声材料

声波进入材料内部互相贯通的孔隙,空气分子受到摩擦和黏滞阻力,使空气产生振动,从而使声能转化为机械能,最后因摩擦而转变为热能被吸收。这类多孔材料的吸声系数,一般从低频到高频逐渐增大,故对中频和高频的声音吸收效果较好。材料中开放的、互相连通的、细微的气孔越多,其吸声性能越好。

#### 2. 柔性吸声材料

具有密闭气孔和一定弹性的材料(如泡沫塑料)。声波引起的空气振动不易传至其内部,只能产生振动,在振动过程中由于克服材料内部的摩擦而消耗了声能,引起声波衰减。这种材料的吸声特性是在一定的频率范围内出现一个或多个吸收频率。柔性材料强度一般较低。

#### 3. 帘幕吸声体

帘幕吸声体是用具有通气性能的纺织品,安装在离墙面或窗洞一定距离处,背后设置空气层。这种吸声体对中、高频都有一定的吸声效果。

#### 4. 悬挂空间吸声体

悬挂于空间的吸声体,增加了有效的吸声面积,加上声波的衍射作用,大大提高了实际的吸声效果。空间吸声体可设计成多种形式悬挂在顶棚下面。

#### 5. 薄板振动吸声结构

将胶合板、薄木板、纤维板、石膏板等的周边钉在墙或顶棚的龙骨上,并在背后留有空气层,即成薄板振动吸声结构。该吸声结构主要吸收低频率的声波。

#### 6. 穿孔板组合共振吸声结构

穿孔的各种材质薄板周边固定在龙骨上,并在背后设置空气层即成穿孔板组合共振吸声结构。这种吸声结构具有适合中频的吸声特性,使用普遍。